Michael Heinzelmann / Anne-Lisa Lippoldt

Technische Mechanik in Beispielen und Bildern

Statik und Festigkeitslehre

Spektrum
AKADEMISCHER VERLAG

Autoren
Prof. Dr. Michael Heinzelmann
Fachhochschule Bonn-Rhein-Sieg
53359 Rheinbach

Anne-Lisa Lippoldt
Bonn

Bibliografische Information der Deutschen Nationalbibliothek
Die Deutsche Nationalbibliothek verzeichnet diese Publikation in der Deutschen Nationalbibliografie; detaillierte bibliografische Daten sind im Internet über http://dnb.d-nb.de abrufbar.

Springer ist ein Unternehmen von Springer Science+Business Media
springer.de

© Spektrum Akademischer Verlag Heidelberg 2008
Spektrum Akademischer Verlag ist ein Imprint von Springer

08 09 10 11 12   5 4 3 2 1

Planung und Lektorat: Dr. Andreas Rüdinger, Barbara Lühker
Fachredaktion: Dr. Friedrich Müller
Herstellung: Detlef Mädje
Umschlaggestaltung: SpieszDesign, Neu-Ulm
Zeichnungen: Anne-Lisa Lippoldt
Satz: Mitterweger & Partner, Plankstadt
Druck und Bindung: Krips b.v., Meppel

Printed in The Netherlands

ISBN 978-3-8274-1910-1

Technische Mechanik in Beispielen und Bildern

Vorwort

Dieses Buch haben wir geschrieben, um Studenten zu einer erfolgreichen Prüfung in Technischer Mechanik (in den Teilgebieten Statik und Festigkeitslehre) zu verhelfen. Doch ist das leichter gesagt als getan. Wie bei vielen anderen Dingen auch – etwa beim Sport, Musizieren oder Basteln – kommt der Spaß an einer Sache erst mit einem Mindestmaß an Können. Andererseits mag man ohne Spaß aber nicht so recht üben, und dann wird es mit dem Können nichts.

Also haben wir es zweigleisig versucht. Zum einen geben wir den Lesern neben einem Text, der die an deutschen Hochschulen üblichen Inhalte der Statik und Festigkeitslehre abdeckt, und mit rund 120 Beispielen und Aufgaben, allesamt mit detailliertem Lösungsweg und Ergebnissen, viel zu üben an die Hand.

Zum anderen wollen wir zeigen, dass Technische Mechanik spannend ist und Spaß macht. Aber ist das wirklich so, Technische Mechanik ist doch als Fach verschrien, dessen Verständnis sich nur den Theoretikern und Mathefreaks erschließt? Zum Glück muss das nicht sein. Technische Mechanik beinhaltet zwar auch Mathematik und Theorie, ist in Wirklichkeit aber viel mehr. In Alltag und Technik begleitet uns Mechanik nämlich auf Schritt und Tritt. Ganz gleich, ob Sie Papierflieger falten, Ihren Kameraden an der Kletterwand sichern, aus einer ausgedienten Büroklammer rasante Kreisel bauen, oder technischen Fragen wie der Gestaltung hochfester Schraubenverbindungen oder der Messung von Werkstoffeigenschaften auf den Grund gehen – es sind alles Anwendungen Technischer Mechanik. Und so sind es insbesondere diese und ähnliche, nicht minder spannende Beispiele, mit denen wir Ihnen die Technische Mechanik näher bringen wollen. Dabei ist alles stets liebevoll und kurzweilig illustriert.

Beim Arbeiten mit diesem Buch müssen Sie nicht jede einzelne Herleitung beherrschen. Aber Sie sollten Verständnis für das jeweilige Thema entwickeln, wissen was die wichtigsten Gleichungen bedeuten (etwa die in Anhang C aufgeführten) und sie sicher anwenden können. Lesen Sie die Kapitel gut durch – verzwickte Herleitungen vielleicht etwas schneller, dafür die Beispiele und kleinen Exkurse umso gründlicher, denn diese können dem Verständnis sehr gut auf die Sprünge helfen – und arbeiten Sie dann die Aufgaben durch. Betrügen Sie sich dabei nicht selbst. Sie lernen bei den Aufgaben nur, wenn Sie ernsthaft an Ihnen arbeiten und erst danach mit der Lösung vergleichen.

Auf diese Weise sollte es Ihnen gelingen, mit der Technischen Mechanik klarzukommen. Viel Erfolg!

Rheinbach und Bonn im Frühjahr 2008
Michael Heinzelmann und Anne-Lisa Lippoldt

Inhaltsverzeichnis

Teil I   Statik

Teil II Festigkeitslehre

1 Erste Schritte

Die Statik ist das Teilgebiet der Technischen Mechanik, das sich mit dem Einfluss von Kräften und Momenten auf ruhende Körper beschäftigt. Wir werden uns im Rahmen der Statik mit Kräfte- und Momentengleichgewichten, Lagerreaktionen, inneren Kräften und Momenten (den so genannten Schnittgrößen), Fachwerkträgern, dem Schwerpunkt, der Reibung und dem Arbeitsbegriff befassen. Das ist ein umfangreiches Programm, für das denn auch an Hochschulen üblicherweise ein ganzes Semester veranschlagt wird.

1.1 Grundbegriffe

Beginnen wir mit ein paar Grundbegriffen, die wir kennen müssen, um uns vernünftig miteinander verständigen zu können.

Kraft

Wissenschaftlich exakt formuliert ist die Kraft eine physikalische Größe, die in der Lage ist, die Geschwindigkeit eines Körpers in Betrag und/oder Richtung zu verändern, oder einen Körper zu verformen. Mit ein paar Beispielen aus unserer alltäglichen Erfahrung wird diese Definition anschaulicher: Wird ein Ball geworfen oder prallt ein Ball auf dem Boden auf, so ist die Ursache für die geänderte Geschwindigkeit (beim Werfen) oder die geänderte Bewegungsrichtung (beim Aufprall) jeweils eine Kraft. Und wenn Körper verformt werden, z. B. beim Einfedern einer Mountainbikegabel, dem Modellieren von Knetmasse oder dem Bestreichen eines Brotes mit Leberwurst, dann ist dies nur möglich, weil Kräfte wirken.

Angriffspunkt und Wirkungslinie: Kräfte sind gebundene Vektoren, denn sie besitzen einen Betrag, eine Richtung und einen Kraftangriffspunkt (Abb. 1.1). Betrag und Richtung des Kraftvektors lassen sich durch Länge und Orientierung des Vektorpfeils darstellen. Die quasi „unendliche" Verlängerung des Pfeils in beide Richtungen wird Wirkungslinie oder Kraftwirkungslinie genannt. Im Folgenden wird an einem einfachen Beispiel gezeigt, warum diese in der Statik weit wichtiger ist als der eigentliche Kraftangriffspunkt, der natürlich immer auf der Wirkungslinie liegt.

Ein Eimer werde an einem Seil aus einem Schacht nach oben gezogen (Abb. 1.2). Betrag (das Eimergewicht) und Richtung (nach unten) der Gewichtskraft des Eimers sind jeweils gleich, ebenfalls die Lage der Kraftwirkungslinie (entlang des Seils). Der im Schwerpunkt des Eimers liegende Kraftangriffspunkt aber hat sich bewegt. Befindet er sich anfangs tief unten im Schacht, so liegt er nach dem Hochziehen oben. Doch für das statische Gleichgewicht des Eimers ist dies vollkommen egal. Der Eimer fällt in keinem Fall hinunter, befindet sich also beide Male im statischen Gleichgewicht, und auch die von der Person aufzubringende Haltekraft bleibt die gleiche.

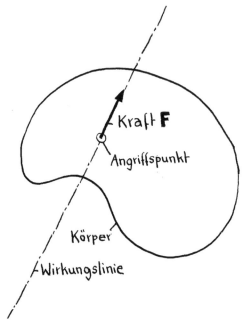

Abb. 1.1 Kraftvektor, Wirkungslinie und Angriffspunkt. Der Betrag des Kraftvektors lässt sich durch die Länge des Pfeils darstellen.

Abb. 1.2 Statisches Gleichgewicht am an einem Seil hängenden Eimer. Die Gewichtskraft des Eimers kann ohne Einfluss auf das statische Gleichgewicht des Eimers entlang ihrer Wirkungslinie verschoben werden.

Aus Sicht des statischen Gleichgewichts eines Starrkörpers (siehe unten) ist es also erlaubt, eine Kraft entlang ihrer Wirkungslinie zu verschieben. Am Gleichgewichtszustand des betrachteten Körpers ändert sich dabei nichts: weder das Vorliegen von Gleichgewicht an sich noch irgendeine Lagerreaktion.

Einheit: Die Einheit der Kraft ist das benannte Newton (Formelzeichen N, nach Sir Isaac Newton, 1643–1727). Es setzt sich nach dem 2. Newton'schen Axiom „Kraft = Masse × Beschleunigung" aus den Einheiten für Weg, Masse und Zeit zusammen als

$$1\,\text{N} = 1\,\text{kg}\,\frac{\text{m}}{\text{s}^2}\,. \tag{1.1}$$

Auf der Erdoberfläche, wo die Erdbeschleunigung mit $9{,}81\,\text{m/s}^2$ in etwa konstant ist, hat eine Masse von $1\,\text{kg}$ demnach die Gewichtskraft $9{,}81\,\text{N}$.

Komponentenzerlegung: Es ist vielfach zweckmäßig, eine Kraft in ihre Komponenten zu zerlegen, beispielsweise in ebenen Problemen in die x- und y-Komponente. Hierzu brauchen wir die geeignete Winkelfunktion; „Sinus oder Kosinus?" lautet also die Preisfrage. Es gibt zwei Möglichkeiten vorzugehen (vgl. Abb. 1.3).

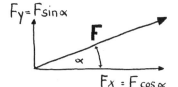

Abb. 1.3 Die Komponentenzerlegung von Kräften.

Für die *Variante a* müssen wir die Definitionen von Sinus- und Kosinusfunktion kennen: Sinus = Gegenkathete / Hypotenuse, Kosinus = Ankathete / Hypotenuse. Da in Abbildung 1.3 F_x *am* Winkel α angreift, muss F_x über die *An*kathete, also den Kosinus, definiert sein; und F_y muss, da *gegenüber* von α liegend (nämlich dann, wenn man F_y zwischen die beiden anderen Pfeilspitzen parallel nach rechts verschiebt) über die *Gegen*kathete, also den Sinus, definiert sein.

Die *Variante b* funktioniert ohne diese Definitionen, dafür müssen wir die grafischen Verläufe von Sinus- und Kosinusfunktion vor Augen haben. Wir merken uns: Für $0°$ sind $\sin 0° = 0$ und $\cos 0° = 1$, und für $90°$ sind $\sin 90° = 1$ und $\cos 90° = 0$. So wie der Winkel α in Abbildung 1.3 eingezeichnet ist, liegt er näher an $0°$ als an $90°$. Wir stellen uns daher vor, was aus den Komponenten F_x und F_y würde, wenn α tatsächlich gegen $0°$ ginge. F_x würde genauso groß wie F werden, wir brauchen für F_x also eine Winkelfunktion, die für $0°$ den Wert 1 annimmt, das ist der Kosinus. Und F_y würde zu null werden, wir brauchen für F_y also eine Winkelfunktion, die für $0°$ den Wert 0 annimmt, das ist der Sinus.

Kräfteaddition: Die Addition von Kräften geschieht nach den Gesetzen der Vektoraddition. Rechnerisch werden also schön getrennt alle x-, y- und gegebenenfalls z-Komponenten der zu addierenden Kräfte F_1 bis F_n zur entsprechenden Komponente der Resultierenden R addiert:

$$F_{1x} + F_{2x} + \ldots + F_{nx} = R_x \,,$$
$$F_{1y} + F_{2y} + \ldots + F_{ny} = R_y \text{ und} \qquad\qquad (1.2)$$
$$F_{1z} + F_{2z} + \ldots + F_{nz} = R_z \,.$$

Zeichnerisch werden Kraftvektoren zur Resultierenden R addiert, indem man die zu addierenden Kräfte durch Parallelverschiebung nach dem Muster „Startpunkt des neuen Vektors an den Endpunkt des Vorhergehenden" aneinander reiht, so wie dies in Abbildung 1.4 für drei Kräfte gezeigt ist.

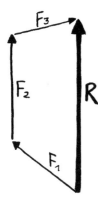

Abb. 1.4 Die grafische Addition dreier Kräfte zur Resultierenden **R**.

Greifen die zu addierenden Kräfte in einem einzigen Punkt an (bzw. treffen sich die Kraftwirkungslinien in einem einzigen Punkt), so greift auch die Resultierende in diesem Punkt an; kreuzen sich die Wirkungslinien der zu addierenden Kräfte hingegen nicht in einem einzigen Punkt, so ist die Wirkungslinie der Resultierenden so zu legen, dass die Momentenwirkung der Kräfte erhalten bleibt. Näheres zur Momentenwirkung von Kräften folgt in Kapitel 3.

Statisches Gleichgewicht

Statisches Gleichgewicht liegt vor, wenn ein Körper nicht beschleunigt wird, also insbesondere dann, wenn ein Körper ruht. Alle auf den Körper wirkenden Kräfte und Momente gleichen sich dann zu null aus.

Starrer Körper

Streng genommen sind starre Körper definiert als Körper, die sich unter Belastung nicht verformen. Auch wenn diese Modellvorstellung in der Realität niemals ganz genau zutrifft – selbst ein massiger Hafenkran verformt sich ein klein wenig, wenn er irgendeine, auch noch so kleine Last anhebt –, so ist sie dennoch für die statische Analyse fast aller technischer Strukturen eine äußerst nützliche Idealisierung. Weil sich nämlich technische Strukturen unter üblichen Betriebslasten in der Regel nur um einen Bruchteil ihrer eigenen Abmessungen verformen, liefern statische Berechnungen (z. B. von Lagerkräften oder inneren Kräften) mit und ohne Berücksichtigung der Bauteilverformung praktisch identische Ergebnisse.

Ausnahmen von dieser Regel sind sehr selten; eine Angelrute, die sich nach dem Anbeißen eines kapitalen Fischs sehr stark durchbiegt, ist eine solche (Abb. 1.5). Hier verkürzt sich durch das Anbeißen des Fischs der Hebelarm vom Angler zur Angelschnur, sodass der Angler weniger stark an der Angel gegenhalten muss als es eine statische Berechnung mit der Angel als starrem Körper voraussagen würde.

Abb. 1.5 Eine Angelrute ist eine der ganz wenigen technischen Strukturen, die nicht als starrer Körper betrachtet werden kann, da sie sich unter Belastung stark verformt.

Balken

In der technischen Praxis werden Kräfte sehr oft von schlanken Trägern aufgenommen. Ein Träger, dessen Querschnittsabmessungen deutlich kleiner als seine Länge sind, wird allgemein als Balken bezeichnet. Ein Stuhlbein oder ein Schlagbaum, aber auch ein Sprungbrett oder die Fahrbahn einer Brücke würde man in der Terminologie der Technischen Mechanik als Balken bezeichnen.

Stab

Ein Stab ist ein Spezialfall eines Balkens. Ein Balken wird immer dann als Stab bezeichnet, wenn er an beiden Seiten gelenkig eingespannt ist und nur an den Einspannstellen belastet wird. Ein Stab kann nur Kräfte in Stabrichtung aufnehmen, und zwar entweder Zug- oder Druckkräfte.

Ähnlich wie ein Stab kann auch ein straff gespanntes Seil nur Kräfte in Längsrichtung aufnehmen, wobei aber die Fähigkeit zur Kraftübertragung beim Seil auf Zugkräfte beschränkt ist.

Rolle

Wird ein Seil über eine gut geschmierte, drehbare Rolle geführt, so lenkt die Rolle die Richtung der Seilkraft um, ohne dabei den Betrag der Seilkraft zu ändern. In Abbildung 1.6 muss die am Seil ziehende Person das 10 kg schwere Gewicht mit eben dieser Gewichtskraft ($10\,\mathrm{kg} \cdot 9{,}81\,\mathrm{m/s}^2 = 98{,}1\,\mathrm{N}$) festhalten, damit es nicht zu Boden fällt. Durch die reibungsfrei gelagerte Rolle ändert sich somit nur die Richtung der erforderlichen Haltekraft. Müsste die Haltekraft ohne die Rolle senkrecht nach oben ausgeübt werden, so ist sie nun aufgrund der Umlenkrolle nach links unten orientiert.

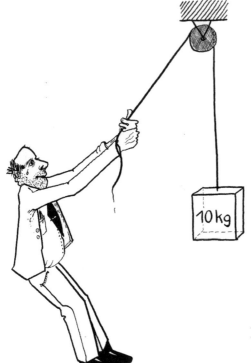

Abb. 1.6 Person mit Umlenkrolle und Gewicht. Bei einer frei drehbaren Rolle ist die Seilkraft auf beiden Seiten der Rolle gleich groß.

Freischneiden und Freikörperbilder

Betrachten wir erneut einen an einem Seil aufgehängten Eimer (Abb. 1.7). Angenommen der Eimer habe die Gewichtskraft 100 N und das Seil sei an einem Ast festgebunden (bzw. – in der Terminologie der Technischen Mechanik – gelagert). Dann ist das gesamte Seil zwischen Eimer und Lagerung mit eben diesen 100 N vorgespannt.

Statt der Verknotung am Ast könnte das Seil natürlich genauso gut von einer auf dem Ast sitzenden Person festgehalten werden, die am Seil mit 100 N Muskelkraft nach oben zieht. Aus Sicht des Seils sind beide Fälle gleich, denn es ist jeweils mit genau diesen 100 N vorgespannt. Die Lagerung darf also getrost durch die von der Lagerung ausgeübte Kraft ersetzt werden.

Damit sind wir beim Prinzip des Freischneidens: Alles, was auf den betrachteten Körper eine Kraft oder ein Moment (siehe Kapitel 3) ausübt, wird durch eben diese Kraft (bzw. dieses Moment) ersetzt. In der Regel betrifft dies alle Lager, Festhaltungen, Personen, Rollen, das im Schwerpunkt anzunehmende Eigengewicht eines Körpers etc.

Das Ergebnis eines Freischnitts ist das Freikörperbild. Ein Körper ist immer dann ordnungsgemäß freigeschnitten, wenn er im Freikörperbild völlig losgelöst „in der Luft schwebt" und nur noch durch die unterschiedlichsten Kräfte, Momente und der-

Abb. 1.7 Eimer an Ast verknotet oder von Person gehalten.

gleichen belastet wird. In ein gutes Freikörperbild sind auch alle wichtigen Abmessungen einzuzeichnen, sodass sich eine TM-Aufgabe schließlich vollkommen auf Basis des Freikörperbildes und ohne weiteres Nachschlagen in der Aufgabenstellung lösen lässt.

Beispiel 1.1: Eine 900 N schwere Person steht auf einem Sprungbrett (Abb. 1.8). Für das Freikörperbild wird das Sprungbrett als Balken angesehen und Person und Lagerungen werden durch äußere Lasten ersetzt (Abb. 1.8, unten). Anhand dieses Freikörperbildes könnten wir nun die auf die Lager des Sprungbretts wirkenden Kräfte berechnen. In den folgenden Kapiteln wird gezeigt, wie das geht.

1.2 Tipps zur Bearbeitung von TM-Aufgaben

Die Technische Mechanik ist ein typisches Textaufgabenfach. Bitte beherzigen Sie die folgenden einfachen Ratschläge, die Ihnen wesentlich dabei helfen werden, die Übersichtlichkeit einer Berechnung zu erhöhen und die Fehleranfälligkeit zu verringern.

- **Zeichnen Sie liebevolle Freikörperbilder:** Der Schlüssel zur Lösung einer jeden Textaufgabe ist der richtige Ansatz. Für die weitaus meisten TM-Aufgaben ist dies das Freikörperbild. Zeichnen Sie Freikörperbilder also stets sehr sorgfältig und groß genug um alle Pfeile, Formelzeichen und Bemaßungen bequem eintragen zu können. Im Zweifelsfall lieber zu groß als zu klein. Denken Sie daran: Das Freikörperbild ist Ihr Lösungsansatz; ohne korrektes Freikörperbild keine richtige Lösung.

Abb. 1.8 Person auf Sprungbrett im Schwimmbad (oben) und das zugehörige Freikörperbild (unten).

- **Rechnen Sie so lange wie möglich mit Formelzeichen:** Setzen Sie konkrete Zahlenwerte erst zum Schluss der Rechnung ein. Sie reduzieren so den Schreibaufwand und erhöhen die Übersichtlichkeit.
- **Rechnen Sie stets mit Einheiten:** Wenn Sie konkrete Zahlenwerte einsetzen, vergessen Sie die Einheiten nicht. Der Vergleich ob die Einheit zum Ergebnis passt, ist eine wichtige erste Kontrolle des Ergebnisses auf Richtigkeit.

2 Ebenes Kräftegleichgewicht am Punkt

Wir betrachten in diesem Kapitel Körper, an denen verschiedene Kräfte so angreifen, dass sich ihre Wirkungslinien in einem Punkt schneiden. Da dies in der Regel bei sehr kleinen Körpern der Fall ist – z. B. einem Stahlring, an dem mit mehreren Seilen gezogen wird – und bei winzigen Körpern, also Punkten, immer zutrifft, spricht man vom Kräftegleichgewicht am Punkt. Ebenfalls gebräuchlich sind die Begriffe zentrales Kräftesystem oder zentrale Kräftegruppe.

In der Statik interessiert die Frage: Wie groß müssen die angreifenden Kräfte sein, damit sich der betrachtete Körper im statischen Gleichgewicht befindet? Die Beantwortung dieser Frage kann rechnerisch oder zeichnerisch erfolgen.

2.1 Rechnerische Bestimmung

Befindet sich ein Körper im statischen Gleichgewicht, so müssen sich die an ihm angreifenden Kräfte in ihrer Summe zu null ergänzen, denn andernfalls würde der Körper dem 2. Newton'schen Axiom $F = m \cdot a$ gemäß beschleunigt werden. Für Vektoren heißt das, dass alle Komponenten, jeweils für sich aufsummiert, null ergeben. Wir erhalten somit für ebene (zweidimensionale) Probleme die Gleichgewichtsbedingungen

$$
\begin{aligned}
&\rightarrow \sum F_{i,x} = 0 \text{ und} \\
&\uparrow \sum F_{i,y} = 0\,.
\end{aligned}
\tag{2.1}
$$

Für räumliche (dreidimensionale) Probleme käme als dritte Gleichgewichtsbedingung noch das Kräftegleichgewicht in z-Richtung hinzu. Die Pfeile vor den Summenzeichen zeigen an, welche Kraftrichtung jeweils als positiv gewertet wird. Als Beispiel das Kräftegleichgewicht in x-Richtung: Kraftkomponenten, die von links nach rechts laufen, gehen mit positivem Vorzeichen und solche, die von rechts nach links laufen, mit negativem Vorzeichen in die Kräftebilanz ein.

Wie diese Gleichgewichtsbedingungen anzuwenden sind, erschließt sich am besten in einem Beispiel:

Beispiel 2.1: Eine Straßenbeleuchtung des Gewichts $G = 80\,\text{N}$ ist wie skizziert mit zwei Seilen, die um die Winkel $\alpha = 20°$ und $\beta = 25°$ zur Horizontalen geneigt sind, über einer Straße aufgehängt (Abb. 2.1). Bestimmen Sie die Kräfte in den Seilen.

Abb. 2.1 Straßenlaterne.

Lösung: Aus Erfahrung wissen wir, dass sich Straßenlaternen – von schweren Orkanen einmal abgesehen – nicht einfach so von ihrem Platz entfernen, sich also im statischen Gleichgewicht befinden. Da alle Kräfte an der Lampenaufhängung angreifen – die Gewichtskraft G der Lampe und beide Seilkräfte – handelt es sich um ein Problem des Kräftegleichgewichts an einem Punkt. Wir können also die Gleichgewichtsbedingungen aus den Gleichungen (2.1) ansetzen und stehen vor der Aufgabe, in diese alle angreifenden Kräfte, schön nach Komponenten getrennt, einzusetzen. Wie ermitteln wir diese? Das A und O ist hier die sorgfältige Erstellung des Freikörperbildes.

Hierfür schneiden wir die Lampenaufhängung frei. Es wird also – wie mit einem schweren Saitenschneider – Seil 1 an der Aufhängung abgeschnitten und ganz schnell, damit die Lampe das sozusagen nicht merkt, durch die Seilkraft S_1 ersetzt. Selbiges passiert mit Seil 2, das durch die Seilkraft S_2 ersetzt wird. Und schließlich schneiden wir noch die Lampe selbst weg und ersetzen sie durch ihre Gewichtskraft G. Wir tragen dann noch alle relevanten Abmessungen ein – das sind in dieser Aufgabe die Winkel α und β – und erhalten das folgende Freikörperbild (Abb. 2.2):

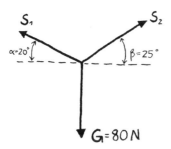

Abb. 2.2 Freikörperbild der Straßenlaterne.

Damit lässt sich nun rechnen. Das Aufsummieren aller x-Komponenten führt auf

$$\rightarrow \sum F_{i,x} = -S_1 \cos\alpha + S_2 \cos\beta = 0,$$

und bei den y-Komponenten erhalten wir

$$\uparrow \sum F_{i,y} = S_1 \sin\alpha + S_2 \sin\beta - G = 0.$$

Das sind zwei Gleichungen für die zwei Unbekannten S_1 und S_2; das lässt sich lösen. Aus dem Gleichgewicht in x-Richtung ergibt sich

$$S_1 = S_2 \frac{\cos\beta}{\cos\alpha},$$

woraus wir – eingesetzt in das y-Gleichgewicht –

$$S_2 \frac{\cos\beta}{\cos\alpha} \sin\alpha + S_2 \sin\beta - G = 0$$

und weiter

$$S_2 = \frac{G}{\cos\beta \tan\alpha + \sin\beta} = \frac{80\,\text{N}}{\cos 25° \tan 20° + \sin 25°} = 106{,}31\,\text{N}$$

sowie

$$S_1 = S_2 \frac{\cos\beta}{\cos\alpha} = 106{,}31\,\text{N}\,\frac{\cos 25°}{\cos 20°} = 102{,}54\,\text{N}$$

berechnen. Wir erhalten also als Lösung (mit vernünftiger Genauigkeit, nicht der überhöhten Genauigkeit der Zwischenergebnisse) 106 N für S_1 und 103 N für S_2.

Aus dem Lösungsweg dieser Aufgabe lassen sich ein paar Tipps für geschicktes Umgehen mit Mechanikaufgaben ableiten (vgl. auch Abschnitt 1.2):

- Die Basis der Rechnerei ist das Freikörperbild. Wir zeichnen es deshalb mit großer Sorgfalt und kontrollieren es auch unmittelbar auf Richtigkeit, denn jeder Fehler im Freikörperbild führt unweigerlich zu Fehlern im Ergebnis. Chaos im Freikörperbild führt ebenso unweigerlich zu chaotischen und damit sehr fehleranfälligen Rechnungen.
- Vor die Summenzeichen ist per Pfeil die jeweils als positiv angenommene Koordinatenrichtung angedeutet. Weist eine Kraftkomponente gegen diese Richtung, so wird sie mit negativem Vorzeichen in die Gleichgewichtsbedingung eingesetzt.
- In der Rechnung wurden so lange wie möglich die Formelzeichen G, α und β verwendet und die konkreten Werte erst ganz zum Schluss eingesetzt und in den Taschenrechner getippt. Diese Vorgehensweise erhöht im Allgemeinen die Übersichtlichkeit der Rechnung enorm, denn der Schreibaufwand ist geringer (vor allem bei krummen Zahlenwerten) und man kann leichter erkennen, ob sich die Gleichungen noch vereinfachen lassen, etwa durch Herauskürzen des ein oder anderen Terms.

2.2 Zeichnerische Methode

Auch die zeichnerische Methode zur Ermittlung der Seilkräfte baut auf dem Freikörperbild auf (Abb. 2.2), das wir hier natürlich von der eben durchgeführten Berechnung übernehmen können.

Grundidee der zeichnerischen Lösung ist es, alle auftretenden Kräfte als maßstäbliche Kraftpfeile so hintereinander zu legen (d. h. zu addieren), dass sie in Summe den Nullvektor ergeben, also einen Vektorpfeil, bei dem Spitze und Startpunkt aufeinander fallen. Einfacher gesagt: Die Spitze des letzten Pfeils muss auf den Startpunkt des ersten Pfeils treffen. Man sagt dann, die auftretenden Kräfte bilden ein geschlossenes Krafteck.

Beim Beispiel der Straßenbeleuchtung funktioniert das wie folgt (Abb. 2.3): Dem Freikörperbild entnehmen wir, dass genau drei Kräfte an der Lampenaufhängung angreifen, S_1, S_2 und G. Von diesen ist die Kraft G ganz genau bekannt (Betrag 80 N, Richtung senkrecht nach unten), von S_1 und S_2 hingegen nur die jeweiligen Richtungen. Wir zeichnen daher zuerst G auf, dann als dünne Hilfslinien die um 20° bzw. 25° zur Horizontalen geneigten Wirkungslinien von S_1 und S_2 (eine Linie an die Spitze, die andere an den Startpunkt von G, welche wohin kommt ist egal) und tragen S_1 und S_2 schließlich so auf die Wirkungslinien ein, dass sich ein geschlossenes Krafteck ergibt. Aus der Länge der Pfeile können wir nun die Beträge der Seilkräfte ablesen.

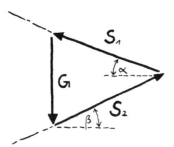

Abb. 2.3 Kräfteplan mit geschlossenem Krafteck.

Zwei Anmerkungen zur zeichnerischen Lösung:

- Beim Einzeichnen der Kraftpfeile wird von einem Kräfteplan gesprochen: „Die Kräfte S_1, S_2 und G werden in einen Kräfteplan eingezeichnet." Kräftepläne sind stets maßstäblich. Der oft als m_F bezeichnete Kräftemaßstab hat eine Einheit von Kraft pro Länge. So bedeutet z. B. $m_F = 10\,\text{N/cm}$, dass jeder Zentimeter Pfeillänge einer Kraft von 10 N entspricht.
- Wir hätten in den Kräfteplan der Beispielaufgabe auch die Anordnung der Wirkungslinien von S_1 und S_2 vertauschen können (d. h. S_1 an die Spitze und S_2 an den Startpunkt von G). Wir erhielten dann ein links von G liegendes Krafteck mit natürlich den gleichen Ergebnissen für S_1 und S_2.

2.3 Tipps und Tricks

Zentrale Kräftegruppen können auch dann vorliegen, wenn die Kräfte nicht alle an einem einzigen Punkt angreifen, es brauchen sich ja nur die Wirkungslinien der angreifenden Kräfte in einem Punkt zu schneiden. Das ist immer dann der Fall, wenn genau drei nicht parallele Kräfte an einem Körper angreifen und dieser Körper sich im statischen Gleichgewicht befinden soll. Die Wirkungslinien dieser drei Kräfte können gar nicht anders als sich in einem einzigen Punkt zu schneiden, weil der Körper nämlich andernfalls in Drehbewegung versetzt werden würde. Es handelt sich dann also um eine Aufgabe zum Kräftegleichgewicht am Punkt.

2.4 Aufgaben

Aufgabe 2.1

Zu berechnen sind die in Abbildung 1.6 (Kapitel 1) auftretenden Lagerkräfte. Mit welcher Kraft ist die Rolle an der Decke befestigt, wenn die Person in einem Winkel von $\alpha = 50°$ zur Horizontalen am Seil zieht?

Lösen Sie die Aufgabe (a) rechnerisch und (b) zeichnerisch.

Aufgabe 2.2

Ein Frachtschiff wird von zwei Hafenschleppern (A und B) abgeschleppt. Die Seilkräfte betragen $F_A = 32\,\text{kN}$ im Seil zu Schlepper A und $F_B = 21\,\text{kN}$ im Seil zu Schlepper B.

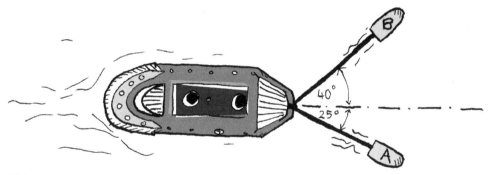

Abb. 2.4

Berechnen Sie die auf das Frachtschiff wirkende resultierende Abschleppkraft.

Aufgabe 2.3

Ein Seil ist über zwei reibungsfrei drehbare Rollen A und B geführt. An den Enden des Seils hängen die Gewichte $F_A = 200\,\text{N}$ und $F_B = 300\,\text{N}$, zwischen den Rollen das Gewicht $F_C = 400\,\text{N}$. Das Eigengewicht des Seils ist vernachlässigbar.

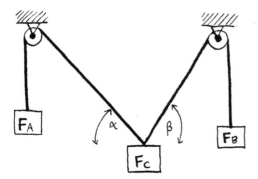

Abb. 2.5

Bestimmen Sie die Winkel α und β (a) zeichnerisch und (b) rechnerisch.

Aufgabe 2.4

Ein 1.600 N schwerer Stahlträger wird wie skizziert über zwei Seile mit einem Kran angehoben. Berechnen Sie die Seilkräfte.

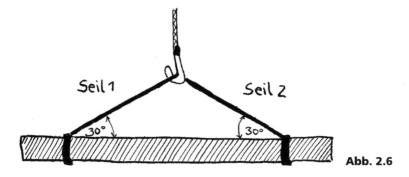

Abb. 2.6

Aufgabe 2.5

Beim Rodeln müssen Sie Nachbars Jungen wieder mal den Berg hinaufziehen. Welche Kraft ist hierfür erforderlich?

Nehmen Sie vereinfachend an, dass die Kufen perfekt und ohne nennenswerte Reibung auf dem Schnee gleiten. Zahlenwerte: Gewichtskraft von Schlitten und Kind: zusammen 300 N, $\alpha = 25°$, $\beta = 30°$.

Abb. 2.7

3 Statisches Gleichgewicht am ebenen starren Körper

Wir kommen nun zum statischen Gleichgewicht für einen ebenen starren Körper. Eine häufige Aufgabe ist es, die Lagerreaktionen zu berechnen, das sind diejenigen Kräfte und Momente, mit denen der betrachtete Körper festgehalten wird. Hierzu sind zunächst zwei wichtige Grundbegriffe zu klären: Moment und Lagerreaktionen.

3.1 Das Moment

Betrachten wir einen Schraubenschlüssel, wie er z.B. zum Anziehen und Lösen von Radmuttern verwendet wird (Abb. 3.1). Beim Anziehen einer Radmutter wird der Schraubenschlüssel an beiden Hebelarmen mit gleich großen, entgegengesetzt gerichteten Kräften – einem Kräftepaar – belastet. Es herrscht Kräftegleichgewicht, da sich alle Kraftkomponenten ausgleichen. Trotzdem befindet sich der Schraubenschlüssel nicht im statischen Gleichgewicht, denn er wird gedreht.

Abb. 3.1 Kräfte auf einen Schraubenschlüssel.

Zur Beschreibung des statischen Gleichgewichts eines starren Körpers reichen also die Kräftegleichgewichte allein nicht aus. Es wird noch eine weitere Bedingung benötigt, die die Drehwirkung der angreifenden Lasten beschreibt.

Wir wissen aus Erfahrung: Je weiter außen ein solcher Schraubenschlüssel angefasst wird, desto leichter lässt sich eine Schraube einschrauben. Die Drehwirkung der angreifenden Kräfte hängt also von ihren Hebelarmen ab. Die diese Erfahrung beschreibende physikalische Größe ist das Moment bzw. Drehmoment.

Ein Moment ist ein Vektor, dessen Richtung der Achse entspricht, um die das Moment dreht. Physikalisch korrekt ist das von einer Kraft bezüglich eines Punktes ausgeübte Moment definiert als das Vektorprodukt aus Orts- und Kraftvektor, eine Definition, auf die wir in Kapitel 4 (räumliche Statik) zurückkommen werden. Bei den hier betrachteten ebenen Problemen reicht es aber völlig aus, wenn wir uns auf die Beträge der Momente beschränken.

Der Betrag des von einer Kraft um einen Bezugspunkt ausgeübten Momentes ist definiert als

$$\left| \text{Moment} \right| = \text{Kraft} \times \text{Hebelarm}. \tag{3.1}$$

Vorsicht ist bei der Bestimmung des Hebelarms geboten. Der Hebelarm ist nämlich *nicht* der Abstand zwischen Kraftangriffspunkt und Momentenbezugspunkt. Wir erinnern uns: In der Statik ist der Kraftangriffspunkt vollkommen unerheblich, was zählt ist allein die Lage der Kraftwirkungslinie. Folgerichtig ist der Hebelarm einer Kraft definiert als der Abstand der Kraft*wirkungslinie* zum betrachteten Momentenbezugspunkt. Abbildung 3.2 veranschaulicht diesen Zusammenhang.

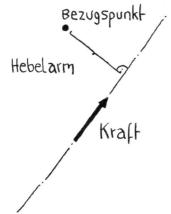

Abb. 3.2 Der Hebelarm einer Kraft.

So Sie Schwierigkeiten haben, den Hebelarm einer Kraft zu bestimmen: Zeichnen Sie ins Freikörperbild einfach zu jedem Kraftpfeil auch die Wirkungslinie ein, dann geht's ganz einfach.

Alles in allem erhalten wir als Gleichgewichtsbedingungen für den beliebig belasteten starren Körper in der Ebene

$$\begin{aligned} &\rightarrow \sum F_{ix} = 0\,, \\ &\uparrow \sum F_{iy} = 0 \text{ und} \\ &\circlearrowright \sum M_i^{(0)} = 0\,. \end{aligned} \tag{3.2}$$

Diese Gleichungen haben recht anschauliche Bedeutungen. Sie besagen, dass ein Körper im statischen Gleichgewicht

- nicht in x-Richtung beschleunigt wird, da alle x-Komponenten der angreifenden Kräfte in Summe null ergeben,
- nicht in y-Richtung beschleunigt wird, da alle y-Komponenten der angreifenden Kräfte in Summe null ergeben, und
- auch nicht in Rotation versetzt wird, da alle auf den Körper ausgeübten Drehwirkungen – die Momente – ebenfalls in Summe null ergeben.

Der hochgestellte Index (0) im Momentengleichgewicht steht für den Momentenbezugspunkt. Das Momentengleichgewicht besagt somit: „Im statischen Gleichgewicht ergänzen sich alle auf den betrachteten Körper wirkenden Momente um den Bezugspunkt 0 in ihrer Summe zu null." Dabei kann der Bezugspunkt vollkommen frei gewählt werden, wichtig ist nur, dass sich alle Momente eines Momentengleichgewichts auf denselben Bezugspunkt beziehen. Man kann also bei der Wahl des Momentenbezugspunktes nichts grundfalsch machen – jeder Bezugspunkt ist erlaubt –, aber man kann sich sehr wohl geschickter oder ungeschickter anstellen und dadurch in Mechanikaufgaben viel Zeit gewinnen oder verlieren. Es wird gleich an einem Beispiel gezeigt, was damit gemeint ist.

Der drehende Pfeil vor dem Momentengleichgewicht zeigt die als positiv angesetzte Drehrichtung an. Die übliche Konvention ist, dass gegen den Uhrzeigersinn drehende Momente mit positivem Vorzeichen und mit dem Uhrzeigersinn drehende Momente mit negativem Vorzeichen in das Momentengleichgewicht eingehen.

3.2 Lager und Lagerreaktionen

Praktisch alle technischen Bauteile sind mehr oder weniger fest mit ihrer Umgebung verbunden. Autos über Räder mit der Straße, eine Laterne über die Einbetonierung ihres Fußes mit dem Boden oder ein Hängeschrank über Dübel und Schrauben mit der Wand. In der Technischen Mechanik werden all diese Festhaltungen Lager genannt und die Bestimmung der von den Lagern übertragenen Kräfte und Momente ist eine der Hauptaufgaben der Statik.

Die entscheidende Frage bei einem Lager ist: „In welche Richtung kann ein Lager Kräfte oder Momente übertragen?". Hierbei gilt folgendes Prinzip: Kann sich der gelagerte Körper am Lager ungehindert in eine bestimmte Richtung bewegen, so übt das Lager in eben diese Richtung keine Kraft aus. Umgekehrt übt das Lager in jede Richtung, in die die Bewegung des Körpers unterbunden ist, eine Kraft aus. Diese sorgt genau dafür, dass die entsprechende Bewegung unterbunden wird. Auch für vom Lager zugelassene oder unterbundene Rotationen gilt dieser Gedankengang, wobei wir es dann aber nicht mehr mit vom Lager ausgeübten Kräften, sondern mit Momenten zu tun haben.

Die folgenden Lager sind von besonderer Wichtigkeit (vgl. Tab. 3.1):

- Ein *Loslager* stützt einen Körper in genau eine Richtung ab. Betrachten wir als Beispiel ein ungebremstes Fahrzeugrad, etwa das Vorderrad eines Tretrollers. Es verhindert die vertikale Bewegung des Rollers (in den Boden kann er nicht eindringen), während die horizontale Bewegung sowie die Drehung des Rollers um das Vorderrad nicht behindert werden. Vom Lager wird daher weder eine horizontale Kraft noch ein Moment auf den Roller ausgeübt, wohl aber eine vertikale Kraft, nämlich die jeweilige Aufstandskraft. Das Lager übt nur eine Lagerreaktion aus (hier F_y); man sagt dann, es hat die Wertigkeit 1.

- Auch die *Pendelstütze* sowie die Festhaltung über ein straff gespanntes *Seil* sind Lager der Wertigkeit 1. Bei der Pendelstütze handelt es sich um einen abstützenden Stab, beispielsweise der Hubzylinder zur Ladefläche eines Kipplasters. Die Kraftrichtung in der Pendelstütze ist bekannt, denn wie sich das für Stäbe gehört, kann sie nur in Stabrichtung verlaufen.
- Bei einem straff gespannten *Seil* liegen die Verhältnisse ganz ähnlich. Auch hier ist die Orientierung der Kraft bekannt, nämlich eine Zugkraft in Seilrichtung.
- Bei einem *Festlager*, z.B. der Lagerung eines Schlagbaums, werden beide translatorische Bewegungen (horizontal und vertikal) unterbunden, die Rotation um das Lager dagegen ungehindert zugelassen. Ein Festlager übt somit zwei Lagerreaktionen aus – eine Kraft F_x, die die horizontale Bewegung unterbindet, und eine Kraft F_y, die die vertikale Bewegung unterbindet. Es hat die Wertigkeit 2.
- Eine *verschiebbare Hülse* unterbindet schließlich die Drehung sowie die Bewegung der gelagerten Struktur senkrecht zur Hülse, übt somit zwei Lagerreaktionen aus und hat die Wertigkeit 2.
- Bei der *festen Einspannung*, z.B. dem einbetonierten Fuß einer Ampel, werden alle drei möglichen Bewegungsrichtungen durch die Lagerreaktionen F_x, F_y und das Einspannmoment M unterbunden. Die Wertigkeit der festen Einspannung ist somit 3.

Tab. 3.1 Die wichtigsten Lagerarten für zweidimensionale Probleme.

Lager	Beispiel	Sinnbild	Lagerreaktionen
Loslager (Wertigkeit 1)	Rad eines Tretrollers		
Pendelstütze (Wertigkeit 1)	Hubzylinder eines Kipplasters		

Tab. 3.1 Die wichtigsten Lagerarten für zweidimensionale Probleme (Fortsetzung).

Lager	Beispiel	Sinnbild	Lagerreaktionen
straff gespanntes Seil (Wertigkeit 1)			
Festlager (Wertigkeit 1)	Schlagbaum		
verschiebbare Hülse (Wertigeit 2)			
feste Einspannung (Wertigkeit 3)	einbetonierter Fuß einer Ampel		

Nun zum angekündigten Beispiel. Dieses wird insbesondere zeigen, wie man sich beim Momentengleichgewicht mehr oder weniger geschickt anstellen kann.

Abb. 3.3 Eine Zugbrücke.

Beispiel 3.1: Zu berechnen sind die Lagerreaktionen in einer Zugbrücke, die am burgseitigen Ende drehbar gelagert und am gegenüberliegenden Ende durch zwei Ketten gehalten wird (und dort nicht aufliegt; Abb. 3.3). Für Länge und Gewicht der Brücke verwenden wir die allgemeinen Werte l und G. Bei heruntergelassener Brücke beträgt der Winkel zwischen Kette und Brücke genau 45°. Aus der realen Brücke abstrahieren wir somit das folgende mechanische Modell (Abb. 3.4):

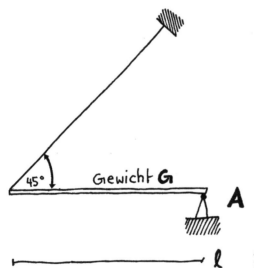

Abb. 3.4 Mechanisches Modell der Zugbrücke.

Nun schneiden wir die Brücke von ihrem Loslager (Kräfte A_x und A_y), den Ketten (Seilkraft S) und ihrem Eigengewicht (Gewichtskraft G in Brückenmitte) frei. Noch alle wichtigen Abmessungen eintragen und wir erhalten das Freikörperbild (Abb. 3.5).

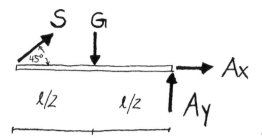

Abb. 3.5 Freikörperbild der Zugbrücke.

Es hieß, wir können beim Ansetzen der Gleichgewichtsbedingungen geschickt oder ungeschickt rechnen. Die ungeschickte – wenn auch nicht minder richtige – Variante zuerst:

Wir beginnen mit dem Kräftegleichgewicht in x-Richtung,

$$\rightarrow \sum F_{ix} = A_x + S \cdot \cos 45° = 0 \,,$$

setzen dann das Kräftegleichgewicht in y-Richtung,

$$\uparrow \sum F_{iy} = A_y - G + S \cdot \sin 45° = 0 \,,$$

an und kommen schließlich zum Momentengleichgewicht, für das ein Bezugspunkt zu wählen ist. Der Bezugspunkt kann frei gewählt werden, z.B. in der Brückenmitte.

Für das Momentengleichgewicht erhalten wir dann

$$\circlearrowright \sum M_i^{\text{(Brückenmitte)}} = -S \cdot \frac{l}{2} \sin 45° + A_y \cdot \frac{l}{2} = 0 \,.$$

Ein kleiner Hinweis zu den Vorzeichen im Momentengleichgewicht: Es hilft, sich den betrachteten Körper so vorzustellen, als sei er lose baumelnd im Momentenbezugspunkt angenagelt. Unter Einwirkung der Seilkraft S würde sich die im Bezugspunkt lose angenagelte Zugbrücke mit dem Uhrzeigersinn (also negatives Vorzeichen) und unter Einwirkung von A_y gegen den Uhrzeigersinn (positives Vorzeichen) drehen. A_x und G haben keine Hebelarme, da ihre Wirkungslinien durch den Bezugspunkt gehen.

Wir haben es also mit drei Gleichungen (zwei Kräftegleichgewichte und ein Momentengleichgewicht) zur Bestimmung der drei Unbekannten A_x, A_y und S zu tun. Nach längerer Rechnerei – Gauß'sches Eliminationsverfahren oder Ähnliches – erhalten wir als Lösung

$$A_x = -\frac{G}{2} \,,$$

$$A_y = \frac{G}{2} \,,$$

$$S = \frac{G}{2 \sin 45°} \,.$$

Das Minuszeichen bei A_x gibt an, dass A_x gegen die im Freikörperbild angesetzte Richtung wirkt, also von rechts nach links.

Das war die ungeschickte Variante. Ungeschickt, weil aus keiner der drei Gleichgewichtsbedingungen unmittelbar ein Ergebnis folgte – jede Gleichung enthielt mehrere Unbekannte – und wir deshalb das komplette System aus drei Gleichungen und drei Unbekannten lösen mussten. Bei besser durchdachter Wahl des Momentenbezugspunktes wird alles sehr viel einfacher.

Und so beginnt die geschickte Variante mit der Überlegung, wo wir den Momentenbezugspunkt am sinnvollsten hinlegen. Geschickt gewählt ist ein Momentenbezugspunkt immer dann, wenn das Momentengleichgewicht eine kleine, übersichtliche Gleichung mit wenig, möglichst nur einer einzigen Unbekannten ergibt. Der Momentenbezugspunkt sollte deshalb auf möglichst vielen Wirkungslinien der unbekannten Lagerkräfte liegen, da für diese Kräfte dann jeweils die Hebelarme verschwinden. Das Lager A ist ein solch sinnvoller Momentenbezugspunkt, hier weisen die Wirkungslinien von A_x und A_y keinen Hebelarm auf.

Das Momentengleichgewicht um das Lager A lautet

$$\circlearrowleft \sum M_i^{(A)} = -S \cdot l \sin 45° + G \cdot \frac{l}{2} = 0,$$

woraus wir unmittelbar

$$S = \frac{G}{2 \sin 45°}$$

erhalten. Dieses Ergebnis in die beiden Kräftegleichgewichte eingesetzt ergibt

$$\rightarrow \sum F_{ix} = A_x + \frac{G}{2 \sin 45°} \cos 45° = 0 \quad \Rightarrow \quad A_x = -\frac{G}{2}$$

sowie

$$\uparrow \sum F_{iy} = A_y - G + S \cdot \sin 45° = 0 \quad \Rightarrow \quad A_y = \frac{G}{2}.$$

Das ging sehr viel einfacher: keine unübersichtlich langen Gleichungen, kein Gauß'sches Eliminationsverfahren, viel geringere Fehleranfälligkeit. Und weswegen? Weil wir (i) einen Momentenbezugspunkt gewählt haben, der im Schnittpunkt der Wirkungslinien zweier unbekannter Kräfte liegt, und wir (ii) die Rechnerei nicht mit einem Kräftegleichgewicht, sondern mit dem Momentengleichgewicht begonnen haben. Bei geschickter Wahl des Momentenbezugspunktes ergibt das Momentengleichgewicht nämlich fast immer die erste Lösung, die wir dann in die Kräftegleichgewichte einsetzen können.

3.3 Statische Bestimmtheit

Stellen wir uns die Frage, warum die Aufgabe mit der Zugbrücke überhaupt lösbar ist, sich also alle Unbekannten aus den Gleichgewichtsbedingungen berechnen lassen. Aus mathematischer Sicht ist der Grund, dass die Zahl der Unbekannten – hier die drei Lagerreaktionen A_x, A_y und S – der Zahl der Gleichgewichtsbedingungen entspricht.

Derartige Systeme, bei denen sich die Lagerreaktionen aus den Gleichgewichtsbedingungen der Statik berechnen lassen, heißen statisch bestimmt gelagert. Alle anderen

Systeme werden als statisch unbestimmt gelagert bezeichnet. Ebene Systeme mit weniger als 3 Lagerwertigkeiten sind beweglich und werden statisch unterbestimmt genannt, und Systeme mit mehr als 3 Lagerwertigkeiten können in sich verspannt sein und werden als statisch überbestimmt bezeichnet. Abbildung 3.6 zeigt Beispiele von statisch bestimmt und statisch unbestimmt gelagerten Tragwerken.

Wesentlicher Vorteil statisch bestimmt gelagerter Tragwerke ist, dass in ihnen keine zusätzlichen Verspannungen entstehen, wenn sich ein Träger im Laufe seines Lebens beispielsweise durch Wärmeausdehnung, Kriechen, eventuelles Abbinden von Beton o. Ä. ein wenig in seinen Abmessungen ändert. In statisch überbestimmten Systemen hätte dies in der Regel zusätzliche innere Spannungen zur Folge. Aber statisch bestimmte Systeme können der entstehenden Längenänderung ungehindert nachgeben.

Abbildung 3.6 zeigt übrigens am unten rechts abgebildeten Träger auch, dass die Bedingung

$$\boxed{\text{Zahl der Lagerwertigkeiten} = \text{Zahl der Gleichgewichtsbedingungen}} \qquad (3.3)$$

zwar eine notwendige, aber noch keine hinreichende Bedingung ist. Der Träger ist zwar mit in Summe 3 Lagerwertigkeiten (aus 3 Loslagern) gelagert, doch ist er trotzdem frei verschiebbar – und zwar in horizontale Richtung –, sodass statische Unterbestimmtheit vorliegt.

Wichtig ist: Ob statische Bestimmtheit oder Unbestimmtheit vorliegt ist einzig eine Frage der Lagerung des Tragwerkes, die angreifenden Lasten spielen hierfür keine Rolle.

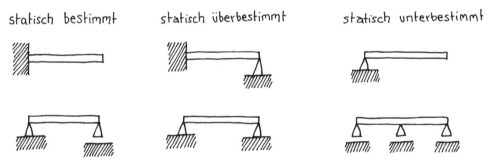

Abb. 3.6 Beispiele statisch bestimmt, statisch überbestimmt und statisch unterbestimmt gelagerter Träger.

3.4 Tipps und Tricks

⊛ Beginnen Sie jede TM-Aufgabe mit einem liebevoll gezeichneten Freikörperbild. Die darin investierte Zeit lohnt sich immer, denn mit schlampigen Freikörperbildern oder gar ganz ohne Freikörperbild sind Fehler vorprogrammiert. In ein vernünftiges Freikörperbild gehören alle wesentlichen Abmessungen und – falls Ihnen das weiterhilft – auch die Hebelarme der angreifenden Kräfte zum gewählten Momentenbezugspunkt.

- Beginnen Sie sodann die eigentliche Berechnung der Lagerreaktionen mit dem Momentengleichgewicht und wählen Sie hierzu in aller Ruhe den Momentenbezugspunkt so aus, dass ihn möglichst viele unbekannte Kräfte mit ihren Wirkungslinien schneiden.
- Greifen äußere Momente an einer Struktur an, so gehen sie – ganz egal wo sie angreifen und ohne Berücksichtigung irgendwelcher Hebelarme – in ihrer vollen Größe in das Momentengleichgewicht ein (vgl. Aufgabe 3.3).
- Ganz besonders wichtig, und das ist diesmal nicht die übliche professorale Durchhalteparole: Üben Sie die Berechnung der Lagerreaktionen schon jetzt so lange bis Sie's können, verschieben Sie das nicht auf die Woche vor der Prüfung. Es bauen nämlich fast alle weiteren Kapitel ganz wesentlich auf diesem auf. Wer jetzt die Bestimmung der Lagerreaktionen nicht sicher beherrscht, wird unweigerlich den Anschluss verlieren.

3.5 Kleiner Exkurs: Flugstabile Papierflieger bauen

Ob früher als Kind oder heute in der letzten Bank des gut gefüllten Hörsaals (aber bitte nicht in einer TM-Vorlesung): Papierflieger faltet jeder gern. Weit, gerade und elegant sollen sie fliegen, und wenn dem so ist, dann sagt man, der Flieger fliegt stabil. Flugstabilität bedeutet, dass ein Flieger seine eingeschlagene Flugbahn auch dann beibehält, wenn von außen kleine aerodynamische Störungen angreifen. Sehen wir uns einmal näher an, welche Kräfte auf einen Papierflieger wirken (Abb. 3.7).

Drei Kräfte sind es, und zwar

- die Gewichtskraft, welche im Schwerpunkt des Flugzeugs angreift,
- die Luftwiderstandskraft, welche von der dem Fahrtwind entgegengestellten Fläche des Flugzeugs, seiner Geschwindigkeit und dem Strömungswiderstandsbeiwert (dem c_w-Wert) abhängt, sowie schließlich
- die Auftriebskraft.

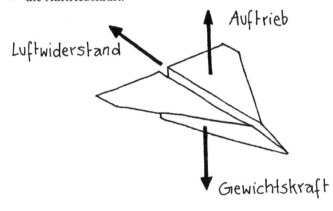

Abb. 3.7 Kräfte auf einen Papierflieger.

Von diesen drei Kräften übt die Auftriebskraft den größten Einfluss auf die Flugstabilität aus. Um das näher zu verstehen, müssen wir einen kurzen Ausflug in ein paar aerodynamische Grundlagen unternehmen.

Im Wesentlichen kann Auftrieb aus zwei verschiedenen Gründen entstehen: aus dem aerodynamischen Profil (der Wölbung) der Tragflächen und aus der Ablenkung des Luftstromes durch die Anstellung der Tragflächen.

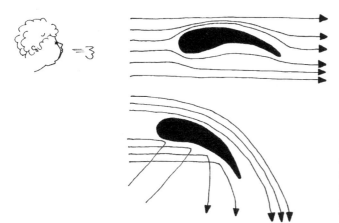

Abb. 3.8 Auftrieb durch das aerodynamische Profil der Tragfläche (oben) und durch die Anstellung der Tragflächen (unten).

Zunächst zur Wölbung der Tragflächen. Abbildung 3.8 zeigt das aerodynamische Profil einer typischen Flugzeugtragfläche (oben rechts). Wenn wir die umströmende Luft betrachten, stellen wir fest, dass die Stromlinien aufgrund der Wölbung oberhalb der Tragfläche besonders eng beieinander und unterhalb der Tragfläche besonders weit voneinander entfernt liegen. Das hat Auswirkungen auf die Strömungsgeschwindigkeit. Ähnlich wie bei einem Fluss, der in Stromschnellen, also Stellen mit eng beieinander liegenden Stromlinien, besonders schnell fließt, strömt auch die Luft oberhalb der Tragfläche schneller und die Luft unterhalb der Tragfläche langsamer als im ungestörten Bereich. Nach dem Strömungsgesetz von Bernoulli (nach D. Bernoulli, 1700–1782) geht hohe Strömungsgeschwindigkeit stets mit niedrigem Druck einher, sodass oberhalb der Tragfläche Unter- und unterhalb der Tragfläche Überdruck herrscht, also Auftrieb entsteht.

Und nun zur Umlenkung des Luftstromes durch die Anstellung (das Schräg-in-den-Wind-Stellen) der Tragfläche (Abb. 3.8, unten rechts). An der *Oberseite* schmiegen sich die Stromlinien an das Profil der angestellten Tragfläche an – das ist der so genannte Coanda-Effekt (nach Henri M. Coanda, 1886–1972) – und werden so nach unten abgelenkt. Es wirkt somit eine nach unten gerichtete Kraft auf den Luftstrom, die nach dem 3. Newton'schen Axiom „*actio est reactio*" mit einer nach oben gerichteten Kraft auf die Tragfläche einhergeht. An der *Unterseite* der Tragfläche kann die Umlenkung des Luftstromes auf zwei verschiedenen Mechanismen beruhen: Entweder wie an der Oberseite auf dem Coanda-Effekt, oder aber dadurch, dass Luftmoleküle gegen die Tragflächen prallen und an dieser nach unten reflektiert werden. Letztlich wird durch beide Mechanismen der Luftstrom nach unten umgelenkt und so eine nach oben gerichtete Kraft auf die Tragfläche bewirkt.

Für richtige Flugzeuge spielen beide Auftriebsmechanismen eine wichtige Rolle; bei Papierfliegern, deren Tragflächen kein aerodynamisch gewölbtes Profil aufweisen, im Wesentlichen nur die zweite, die der Umlenkung des Luftstromes. Wir dürfen daher für Papierflieger festhalten: Je größer der projizierte, d.h. der gegen den Fahrtwind gehaltene Anteil der Tragfläche ist, desto mehr Luft kann umgelenkt werden und desto größer ist die Auftriebskraft auf die betreffende Tragfläche.

Mit dieser Erkenntnis zurück zum Thema Stabilität und hier zuerst zur Frage, welche Bewegungen des Papierfliegers denn überhaupt die Flugstabilität gefährden können. Von den sechs Bewegungsrichtungen im dreidimensionalen Raum – drei Translationen (je eine pro Raumrichtung) und drei Rotationen (um jede der drei Raumachsen, Abbildung 3.9) – sind die Translationen ungefährlich, ja erwünscht, denn der Flieger soll sich von der Stelle bewegen. Gefährlicher sind die Rotationen. Und da Rotationen immer mit Momenten zu tun haben, handelt es sich beim Thema Flugstabilität von Papierfliegern letztlich um einen (besonders interessanten) Fall des Momentengleichgewichts.

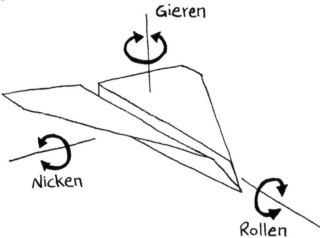

Abb. 3.9 Nicken, Gieren und Rollen.

Die beiden Rotationen, die der Flugstabilität am gefährlichsten werden können, sind die Drehung des Fliegers um seine Querachse, das Nicken, und die Drehung des Fliegers um seine Längsachse, das Rollen. Kommen wir zunächst zum Nicken. Von entscheidendem Einfluss auf das Nickverhalten sind die Angriffspunkte von Gewichts- und Auftriebskraft: der Schwerpunkt und der Auftriebspunkt. Liegt der Auftriebspunkt deutlich vor dem Schwerpunkt (Abb. 3.10, oben), so dreht das aus Auftriebs- und Gewichtskraft bestehende Kräftepaar die Nase des Fliegers nach oben. Der Flieger wird dann schnell an Flughöhe gewinnen und damit einhergehend an Geschwindigkeit verlieren, sodass die Auftriebskraft einbricht und der Flieger abstürzt. Zeigt ein Papierflieger dieses Flugverhalten, so kann man Abhilfe schaffen, indem entweder der Schwerpunkt nach vorne verlagert wird (im einfachsten Fall durch Ballastierung mit einer Büroklammer) oder der Auftriebspunkt nach hinten verlagert wird (etwa durch leichtes Nach-unten-Biegen der hinteren Tragflächenkanten).

Liegt umgekehrt der Auftriebspunkt deutlich hinter dem Schwerpunkt (Abb. 3.10, unten), so dreht sich die Nase des Fliegers nach unten, und der Flieger wird sich mit hoher Geschwindigkeit in den Boden bohren. Abhilfe kann hier geschaffen werden durch eine Verlagerung des Schwerpunktes nach hinten oder eine Verlagerung des Auftriebspunktes nach vorne (etwa durch leichtes Nach-oben-Biegen der hinteren Tragflächenkanten).

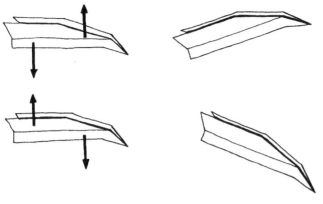

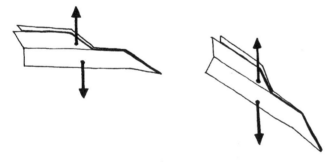

Abb. 3.10 Flugverhalten eines Papierfliegers, wenn der Auftriebspunkt deutlich vor (oben) bzw. deutlich hinter dem Schwerpunkt liegt (unten).

Nur wenn Schwerpunkt und Auftriebspunkt nahe genug beieinander liegen, neigt ein Papierflieger nicht zu instabilem Nicken. Dabei dürfen Schwer- und Auftriebspunkt schon ein bisschen voneinander entfernt liegen, aber nicht zu weit.

Nehmen wir an (Abb. 3.11) der Schwerpunkt liege ein bisschen vor dem Auftriebspunkt, dann dreht sich die Nase des Fliegers nach unten. Der Clou ist nun, dass der Auftriebspunkt oberhalb des Schwerpunktes liegt, weil ja die Auftriebskraft oben an den Tragflächen angreift, die Schwerkraft hingegen auch am darunter liegenden Rumpf. Dadurch liegen beim nach unten geneigten Flieger Schwer- und Auftriebspunkt wieder übereinander, und der Flieger schlägt eine stabile, leicht nach unten geneigte Flugbahn ein.

Abb. 3.11 Kräfteverhältnisse am Papierflieger, wenn der Schwerpunkt ein klein wenig vor dem Auftriebspunkt liegt.

Auch für einen Papierflieger mit umgekehrter Lage von Schwer- und Auftriebspunkt (Auftriebspunkt ein klein wenig vor dem Schwerpunkt) gilt diese Argumentation. Ein solcher Flieger würde mit leicht nach oben gezogener Nase stabil aufwärts fliegen, allerdings nicht allzu lange, denn durch den Geschwindigkeitsverlust bei zunehmender Flughöhe sinkt die Auftriebskraft, sodass der Flieger schließlich abstürzen wird. Bei gut getrimmten Papierfliegern liegt der Auftriebspunkt deshalb immer ein klein wenig hinter dem Schwerpunkt.

Und nun zum Rollen, der Rotation des Fliegers um seine Längsachse, bzw. bildlich gesprochen dem Sich-auf-die-Seite-Legen des Fliegers. Rollen wird instabil, sobald sich ein Flieger, der ein klein wenig ins Rollen geraten ist, immer stärker weiterdreht. Umgekehrt liegt Stabilität dann vor, wenn das Rollen eines Papierfliegers durch ein entsprechendes Rückstellmoment unterbunden wird und sich der Flieger wieder in seine Ausgangslage zurückdreht.

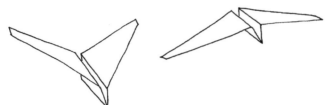

Abb. 3.12 Papierflieger mit Y-Stellung (links) und negativer Y-Stellung (rechts) der Tragflächen.

Wir werden sehen, dass es in erster Linie eine Frage der Flügelstellung ist, ob Stabilität vorliegt oder nicht. Zwei Möglichkeiten gibt es: Die Flügel können entweder nach oben angewinkelt sein (Y-Stellung, Abb. 3.12 links) oder nach unten herunterhängen (negative Y-Stellung, Abb. 3.12 rechts). Welche Auswirkungen haben diese Flügelstellungen auf die Auftriebskräfte an den Tragflächen? Sehen wir uns hierzu zwei entsprechend gefaltete Papierflieger aus der Richtung der anströmenden Luft an, also von vorne sowie leicht von unten.

Bei einem Papierflieger mit Y-Stellung, der ein bisschen auf die Seite gerollt ist (Abb. 3.13), wird der untere Flügel stärker gegen den Wind gestellt als der obere und der untere Flügel erfährt die stärkere Auftriebskraft. Um den Schwerpunkt des Papierfliegers bewirken die Auftriebskräfte ein der äußeren Störung entgegengesetztes Drehmoment, das den Flieger zurück in die Waagerechte dreht und ihn stabil weiterfliegen lässt.

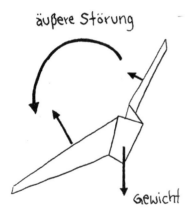

äußere Störung

Gewicht

Abb. 3.13 Kräfte und Momente auf einen Papierflieger mit Y-Stellung.

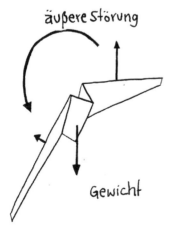

äußere Störung

Gewicht

Abb. 3.14 Kräfte und Momente auf einen Papierflieger mit negativer Y-Stellung.

Bei negativer Y-Stellung (Abb. 3.14) liegen die Verhältnisse umgekehrt. Stärker in den Wind gehalten wird hier der oben liegende Flügel, der somit die stärkere Auftriebskraft erfährt. Die Drehwirkung der beiden Auftriebskräfte verstärkt die Drehwirkung der äußeren Störung und destabilisiert den Flieger.

Papierflieger sind eine kurzweilige wie hochinteressante Beschäftigung, bei der man viel über Aerodynamik, Stabilität sowie Kräfte- und Momentengleichgewichte lernen kann. Und wenn Sie Ihre Flieger nicht gerade in einer TM-Vorlesung werfen, dann wird sich insbesondere Ihr Mechanikprofessor freuen, dass Sie sich mit Papierfliegern beschäftigen.

3.6 Aufgaben

Aufgabe 3.1
Sie schieben einen Wagen der bekannten Gewichtskraft G einen Berghang hinauf.

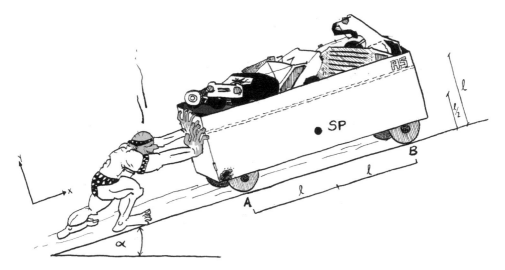

Abb. 3.15

a) Berechnen Sie die Achslasten A_y und B_y sowie die Schubkraft S in Abhängigkeit des Winkels α und des Wagengewichts G.
b) Welchen Hangwinkel können Sie den Wagen gerade eben noch hinaufschieben, wenn das Wagengewicht 500 N beträgt und die Schubkraft S den Wert 300 N nicht übersteigen soll?

Hinweise: Nehmen Sie an, dass die Schubkraft in der Höhe l über dem Boden angreift und in x-Richtung wirkt, dass die Gewichtskraft G des Wagens im um $l/2$ über dem Boden gelegenen Schwerpunkt SP angreife und dass Reibung vernachlässigt werden kann. Beachten Sie, dass das Koordinatensystem entlang des Hangs orientiert ist.

Aufgabe 3.2

Ein Träger der Länge $3l$ ist im Punkt A einwertig und im Punkt B mit einer Pendel-stütze gelagert. Belastet wird er durch zwei Kräfte des Betrags F.

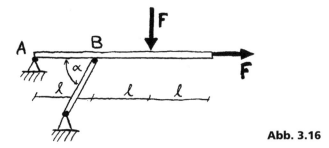

Abb. 3.16

a) Ist der Träger statisch bestimmt gelagert?
b) Berechnen Sie die Lagerreaktionen des Trägers in den Punkten A und B.

Aufgabe 3.3

Der skizzierte, in den Punkten A und B in Fest-/Loslagerung gelagerte Träger wird durch zwei Kräfte des Betrags F und ein Moment des Betrags Fl belastet.

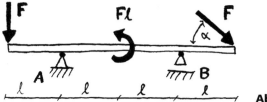

Abb. 3.17

Berechnen Sie die Lagerreaktionen.

Aufgabe 3.4

Es ist Frühsommer, die Sonne scheint und Sie verbringen den Nachmittag lieber in der Hängematte als im Hörsaal. Bevor Sie die Müdigkeit in der Hängematte vollends über-mannt, versuchen Sie noch schnell mal, die Kräfte in den beiden Halteseilen der Matte sowie die Lagerreaktionen im Wurzelwerk der Bäume zu berechnen.

Abb. 3.18

Die geometrischen Abmessungen entnehmen Sie bitte der folgenden (nicht maßstäblichen) Skizze:

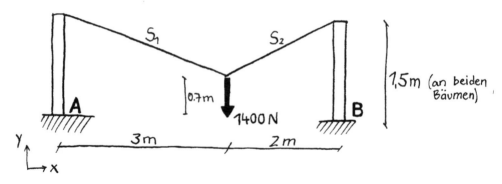

Abb. 3.19

a) Ermitteln Sie die Seilkräfte S_1 und S_2 rechnerisch.
b) Ermitteln Sie die Seilkräfte S_1 und S_2 zeichnerisch. Verwenden Sie für Ihre Zeichnung den Kräftemaßstab $m_F = 1\,\mathrm{cm}/100\,\mathrm{N}$.
c) Berechnen Sie die durch die Hängematte verursachten Lagerreaktionen in den Punkten A und B.

4 Räumliches Gleichgewicht

Nun ist die Welt zwar dreidimensional, doch lassen sich zahlreiche Aufgaben der Statik als ebene Probleme auffassen und mit den im vorigen Kapitel beschriebenen drei Gleichgewichtsbedingungen lösen. Die dort betrachtete Zugbrücke und die Übungsaufgaben sind derartige Beispiele.

Wenn aber ein wirklich dreidimensionales Problem vorliegt, eines das sich nicht so einfach auf eine ebene Fragestellung zurückführen lässt, dann müssen wir natürlich dreidimensional rechnen. Die räumliche Statik beinhaltet aber nichts wirklich Neues, die Gesetzmäßigkeiten der ebenen Statik werden schlicht und einfach auf die 3. Dimension erweitert. Zwei gleichermaßen zum Ziel führende Vorgehensweisen stehen uns dabei zur Verfügung: (i) die komponentenweise Behandlung des statischen Gleichgewichts und (ii) die vektorielle Behandlung des statischen Gleichgewichts.

4.1 Komponentenweises Vorgehen

Die komponentenweise Behandlung des räumlichen statischen Gleichgewichts geht ganz so vonstatten, wie wir es von der Statik ebener Starrkörper kennen: freischneiden, Freikörperbild zeichnen, Gleichgewichtsbedingungen ansetzen und lösen. Lediglich die Zahl der Gleichgewichtsbedingungen erhöht sich von drei auf sechs, nämlich die folgenden jeweils drei Kräfte- und Momentengleichgewichte:

$$
\boxed{
\begin{aligned}
&\sum F_{ix} = 0 \,, \ \sum F_{iy} = 0 \,, \ \sum F_{iz} = 0 \\
&\text{sowie } \sum M_{ix}^{(0)} = 0 \,, \ \sum M_{iy}^{(0)} = 0 \ \text{und} \ \sum M_{iz}^{(0)} = 0 \,.
\end{aligned}
}
\tag{4.1}
$$

Hierin bedeuten die Indizes Folgendes:

$\sum F_{ix} = 0$ bedeutet, dass im statischen Gleichgewicht die Summe aller Kraftkomponenten in x-Richtung null ergibt (analog für y- und z-Richtung).

$\sum M_{ix}^{(0)} = 0$ bedeutet, dass im statischen Gleichgewicht die Summe aller Momente um eine durch den Momentenbezugspunkt (0) in x-Richtung verlaufende Drehachse null ergibt (analog für y- und z-Richtung).

Die mathematische Behandlung der Gleichgewichtsbedingungen ist im Allgemeinen unproblematisch. Schwierig kann aber die *Aufstellung* der Gleichgewichtsbedingungen sein, denn die Ermittlung des Hebelarms, den eine Kraft zur betrachteten Drehachse aufweist, erfordert ein recht gutes räumliches Vorstellungsvermögen. Wir werden dies gleich an einem Beispiel sehen.

4.2 Vektorielles Vorgehen

Die vektorielle Behandlung des räumlichen statischen Gleichgewichts geht von den vektoriellen Gleichgewichtsbedingungen

$$\sum F_i = 0$$
$$\text{und } \sum M_i^{(0)} = 0 \tag{4.2}$$

aus. Die obere der beiden Gleichungen – das vektorielle Kräftegleichgewicht – führt unmittelbar auf die drei komponentenbezogenen Kräftegleichgewichte. In der unteren Gleichung – dem vektoriellen Momentengleichgewicht – sind M_i alle auf den betrachteten Körper einwirkenden Momentenvektoren. Im Falle eines äußeren Momentes ist das eben der Vektor dieses Momentes (ohne irgendeinen Hebelarm) und im Falle einer äußeren Kraft das Vektorprodukt aus Ortsvektor und Kraftvektor,

$$M = r \times F, \tag{4.3}$$

wobei r der Ortsvektor vom Momentenbezugspunkt (0) zum Kraftangriffspunkt und F der Kraftvektor sind. Die Richtung des Momentenvektors ist mit seiner Drehwirkung über die Rechte-Hand-Regel verknüpft: Zeigen Zeigefinger bis kleiner Finger der rechten Hand die Drehwirkung eines Momentes, so ist die Richtung des Momentenvektors durch den ausgestreckten Daumen gegeben (Abb. 4.1).

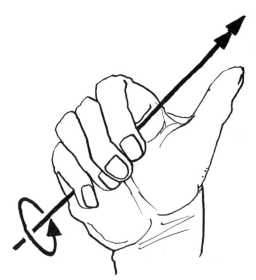

Abb. 4.1 Rechte-Hand-Regel zum Zusammenhang von Drehsinn und Richtung des Momentenvektors.

Letztlich liegt der Knackpunkt des vektoriellen Ansatzes nicht im räumlichen Vorstellungsvermögen, sondern vielmehr in der Beherrschung des Vektorprodukts. Mit ein wenig Übung lässt sich das Vektorprodukt aber gut erlernen. Zu merken brauchen Sie sich nur die Bildungsregel

$$a \times b = \begin{pmatrix} a_x \\ a_y \\ a_z \end{pmatrix} \times \begin{pmatrix} b_x \\ b_y \\ b_z \end{pmatrix} = \begin{pmatrix} a_y b_z - a_z b_y \\ a_z b_x - a_x b_z \\ a_x b_y - a_y b_x \end{pmatrix}. \qquad (4.4)$$

Jede Komponente des Vektorprodukts wird also aus den beiden Faktoren a und b durch die kreuzweise Differenz der beiden anderen Komponenten gebildet. Das Vektorprodukt wird deswegen auch als Kreuzprodukt bezeichnet.

Am anschaulichsten erschließen sich beide Methoden aber an einem Beispiel:

Beispiel 4.1: Ein quadratisches Klappbrett der Kantenlänge $2l$ ist über ein mittig angebrachtes Scharnier an einer Wand befestigt (Lagerstelle A, Abb. 4.2). An seiner linken Seite wird das Brett mittig durch ein im Winkel α gespanntes Seil in waagerechter Lage gehalten, an einer freien Ecke greift die vertikale Kraft F an. Zu berechnen sind die Lagerreaktionen.

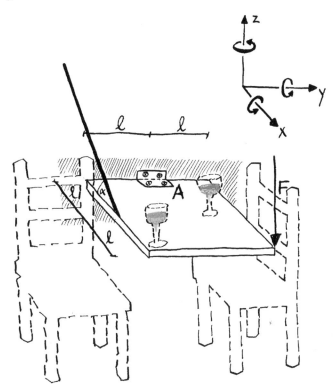

Abb. 4.2 Klappbrett.

Grundlage der Lösung ist auch hier ein liebevoll gezeichnetes Freikörperbild. Welche Lagerreaktionen sind im Freikörperbild für das Scharnier einzuzeichnen? Nun, das Scharnier lässt im Punkt A die Drehung um die Scharnierachse (die y-Achse) zu, verhindert aber die Drehungen um die x- und z-Achse sowie alle drei Translationen. Jede verhinderte Bewegung entspricht einer Lagerreaktion, sodass sich für das Scharnier die Reaktionen A_x, A_y, A_z, M_{Ax} und M_{Az} ergeben (Abb. 4.3).

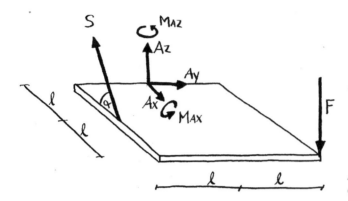

Abb. 4.3 Freikörperbild des Klappbretts.

Komponentenweises Vorgehen:

Wir beginnen auch in räumlichen Problemen mit den Momentengleichgewichten und entscheiden uns für den Scharnierpunkt A als Momentenbezugspunkt, da durch ihn die drei unbekannten Scharnierkräfte verlaufen. Wir erhalten

$$\sum M_{iy}^{(A)} = F \cdot 2l - S \sin \alpha \cdot l = 0 \quad \Rightarrow S = \frac{2F}{\sin \alpha}$$

$$\sum M_{ix}^{(A)} = M_{Ax} - Fl - S \sin \alpha \cdot l = 0 \quad \Rightarrow M_{Ax} = Fl + \frac{2F}{\sin \alpha} \sin \alpha \cdot l = 3Fl$$

$$\sum M_{iz}^{(A)} = M_{Az} - S \cos \alpha \cdot l = 0 \quad \Rightarrow M_{Az} = \frac{2F}{\sin \alpha} \cos \alpha \cdot l = \frac{2Fl}{\tan \alpha},$$

woraus sich für die Kräftegleichgewichte

$$\sum F_{iy} = A_y = 0$$

$$\sum F_{ix} = A_x - S \cos \alpha = 0 \quad \Rightarrow A_x = \frac{2F}{\sin \alpha} \cos \alpha = \frac{2F}{\tan \alpha}$$

und $\sum F_{iz} = A_z + S \sin \alpha - F = 0 \quad \Rightarrow A_z = F - \frac{2F}{\sin \alpha} \sin \alpha = -F$

ergibt. Sie werden es gemerkt haben: Die richtige Ermittlung der zu den Kräften gehörenden Hebelarme ist nicht immer einfach, es erfordert in der Tat ein gutes räumliches Vorstellungsvermögen. Am Beispiel des Momentengleichgewichts um die x-Achse seien die Zusammenhänge deshalb einmal in Ruhe erläutert (Abb. 4.4):

Wir betrachten eine in x-Richtung durch das Scharnier verlaufende Drehachse. Die Kraft F hat den Hebelarm l und ist bestrebt, das freigeschnittene Brett im nach der Rechten-Hand-Regel negativen Drehsinn um die Drehachse zu drehen. Die Seilkraft S hat zwei Komponenten, nämlich $S_x = S \cos \alpha$ und $S_z = S \sin \alpha$. Von diesen beiden Komponenten übt S_x gar keine Drehwirkung um die betrachtete Drehachse aus (In welche Richtung sollte das auch sein, S_x verläuft schließlich parallel zur Drehachse.), und S_z ist bestrebt, über den Hebelarm l das freigeschnittene Brett im negativen Drehsinn um die Drehachse zu drehen. Die drei Lagerkräfte A_x, A_y und A_z schließlich üben keine Drehwirkung auf das Brett aus, weil sie durch den Momentenbezugspunkt gehen.

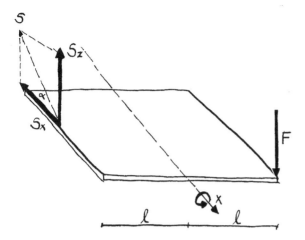

Abb. 4.4 Die Hebelarme von Seilkraft S und äußerer Kraft F beim Momentengleichgewicht um die x-Achse.

Vektorielles Vorgehen:

Zunächst einmal stellen wir in aller Ruhe die Vektoren der angreifenden Kräfte und ihre Ortsvektoren auf. Dies sind

$$S = \begin{pmatrix} -\cos\alpha \\ 0 \\ \sin\alpha \end{pmatrix} S \text{ und } F = \begin{pmatrix} 0 \\ 0 \\ -F \end{pmatrix}$$

für die angreifenden Kräfte und

$$\begin{pmatrix} l \\ -l \\ 0 \end{pmatrix} \text{ sowie } \begin{pmatrix} 2l \\ l \\ 0 \end{pmatrix}$$

für die dazugehörigen, vom Scharnier als Momentenbezugspunkt ausgehenden Ortsvektoren. Damit lautet das vektorielle Momentengleichgewicht

$$\sum M_i^{(A)} = \begin{pmatrix} M_{Ax} \\ 0 \\ M_{Az} \end{pmatrix} + \begin{pmatrix} l \\ -l \\ 0 \end{pmatrix} \times \begin{pmatrix} -\cos\alpha \\ 0 \\ \sin\alpha \end{pmatrix} S + \begin{pmatrix} 2l \\ l \\ 0 \end{pmatrix} \times \begin{pmatrix} 0 \\ 0 \\ -F \end{pmatrix} = 0,$$

woraus sich durch Ausführen der Vektorprodukte

$$\begin{pmatrix} M_{Ax} \\ 0 \\ M_{Az} \end{pmatrix} + \begin{pmatrix} -l\cdot\sin\alpha \\ -l\cdot\sin\alpha \\ -l\cdot\cos\alpha \end{pmatrix} S + \begin{pmatrix} -l\cdot F \\ 2l\cdot F \\ 0 \end{pmatrix} = 0$$

und weiter für die Komponenten

$$M_{Ax} - S\,l\sin\alpha - F\,l = 0,$$

$$-S\sin\alpha\cdot l + 2Fl = 0 \text{ und}$$

$$M_{Az} - S\cdot l\cos\alpha = 0$$

ergibt. Diese Gleichungen sind identisch zu denjenigen, die sich beim komponentenweisen Vorgehen ergeben. Großer Vorteil der vektoriellen Vorgehensweise ist, dass man auch ohne gehobenes räumliches Vorstellungsvermögen zu richtigen Ergebnisse gelangen kann.

4.3 Statische Bestimmtheit

Wie wir es schon für ebene Probleme kennen gelernt haben, lautet die notwendige Bedingung für statische Bestimmtheit

$$\boxed{\text{Zahl der Lagerwertigkeiten} = \text{Zahl der Gleichgewichtsbedingungen.}}\quad (4.5)$$

Bei sechs skalaren Gleichgewichtsbedingungen heißt das, dass ein dreidimensionales Tragwerk mit sechs Lagerwertigkeiten gelagert sein muss, damit statische Bestimmtheit vorliegen kann. Im Falle des Klappbretts waren dies das fünfwertige Scharnier und das einwertige Seil.

4.4 Tipps und Tricks

Wenn Sie keine große Scheu vor Vektorrechnung haben, wählen Sie am besten die vektorielle Vorgehensweise. Sie ist entschieden weniger fehleranfällig als der skalare Ansatz. Listen Sie zunächst neben Ihrem Freikörperbild sauber die Vektoren der angreifenden Kräfte sowie ihre vom Momentenbezugspunkt ausgehenden Ortsvektoren aus und führen Sie sodann die Vektorprodukte aus. Bei ruhigem und übersichtlichem Vorgehen dürfte dabei nicht viel schief gehen.

4.5 Aufgaben

Aufgabe 4.1

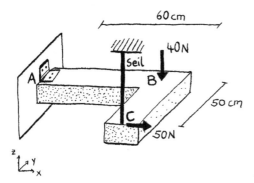

Abb. 4.5

Ein Winkeleisen mit vernachlässigbar kleiner Masse ist in den Punkten *A* und *C* durch ein Scharnier bzw. ein Seil gelagert, und im Punkt *B* durch die senkrechte Kraft 40 N belastet.

a) Überprüfen Sie das System auf statische Bestimmtheit.
b) Berechnen Sie die Lagerreaktionen.

Aufgabe 4.2

Abb. 4.6 Konzertflügel.

Das Gewicht eines Konzertflügels betrage 3,6 kN. Der Flügel steht auf drei Beinen, die sich jeweils reibungsfrei über den Boden rollen lassen. Die genauen Positionen der drei Beine sowie des Schwerpunktes, in dem die Gewichtskraft angreift, entnehmen Sie bitte der folgenden Skizze:

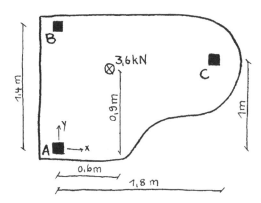

Abb. 4.7 Abmessungen des Flügels.

a) Ist der Flügel statisch bestimmt gelagert?
b) Berechnen Sie die Lagerreaktionen.

Aufgabe 4.3

An der skizzierten, in den Punkten A und B in Fest-/Loslagerung gelagerten Kegelradwelle greifen die Zahnkräfte $F_{ax} = 260\,\text{N}$ (Axialkraft), $F_r = 1.000\,\text{N}$ (Radialkraft) und
$F_t = 2.800\,\text{N}$ (Tangentialkraft) an.

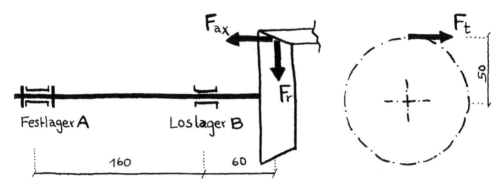

Abb. 4.8 Kegelradwelle

Berechnen Sie die Lagerreaktionen sowie das übertragene Moment.

5 Ebene Gelenksysteme

Ob menschlicher Körper, ein Kraftfahrzeug mit angekuppeltem Anhänger oder eine Schere: In zahllosen Fällen sorgen Gelenke für die Beweglichkeit mechanischer Strukturen. Was aber ist aus Sicht der Statik das Besondere an Gelenken? Wie lassen sich Gelenke mechanisch beschreiben?

5.1 Gelenkreaktionen

Gelenke bewirken, dass zwei Körper zwar miteinander verbunden sind, sich dabei aber widerstandslos um das Gelenk drehen können. Das Gelenk überträgt also eine horizontale und eine vertikale Kraft, die bewirken, dass sich die per Gelenk verbundenen Körper nicht in horizontale bzw. vertikale Richtung voneinander entfernen können. Ein Moment wird dabei nicht übertragen, da dieses die freie Drehbarkeit um das Gelenk unterbinden würde. Wenn wir ein gelenkiges System genau durch das Gelenk hindurch freischneiden, dann erhalten wir zwei Teilsysteme, auf die am nun zerschnittenen Gelenk jeweils die Kräfte G_x und G_y wirken; sonst nichts, insbesondere kein Moment.

Beispiel 5.1: Der in Abbildung 5.1 skizzierte PKW mit Anhänger zeigt, wie bei gelenkigen Systemen richtig freigeschnitten wird.

- Zunächst wird das Gelenksystem als Ganzes freigeschnitten. In unserem Beispiel ist unter dem Gespann die Fahrbahn zu entfernen und durch die entsprechenden Kräfte zu ersetzen. Dies sind die vertikalen Achslasten A_y (Anhänger), H_y (PKW-Hinterachse) und V_y (PKW-Vorderachse) sowie – einmal angenommen, dass nur die Hinterachse des PKW gebremst ist – die Horizontalkraft H_x.
- Jetzt folgt der Freischnitt mitten durchs Gelenk. Hierdurch erhalten wir zwei getrennte statische Systeme (Anhänger sowie PKW), auf die im Gelenk jeweils die Gelenkkräfte G_x und G_y wirken. Wichtig: G_x bzw. G_y wirken auf Anhänger und PKW in gleicher Größe, aber entgegengesetzter Orientierung. Dies ergibt sich formal aus dem 3. Newton'schen Axiom („Übt ein Körper A auf einen anderen Körper B eine Kraft aus, so wirkt eine gleich große aber entgegengerichtete Kraft von Körper B auf Körper A."), ist aber auch von der Anschauung her gut zu begreifen. Wenn sich beispielsweise der Anhänger auf dem PKW abstützt, dann wird der Anhänger vom PKW mit der Kraft G_y *nach oben hin* abgestützt, der PKW aber vom Anhänger mit genau derselben Kraft *nach unten hin* gedrückt.

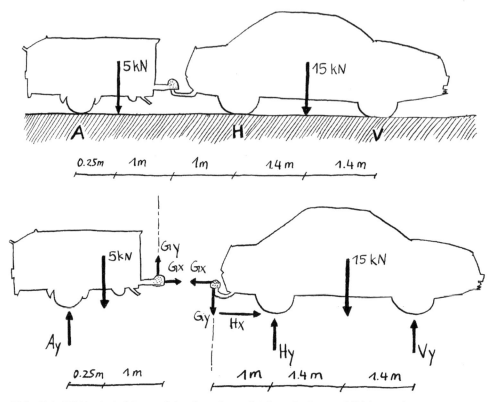

Abb. 5.1 PKW mit Anhänger (oben) und zugehöriges Freikörperbild (unten).

Den Freikörperbildern von Anhänger und PKW entnehmen wir, dass sechs unbekannte Lager- und Gelenkreaktionen (A_y, H_x, H_y, V_y, G_x, G_y) zu berechnen sind. Hierfür stehen pro Freikörperbild die bekannten drei Gleichgewichtsbedingungen – zwei Kräfte- und ein Momentengleichgewicht – zur Verfügung, die Aufgabe ist also lösbar.

Beginnen wir mit dem einfacheren Freikörperbild, dem des Anhängers:

$$\circlearrowright \sum M_i^{(G)} = -A_y \cdot 1,25\,\mathrm{m} + 5\,\mathrm{kN} \cdot 1\,\mathrm{m} = 0 \quad \Rightarrow \quad A_y = 4\,\mathrm{kN}$$

$$\rightarrow \sum F_{i,x} = G_x = 0$$

$$\uparrow \sum F_{i,y} = A_y - 5\,\mathrm{kN} + G_y = 0 \text{ mit } A_y = 4\,\mathrm{kN} \quad \Rightarrow \quad G_y = 1\,\mathrm{kN}$$

Und nun zum Freikörperbild des PKW:

$$\circlearrowright \sum M_i^{(H)} = G_y \cdot 1\,\mathrm{m} - 15\,\mathrm{kN} \cdot 1,4\,\mathrm{m} + V_y \cdot 2,8\,\mathrm{m} = 0$$

$$\text{mit } G_y = 1\,\mathrm{kN} \quad \Rightarrow V_y = 7,1\,\mathrm{kN}$$

$$\rightarrow \sum F_{i,x} = -G_x + H_x = 0 \text{ mit } G_x = 0 \quad \Rightarrow \quad H_x = 0$$

$$\uparrow \sum F_{i,y} = -G_y + H_y - 15\,\mathrm{kN} + V_y = 0$$

$$\text{mit } G_y = 1\,\mathrm{kN} \text{ und } V_y = 7,1\,\mathrm{kN} \quad \Rightarrow \quad H_y = 8,9\,\mathrm{kN}$$

Anmerkung: Theoretisch ließen sich die Gelenkreaktionen auch andersherum einzeichnen, am linken Freikörperbild G_x nach links und G_y nach unten, und folglich am
rechten Freikörperbild G_x nach rechts und G_y nach oben. Die derart berechneten
Gelenkreaktionen würden sich von unseren Ergebnissen nur im Vorzeichen unterscheiden. Im Interesse der Vergleichbarkeit der berechneten Ergebnisse folgt die Orientierung der Gelenkkräfte in diesem Buch ausnahmslos der folgenden Konvention
(Abb. 5.2):

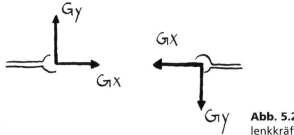

Abb. 5.2 Vorzeichenkonvention für Gelenkkräfte.

5.2 Statische Bestimmtheit

Notwendige Voraussetzung für das Vorliegen statischer Bestimmtheit ist wieder,
dass die Zahl der Unbekannten der Zahl der Gleichgewichtsbedingungen entspricht,
d. h.

> Zahl der Lager- und Gelenkwertigkeiten
> = Zahl der Gleichgewichtsbedingungen.

(5.1)

5.3 Tipps und Tricks

- Beginnen Sie die Berechnung von Lager- und Gelenkreaktionen mit dem einfachsten der beiden (oder mehr) Freikörperbilder. Beim danach folgenden schwierigeren
  Freikörperbild sind dann schon die Gelenkkräfte bekannt und die Rechnerei wird
  nicht ganz so kompliziert.
- Die berechneten Ergebnisse lassen sich an einem Freikörperbild des Gesamtsystems,
  also *ohne* einen Schnitt durch das Gelenk, überprüfen. In dieses Freikörperbild werden die berechneten Lagerreaktionen eingezeichnet und es wird überprüft, ob die
  Kräfte- und Momentengleichgewichte auch tatsächlich aufgehen. In unserem Beispiel sähe die Überprüfung der Ergebnisse wie in Abbildung 5.3 aus. Man kann sich
  leicht davon überzeugen, dass das Kräftegleichgewicht in y-Richtung exakt aufgeht
  und dass das Momentengleichgewicht mit kleiner Ungenauigkeit durch das Runden
  der Ergebnisse aufgeht.

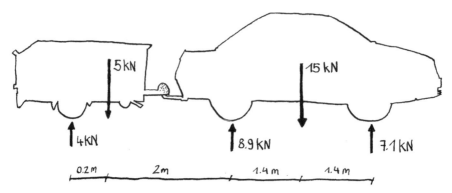

Abb. 5.3 Überprüfung der Ergebnisse an einem Freikörperbild des Gesamtsystems.

5.4 Aufgaben

Aufgabe 5.1

Zu berechnen sind die Achslasten V, H und A (Vorder- Hinter- und Anhängerachse) eines stehenden Lastzuges. LKW und Anhänger des Lastzuges sind in der Anhängekupplung G gelenkig miteinander verbunden. Die gezogene Handbremse des LKW blockiert dessen Hinterräder.

Gegeben: LKW-Gewicht $F_{LKW}=150\,kN$, Anhängergewicht $F_{Anh}=30\,kN$

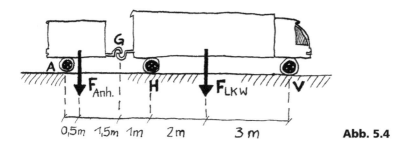

Abb. 5.4

a) Überprüfen Sie den Lastzug auf statische Bestimmtheit.
b) Berechnen Sie die Achslasten.

Aufgabe 5.2

Die abgebildete Brücke besteht aus zwei gleichartigen, im Punkt G gelenkig verbundenen Hälften. Auf der Brücke ist ein LKW liegen geblieben, dessen Schwerpunkt (Gewichtskraft $F_G=150\,kN$) genau über dem Brückengelenk G liegt.

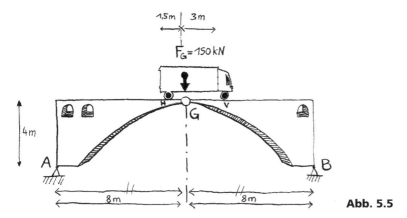

Abb. 5.5

a) Überprüfen Sie die Brücke auf statische Bestimmtheit.
b) Schneiden Sie den LKW frei, und bestimmen Sie die Aufstandskräfte V (Vorderachse) und H (Hinterachse) des LKW.
c) Schneiden Sie die beiden Brückenteile frei, und bestimmen Sie die Lagerkräfte in den Lagern A und B sowie die Gelenkkräfte im Gelenk G.

Aufgabe 5.3

Ein Gelenkträger ist in den Punkten A und B zweiwertig gelagert. An ihm greift wie skizziert die Kraft F an.

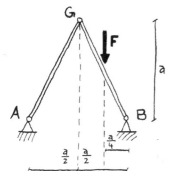

Abb. 5.6

a) Überprüfen Sie den Träger auf statische Bestimmtheit.
b) Bestimmen Sie die Lager- und Gelenkreaktionen.

Aufgabe 5.4

Berechnen Sie für den skizzierten Gelenkträger die Lager- und Gelenkreaktionen.

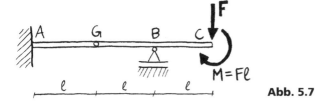

Abb. 5.7

6 Schnittgrößen

Ein unter Last stehendes Tragwerk kann an zwei grundverschiedenen Stellen versagen:
Es kann aus seinen Verankerungen gerissen werden oder irgendwo mittig durchbrechen. Im ersten Fall wären die Lagerreaktionen unzulässig hoch, im zweiten Fall die inneren Kräfte und Momente im Tragwerk. Diese werden auch als Schnittgrößen bezeichnet, da sie in ein Freikörperbild immer dann eingetragen werden, wenn ein Träger an irgendeiner Stelle in seinem Inneren durchgeschnitten wird. Um sie geht es in diesem Kapitel.

6.1 Berechnung von Schnittgrößen

Sechs verschiedene Schnittgrößen können im allgemeinen dreidimensionalen Fall in einem Träger auftreten: drei Kräfte – je eine *in* jede Koordinatenrichtung – und drei Momente – je eines *um* jede Koordinatenrichtung (Abb. 6.1).

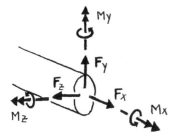

Abb. 6.1 Innere Kräfte und Momente in einem dreidimensional belasteten Balken.

Für zweidimensionale Probleme reduziert sich die Zahl der Schnittgrößen auf drei, nämlich zwei Kräfte – die Normalkraft N, die normal (senkrecht) zur Schnittfläche durch den Balken steht, und die Querkraft Q, die quer zur Balkenrichtung verläuft – sowie ein Moment, das Biegemoment M (Abb. 6.2).

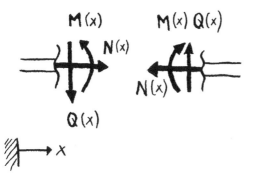

Abb. 6.2 Schnittgrößen in ebenen Problemen sowie Vorzeichenkonvention der Schnittgrößen für das positive und das negative Schnittufer. Als positives Schnittufer wird immer dasjenige bezeichnet, auf dessen Seite der Koordinatenursprung liegt. In horizontalen Trägern ist meistens das linke Schnittufer das positive und das rechte Schnittufer das negative.

Wenn wir einen Träger nicht nur wie in Kapitel 3 gelernt von seiner Umgebung (Lagern und dergleichen) freischneiden, sondern ihn auch irgendwo im Innern entzweischneiden, dann erhalten wir zwei Freikörperbilder, eines für den Trägerteil links des Schnitts und eines für den Trägerteil rechts des Schnitts. An beide Freikörperbilder sind in diesem Schnitt – quasi ganz schnell, damit der verbliebene Trägerteil „nicht merkt", dass der andere Trägerteil weggeschnitten wurde – die Schnittgrößen N, Q und M einzutragen.

Hierbei wirkt – wie wir das von der Berechnung von Gelenksystemen kennen gelernt haben – jede Schnittgröße auf das linke und rechte Freikörperbild in gleicher Größe aber entgegengesetzter Richtung. Das ist letztlich das gleiche wie bei einem durch ausströmende Luft davondüsenden Luftballon (Abb. 6.3). Der Luftballon lässt die Luft nach *hinten* ausströmen und wird dadurch nach *vorne* getrieben. Bezüglich der Vorzeichenkonvention richten wir uns stur nach der in Abbildung 6.2 gezeigten, sie hat sich in der Fachwelt allgemein durchgesetzt.

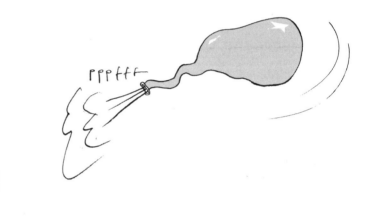

Abb. 6.3 Auch bei einem davondüsenden Luftballon wirken auf Ballon und Luft gleich große, aber entgegengerichtete Kräfte: Der Ballon wird nach vorne, die Luft nach hinten beschleunigt.

An welchem der beiden Freikörperbilder wir dann die Schnittgrößen ausrechnen, ist gleichgültig; denn aus beiden folgen dieselben Schnittgrößenverläufe. Es lohnt sich deshalb immer, vor dem Rechnen in Ruhe zu überlegen, welches der beiden Freikörperbilder das einfachere ist und dann nur dieses zu zeichnen, um daran die Schnittgrößen zu berechnen.

Damit hätten wir die allerwichtigsten Grundlagen besprochen. Das Weitere wird an einem Beispiel deutlich.

Beispiel 6.1: Betrachten wir erneut das in Kapitel 1 angesprochene Einmeter-Sprungbrett (Abb. 6.4).

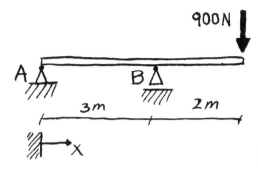

Abb. 6.4 Ein Sprungbrett als Beispiel für die Berechnung von Schnittgrößen.

Zuerst berechnen wir die Lagereaktionen, was Ihnen nicht allzu schwer fallen sollte. (Ansonsten sollten Sie Kapitel 3 wiederholen; der Stoff muss sitzen, bevor es an die Schnittgrößen geht.) Wir erhalten

$$A_x = 0\,,\ A_y = -600\,\text{N und}\ B_y = 1.500\,\text{N}.$$

Nun folgt der Schnitt an irgendeiner Stelle x im Träger. Dabei ist es mit einem einzigen Schnitt allerdings nicht getan. Schneiden wir nämlich an irgendeiner Stelle *links* des Lagers B durch, so ergibt sich ein grundlegend anderes Freikörperbild als bei einem Schnitt an irgendeiner Stelle *rechts* des Lagers B. Man kann das im Vergleich der Freikörperbilder (Abb. 6.5 und Abb. 6.6) leicht erkennen. Beim Freischnitt links des Lagers B taucht die Lagerkraft B_y im rechtsseitigen Freikörperbild auf, beim Freischnitt rechts des Lagers B dagegen im linksseitigen.

Wir haben es also mit zwei Bereichen zu tun. Da unterschiedliche Freikörperbilder unterschiedliche Ergebnisse zur Folge haben, sind die Schnittgrößen für beide Bereiche separat auszurechnen.

Für den Bereich I (siehe Abb. 6.5, in der zum besseren Verständnis das linke wie das rechte Freikörperbild eingezeichnet sind) ist das linke Freikörperbild einfacher als das rechte.

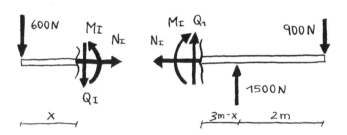

Abb. 6.5 Freikörperbild für einen Schnitt im Bereich I. Dargestellt sind beide Freikörperbilder; zum Weiterrechnen wird im Folgenden aber nur das einfachere, linke benutzt.

Wir erhalten die folgenden Gleichgewichtsbedingungen und Ergebnisse:

$$\rightarrow \sum F_{i,x} = N_I(x) = 0\,,$$

$$\uparrow \sum F_{i,y} = -600\,\text{N} - Q_I(x) = 0 \quad \Rightarrow \quad Q_I(x) = -600\,\text{N sowie}$$

$$\circlearrowleft \sum M_i^{(\text{Schnittufer})} = M_I(x) + 600\,\text{N} \cdot x = 0 \quad \Rightarrow \quad M_I(x) = -600\,\text{N} \cdot x.$$

Für den Bereich II ist das rechte Freikörperbild das einfachere (Abb. 6.6). Es ergibt sich

$$\rightarrow \sum F_{i,x} = N_I(x) = 0 \,,$$

$$\uparrow \sum F_{i,y} = Q_{II}(x) - 900\,\text{N} = 0 \quad \Rightarrow \quad Q_I(x) = 900\,\text{N} \text{ sowie}$$

$$\circlearrowleft \sum M_i^{(\text{Schnittufer})} = -M_{II}(x) - 900\,\text{N} \cdot (5\,\text{m} - x) = 0 \quad \Rightarrow \quad M_{II}(x) = -900\,\text{N} \cdot (5\,\text{m} - x) \,.$$

Mit diesen Ergebnissen kennen wir nun die Verläufe aller Schnittgrößen im Träger.

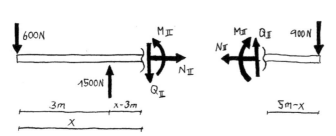

Abb. 6.6 Schnitt durch den Balken im Bereich II: Beachten Sie, dass die Koordinate *x* auch im 2. Bereich ihren Ursprung ganz links im Lager *A* hat und nicht etwa an der Bereichsgrenze neu beginnt. Dargestellt sind beide Freikörperbilder; zum Weiterrechnen wird im Folgenden aber nur das einfachere, rechte benutzt.

6.2 Grafische Darstellung

Stellen im Träger, an denen die Schnittgrößen Extremwerte annehmen, können für die Festigkeit des Trägers kritisch sein. Am besten lassen sie sich erkennen, wenn die berechneten Verläufe der Schnittgrößen grafisch dargestellt werden. Hierfür werden wie bei einer Landkarte Maßstäbe benötigt. Diese legen fest, in welcher Größe die tatsächlichen Abmessungen des Trägers (Längenmaßstab m_L), die inneren Kräfte (Kräftemaßstab m_F) und die inneren Momente (Momentenmaßstab m_M) zu Papier gebracht werden.

Im vorliegenden Beispiel seien als Maßstäbe gegeben:

- für m_L: $2\,\text{cm} \triangleq 1\,\text{m}$ (bzw. $m_L = \dfrac{2\,\text{cm}}{1\,\text{m}}$),

- für m_F: $1\,\text{cm} \triangleq 300\,\text{N}$ (bzw. $m_F = \dfrac{1\,\text{cm}}{300\,\text{N}}$) und

- für m_M: $1\,\text{cm} \triangleq 400\,\text{Nm}$ (bzw. $m_M = \dfrac{1\,\text{cm}}{400\,\text{Nm}}$).

Zuerst zeichnen wir das Achsenkreuz. Bei dem vorgegebenen Längenmaßstab werden aus dem 5 m langen Sprungbrett 10 cm auf der x-Achse. Auf der Ordinate („*y*-Achse") tragen wir zwei Skalen auf: eine für die Kraftverläufe (*N*- und *Q*-Linien) und eine für den Momentenverlauf. Jetzt können wir die berechneten Ergebnisse für $N(x)$, $Q(x)$ und $M(x)$ einzeichnen, und zwar die Ergebnisse für den Bereich I im Intervall $0 \leq x \leq 3\,\text{m}$ und die Ergebnisse für den Bereich II im Intervall $3\,\text{m} \leq x \leq 5\,\text{m}$.

Lineare Funktionen zeichnen wir schnell und fehlerfrei, indem wir zunächst die Funktionswerte am linken und rechten Bereichsrand einzeichnen und diese dann mit einer Geraden verbinden. Beispiel $M_{\mathrm{II}}(x)$: Wir berechnen an den Bereichsrändern $M_{\mathrm{II}}(3\,\mathrm{m}) = -1.800\,\mathrm{Nm}$ und $M_{\mathrm{II}}(5\,\mathrm{m}) = 0$, zeichnen beide Funktionswerte ein und verbinden sie. Für quadratische und kubische Funktionen (welche für Träger unter Streckenlasten auftreten können) berechnen wir die Funktionswerte an den Bereichsrändern sowie zwei bis drei Funktionswerte im Innern des Bereichs und legen sodann mit gesundem Menschenverstand eine Kurve durch diese Punkte.

Die Kurvenverläufe zeigen (Abb. 6.7), dass

- das Sprungbrett am Lager B die größte Beanspruchung erfährt[1] (Maximum der Momentenlinie) und
- der Querkraftverlauf am Lager B einen Sprung aufweist (von $-600\,\mathrm{N}$ auf $+900\,\mathrm{N}$), der genau der dort in den Träger eingeleiteten Lagerreaktion ($B_y = 1.500\,\mathrm{N}$) entspricht.

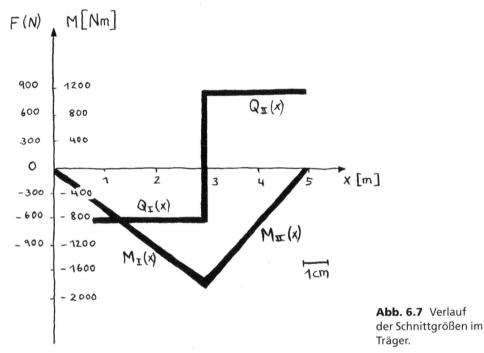

Abb. 6.7 Verlauf der Schnittgrößen im Träger.

6.3 Streckenlasten

Von Streckenlasten spricht man, wenn ein Tragwerk durch linienförmig verteilte Lasten belastet wird. Beispiele für Streckenlasten sind das Eigengewicht von Trägern, Schneelasten o. Ä. Aber auch sehr viele eng beieinander liegende Punktlasten, wie z. B.

---

[1] Achten Sie bei Ihrem nächsten Schwimmbadbesuch auf das 1-m-Brett. Es wird am vorderen Lager tatsächlich seinen stärksten Querschnitt aufweisen.

Passagiere in einer vollbesetzten Straßenbahn, lassen sich als Streckenlast behandeln. Streckenlasten haben die Einheit von Kraft pro Länge, also z. B. N/m.

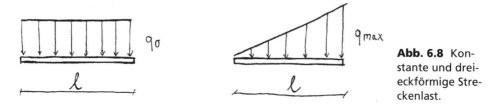

Abb. 6.8 Konstante und dreieckförmige Streckenlast.

Zwei Arten von Streckenlasten sind von besonderer Wichtigkeit, die konstante Streckenlast und die dreieckförmige Streckenlast (Abb. 6.8). Bei der konstanten Streckenlast ergibt sich die Streckenlast q_0 als

$$q_0 = \frac{\text{auf den Träger wirkende Kraft}}{\text{Trägerlänge}}.$$ (6.1)

Einfaches Beispiel: Ein 2 m langer Stahlträger wiege 60 N. Die durch das Eigengewicht verursachte Streckenlast beträgt dann 30 N/m.

Bei der dreieckförmigen Streckenlast ergibt sich der Maximalwert der Streckenlast als

$$q_{max} = 2 \cdot \frac{\text{gesamte Kraft}}{\text{Trägerlänge}}.$$ (6.2)

Beispiel: Auf einer 4 m langen Ladefläche eines LKW ist in einer dreieckförmigen Schüttung 30 kN Kies geladen (Abb. 6.9). Der Maximalwert der Streckenlast beträgt 15 kN/m.

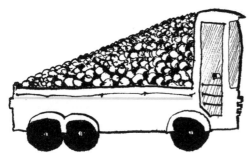

Abb. 6.9 Mit Kies beladener LKW.

6.4 Lagerreaktionen und Schnittgrößen unter der Einwirkung von Streckenlasten

Streckenlasten selbst sind noch keine Kräfte, ihre Einheit ist ja auch nicht das Newton, sondern z. B. Newton pro Meter. Aber aus Streckenlasten werden Kräfte, wenn sie entlang der Strecke, auf der sie wirken, integriert werden.

Einfacher, weil ohne Integration, kommt man zurecht, wenn die gesamte Kraftwirkung der Streckenlast und ihr Schwerpunkt bekannt sind. Dann ersetzen wir die Streckenlast ganz einfach durch ihre Kraftwirkung und lassen diese Ersatzkraft im Schwerpunkt der Streckenlast angreifen (Abb. 6.10). Es ergibt sich somit für konstante Streckenlasten die Ersatzkraft

$$F_{Ers} = q_0 \cdot l \,, \tag{6.3}$$

die in der Mitte der Streckenlast angreift, und für dreieckförmige Streckenlasten die Ersatzkraft

$$F_{Ers} = \frac{1}{2} q_{max} \cdot l \,, \tag{6.4}$$

die im Schwerpunkt des Dreiecks angreift, also auf 1/3-Position zur Seite von q_{max} hin.

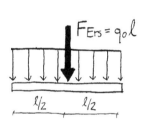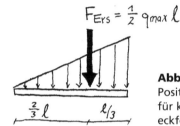

Abb. 6.10 Größe und Position der Ersatzkräfte für konstante und dreieckförmige Streckenlast.

Mit diesen Ersatzkräften lassen sich Lagerreaktionen und Schnittgrößen sehr viel einfacher berechnen als über die Integration. Aber aufpassen! Bei der Berechnung der Schnittgrößen dürfen die Merkregeln für Größe und Position der Ersatzkräfte nicht ohne Nachdenken angewendet werden. Im folgenden Beispiel wird klar warum.

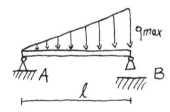

Abb. 6.11 Träger unter dreieckförmiger Streckenlast.

Beispiel 6.2: Ein in Fest-/Loslagerung gelagerter Balken der Länge l wird durch eine dreieckförmige Streckenlast (Maximalwert q_{max}) belastet (Abb. 6.11). Gesucht sind die Lagerreaktionen und der Verlauf der Schnittgrößen.

Zuerst zu den Lagerreaktionen: Wir schneiden an den Lagern frei, ersetzen die Streckenlast durch eine Ersatzkraft der Größe $F_{Ers} = 0{,}5\,q_{max}\,l$ auf $l/3$-Position und erhalten somit das folgende Freikörperbild (Abb. 6.12):

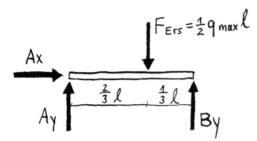

Abb. 6.12 Freikörperbild zur Berechnung der Lagerreaktionen.

Das Ansetzen der drei Gleichgewichtsbedingungen (Momentengleichgewicht immer zuerst, ein geeigneter Bezugspunkt ist z. B. das Lager *A*) führt zu den Ergebnissen

$$A_x = 0, \quad A_y = \frac{1}{6} q_{max} l \quad \text{und} \quad B_y = \frac{1}{3} q_{max} l.$$

Und nun zu den Schnittgrößen. Hier kann man sich beim Ansetzen der Ersatzkraft sehr schnell vertun. Damit Ihnen das nicht passiert, sehen wir uns erstmal die *falsche* Rechnung mit den üblichen Fehlern an, analysieren diese und machen es dann richtig.

Das Freikörperbild erstellen wir am besten in zwei Schritten, erst das eigentliche Freischneiden, dann das Ersetzen der Streckenlast durch die Ersatzkraft. Beim eigentlichen Freischneiden werden die Lager durch die bekannten Lagerreaktionen ersetzt und der Balken an einer beliebigen Stelle *x* geschnitten (Abb. 6.13).

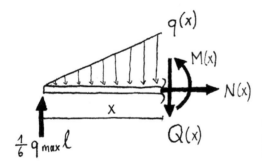

Abb. 6.13 Freikörperbild zur Berechnung der Schnittgrößen vor Einführung der Ersatzkraft.

Bis hierhin stimmt noch alles. Wer nun aber die Streckenlast ohne weiteres Nachdenken durch $F_{Ers} = 0{,}5 q_{max} l$ auf *l*/3-Position ersetzt (wie in Abb. 6.14), macht es leider falsch.

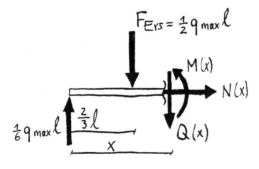

Abb. 6.14 Freikörperbild zur Berechnung der Schnittgrößen mit Ersatzkraft. **Vorsicht!!!** Die Ersatzkraft ist hier gleich mehrfach fehlerhaft angesetzt!

Es ist nämlich nicht die Streckenlast entlang des gesamten Trägers zu ersetzen, sondern nur die auch tatsächlich im Freikörperbild auftretende Streckenlast. Und im Freikörperbild (Abb. 6.13) taucht die Streckenlast nur entlang der Strecke x auf. F_{Ers} beträgt deswegen *nicht* $F_{Ers} = 0{,}5\,q_{max}\,l$, sondern $F_{Ers} = 0{,}5\,q(x)\,x$, weil

- der im Freikörperbild auftretende Maximalwert der Streckenlast $q(x)$ ist und nicht q_{max}, und
- die Streckenlast im Freikörperbild auf der Länge x und nicht der Gesamtlänge l wirkt.
- Und schließlich ist F_{Ers} natürlich an der Stelle $x/3$ und nicht an der Stelle $l/3$ einzuzeichnen.

Mit $q(x) = q_{max}\,x/l$ erhalten wir folgendes korrektes Freikörperbild (Abb. 6.15):

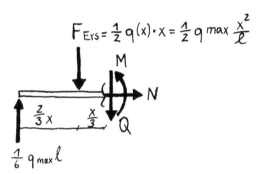

Abb. 6.15 Freikörperbild zur Berechnung der Schnittgrößen mit Ersatzkraft. Jetzt ist die Ersatzkraft richtig angesetzt.

Stimmt das Freikörperbild, ist das Berechnen der Schnittgrößen ein Leichtes:

$$\rightarrow \sum F_{i,x} = N(x) = 0,$$

$$\uparrow \sum F_{i,y} = \frac{1}{6}q_{max}\,l - \frac{1}{2}q_{max}\,\frac{x^2}{l} - Q(x) = 0 \quad \Rightarrow \quad Q_l(x) = \frac{1}{2}q_{max}\left(\frac{l}{3} - \frac{x^2}{l}\right)$$

$$\circlearrowright \sum M_i^{(\text{Schnittufer})} = -\frac{1}{6}q_{max}\,l\,x + \frac{1}{2}q_{max}\,\frac{x^2}{l}\cdot\frac{x}{3} + M(x) = 0 \quad \Rightarrow M(x) = \frac{1}{6}q_{max}\left(l\,x - \frac{x^3}{l}\right).$$

6.5 Zusammenhang zwischen $M(x)$, $Q(x)$ und $q(x)$

Fällt Ihnen an obigen Ergebnissen etwas auf? $M(x)$ abgeleitet ergibt $Q(x)$, und $Q(x)$ abgeleitet ergibt $-q(x)$. Man kann leicht zeigen, dass dies kein Zufall ist, sondern ein allgemeingültiger Zusammenhang.

Betrachten wir hierzu ein sehr kleines, freigeschnittenes Balkenelement unter der Streckenlast $q(x)$ (Abb. 6.16). Im linken Freischnitt wirken die Schnittgrößen $Q(x)$ und $M(x)$; bis zum rechten Freischnitt haben sich die Schnittgrößen ein ganz klein wenig geändert und liegen nun bei $Q(x) + dQ$ sowie $M(x) + dM$.

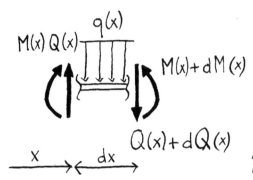

Abb. 6.16 Zum Zusammenhang zwischen $M(x)$, $Q(x)$ und $q(x)$.

Aus dem vertikalen Kräftegleichgewicht ergibt sich

$$\uparrow \sum F_{i,y} = Q(x) - q(x)\,\mathrm{d}x - \big(Q(x) + \mathrm{d}Q(x)\big) = 0$$

$$\Rightarrow \quad \frac{\mathrm{d}Q(x)}{\mathrm{d}x} = -q(x)\,. \tag{6.5}$$

Das Momentengleichgewicht lautet

$$\circlearrowright \sum M_i^{(\text{rechtes SU})} = -Q(x)\,\mathrm{d}x - M(x) + q(x)\,\mathrm{d}x \cdot \frac{\mathrm{d}x}{2} + M(x) + \mathrm{d}M(x) = 0.$$

Hierin ist der Term $q(x)\,\mathrm{d}x^2/2$ klein von höherer Ordnung, das bedeutet, dass $\mathrm{d}x$ an sich schon ziemlich klein ist, sodass $\mathrm{d}x^2$ noch viel kleiner ist und vernachlässigt werden darf. Wir erhalten somit

$$\frac{\mathrm{d}M(x)}{\mathrm{d}x} = Q(x)\,. \tag{6.6}$$

Die Gleichungen (6.5) und (6.6) wurden für lotrechte Streckenlasten hergeleitet. Wirkt die Streckenlast schief zum Balken, dann gilt Gleichung (6.6) nach wie vor. Gleichung (6.5) gilt allerdings nur noch für die zum Balken senkrechte Komponente der Streckenlast. Ein Beispiel für eine derartige Streckenlast ist der windschiefe Pfosten von Aufgabe 6.4.

6.6 Tipps und Tricks

- Entscheiden Sie bewusst und in Ruhe, ob Sie die Berechnung der Schnittgrößen am positiven oder am negativen Schnittufer vornehmen wollen. Die Wahl des einfacheren Freikörperbildes kann viel Zeit sparen.
- Bereichsgrenzen existieren überall da, wo sich die Freikörperbilder für einen Schnitt dies- und jenseits der Grenze grundlegend voneinander unterscheiden. Dies ist z. B. an Lagern, Punktlasten, am Anfang und am Ende einer Streckenlast oder an scharfen Knicken im Träger der Fall. Die Laufkoordinate x (o. ä.) hat auch in den folgen-

den Bereichen immer denselben Ursprung; sie beginnt an den Bereichsgrenzen nicht erneut.

- Bei der Bestimmung des Schnittmomentes gibt es für das Momentengleichgewicht genau einen sinnvollen Bezugspunkt: das Schnittufer, denn hier verschwinden die Hebelarme für Normalkraft und Querkraft.
- Schnittgrößenverläufe können an Lagern sowie punktförmig eingeleiteten Kräften oder Momenten Sprünge aufweisen. Wird (a) eine Kraft längs des Trägers, (b) eine Kraft quer zum Träger oder (c) ein Moment eingeleitet, so ändern sich (a) der Normalkraftverlauf, (b) der Querkraftverlauf und (c) der Momentenverlauf um die eingeleitete Kraft bzw. das eingeleitete Moment.
- Passen Sie auf, wenn Sie beim Ansetzen der Ersatzkräfte die Merkregeln $F_{Ers} = q_0 l$ für konstante und $F_{Ers} = 0{,}5\, q_{max} l$ für dreieckförmige Streckenlasten verwenden. Bei der Schnittgrößenberechnung ist statt der gesamten Balkenlänge nur die im Freikörperbild auftretende Balkenlänge und statt q_{max} nur die im Freikörperbild auftretende maximale Streckenlast zu verwenden.
- Die Fehler bei Größe und Position der Ersatzkraft lassen sich oft dadurch vermeiden, dass der Verlauf der Streckenlast im Freikörperbild durch eine dünne gestrichelte Linie angedeutet wird.
- Kontrollieren Sie Ihre Ergebnisse. Ihre Ergebnisse können nur stimmen, wenn die Zusammenhänge $dM(x)/dx = Q(x)$ (gilt immer) und $dQ(x)/dx = -q(x)$ (gilt nur für lotrechte Streckenlasten) erfüllt sind.

6.7 Aufgaben

Aufgabe 6.1

Berechnen Sie die Schnittgrößen in einem durch sein Eigengewicht G belasteten Kragträger der Länge l.

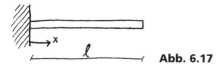

Abb. 6.17

Aufgabe 6.2

Berechnen Sie die Schnittgrößen N, Q und M in Abhängigkeit des Winkels φ im abgebildeten Haken.

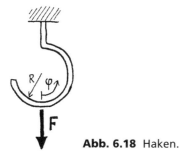

Abb. 6.18 Haken.

Aufgabe 6.3

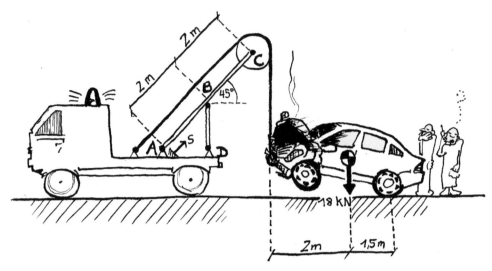

Abb. 6.19

Auf einer Spritztour mit Papas geliehenem S-Klasse-Mercedes setzen Sie diesen peinlicherweise vor einen Baum und müssen den Abschleppdienst rufen. Zu allem Überfluss bezweifelt der Abschleppwagenfahrer, dass sein Kran überhaupt der Belastung durch eine angehängte S-Klasse gewachsen ist. Überzeugen Sie ihn, indem Sie die Schnittgrößen N, Q und M im Kran berechnen. Gehen Sie dabei wie folgt vor:

a) Schneiden Sie den PKW frei, und berechnen Sie die Seilkraft S, mit der dieser angehoben wird (auf $\pm 0{,}1$ kN genau).

b) Mit welchen Kräften lastet die im Punkt C reibungsfrei drehbar gelagerte Rolle auf dem Kranausleger?

c) Schneiden Sie den Kranausleger (Träger A-C) frei, und berechnen Sie die Lagerreaktionen des Trägers. Berechnen Sie die Schnittgrößen $N(s)$, $Q(s)$ und $M(s)$ im Kranausleger.

Anmerkung: Betrachten Sie der Einfachheit halber Abschleppwagen und PKW im Stillstand. Vernachlässigen Sie dynamische Effekte wie Anfahr- oder Abbremsvorgänge. Gleichfalls vernachlässigt werden kann das Eigengewicht des Kranauslegers.

Aufgabe 6.4

Auf dem Nachhauseweg überfahren Sie versehentlich ein Stoppschild. Nun steht es da, das arme Schild, um 35° abgeknickt (Abb. 6.20).

Angaben zu Schild und Pfosten: Das spezifische Gewicht des Pfostens betrage 80 N/m, das Gewicht des achteckigen Schildes 20 N.

a) Berechnen Sie die Lagerreaktionen im Punkt A.

b) Ermitteln Sie den Verlauf der Schnittgrößen $N(s)$, $Q(s)$ und $M(s)$.

Abb. 6.20

Hinweis: Nehmen Sie vereinfachend an, dass der Pfosten bis zur Mitte des eigentlichen Stoppschildes reicht und dass das Schildgewicht an genau diesem Punkt am Pfosten angreift.

Aufgabe 6.5

Abb. 6.21

Auf Ihrer Paddeltour durch die Mecklenburger Seenplatte müssen Sie leider feststellen, dass die Strecke neben erfrischenden klaren Seen auch mit einer Reihe von Umtragestellen aufwartet. Der schweißtreibenden Tätigkeit und den Semesterferien zum Trotz abstrahieren Sie aus Ihrem Kanu das folgende mechanische Modell und begeben sich an die Analyse:

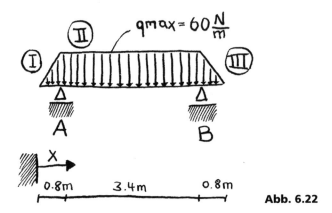

Abb. 6.22

a) Ist das Kanu statisch bestimmt gelagert? Begründen Sie kurz Ihre Antwort.
b) Welchen Verlauf hat die Streckenlast $q(x)$ in den Bereichen I und III?
c) Berechnen Sie die Lagerreaktionen.
d) Berechnen Sie den Verlauf der Schnittgrößen $Q(x)$ und $M(x)$ im Kanu.

Aufgabe 6.6

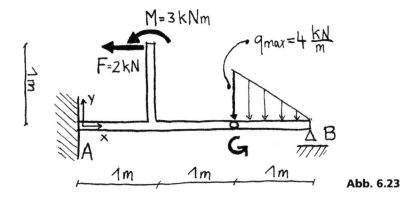

Abb. 6.23

Ein 3 m langer Gelenkträger (Abb. 6.23) ist im Punkt A drei- und im Punkt B einwertig gelagert. Im Punkt G sind die beiden Trägerhälften durch ein zweiwertiges Gelenk miteinander verbunden.

a) Berechnen Sie die Lagerreaktionen in den Punkten A und B, sowie die Gelenkkräfte im Gelenk G (auf $\pm 0{,}1$ kN bzw. $\pm 0{,}1$ kNm genau).
b) Berechnen Sie die Schnittgrößen im Bereich $0 \leq x \leq 3$ m (also im waagerechten Trägerteil).

7 Ebene Fachwerke

Abb. 7.1

Fachwerke kennt jeder. Ob in Fachwerkhäusern, Baukränen, Brücken oder Strommasten, seit alters her werden mit Fachwerken stabile und vergleichsweise leichte Strukturen gebaut.

In der Technischen Mechanik werden bei der Behandlung von Fachwerken einige Idealisierungen vorgenommen, die die Berechnung wesentlich vereinfachen. Es wird angenommen, dass

- alle Knoten (die Verbindungsstellen der Stäbe) reibungsfreie Gelenke sind,
- äußere Kräfte nur in den Knoten angreifen und
- alle Stäbe gradlinig verlaufen.

In der Praxis sind diese Annahmen natürlich nicht immer streng erfüllt. Insbesondere werden Fachwerkstäbe nicht durch reibungsfreie Gelenke, sondern in der Regel starr miteinander verbunden, etwa durch Nieten, Schweißen oder Verschrauben. Die durch die Idealisierung entstehenden Fehler sind aber für schlanke Fachwerkstäbe sehr klein.

Aufgrund der Idealisierungen sind die Fachwerkstäbe aus mechanischer Sicht wirkliche Stäbe, d.h., sie können nur Zug- oder Druckkräfte übertragen, jedoch keine Querkräfte oder Momente. Stäbe, die Zugkräfte übertragen, werden als Zugstäbe, solche, die Druckstäbe übertragen, als Druckstäbe und kraftfreie Stäbe schließlich als Nullstäbe bezeichnet.

7.1 Statische Bestimmtheit

Bei Fachwerken wird zwischen äußerer und innerer statischer Bestimmtheit unterschieden.

Äußere statische Bestimmtheit bezieht sich – so wie wir das bisher auch unter statischer Bestimmtheit verstanden haben – allein auf die Lagerung der Struktur. Ein Fachwerk ist dann äußerlich statisch bestimmt, wenn sich die Lagerreaktionen aus den Gleichgewichtsbedingungen der Statik bestimmen lassen. Es kommt also nicht darauf an, wie das Fachwerk im Inneren aufgebaut ist; wir dürfen uns das Fachwerk getrost als strukturlosen Starrkörper vorstellen, um wie gewohnt aus der Lagerung auf die äußere statische Bestimmt- oder Unbestimmtheit zu schließen.

Bei der *inneren statischen Bestimmtheit* geht es darum, ob ein Fachwerk in sich wackelig (das wäre innerlich statisch unterbestimmt), stabil und unverspannt (innerlich statisch bestimmt) oder stabil, aber in sich verspannt (innerlich statisch überbestimmt) ist.

Die Grundstruktur für innerlich statisch bestimmte Fachwerke ist das Dreieck, da dieses im Gegensatz zum Viereck nicht wackelig ist (Abb. 7.2).

Abb. 7.2 Dreieckskonstruktionen sind in sich fest, Viereckskonstruktionen sehr schnell wackelig. Fachwerke bestehen deswegen vor allem aus Dreiecken.

Das in Abbildung 7.2 skizzierte einfache Fachwerk-Dreieck besteht aus drei Knoten und drei Stäben. Erweitert man es um weitere Dreiecke – also jeweils um einen Knoten und zwei Stäbe – so erhalten wir größere Fachwerke, die immer noch innerlich statisch bestimmt sind (Abb. 7.3).

Abb. 7.3 Beispiele statisch bestimmter Fachwerke.

Es ist leicht ersichtlich, dass in all diesen Fachwerken die Beziehung

$$2K - S = 3 \tag{7.1}$$

erfüllt ist, wobei K die Zahl der Knoten und S die Zahl der Stäbe im Fachwerk ist. Gleichung (7.1) ist die notwendige Bedingung für innere statische Bestimmtheit eines Fachwerks.

7.2 Berechnung der Stabkräfte – der Ritterschnitt

Stabkräfte sind Schnittgrößen, und so folgt die Berechnung der Stabkräfte denn auch dem üblichen roten Faden der Schnittgrößenberechnung. Im Allgemeinen sind zunächst die Lagerreaktionen zu berechnen, dann müssen wir zur Berechnung der Stabkräfte geeignet freischneiden. Mit den zur Verfügung stehenden drei Gleichgewichtsbedingungen der ebenen Statik können wir natürlich nicht beliebig viele Stabkräfte auf einmal berechnen, mehr als drei Stabkräfte sind pro Freischnitt nicht drin. Der Freischnitt wird deshalb durch genau drei Stäbe hindurchgelegt.

August Ritter **Abb. 7.4**

Das Ansetzen der Gleichgewichtsbedingungen wird durch den Trick des Herrn August Ritter (1826–1908) – den Ritterschnitt – sehr vereinfacht. Dieser beruht darauf, dass man nicht stur zwei Kräfte- und ein Momentengleichgewicht ansetzen muss, drei Momentengleichgewichte tun es auch – sofern die drei Bezugspunkte nicht auf einer geraden Linie liegen. Falls Sie's nicht glauben: Nehmen Sie sich irgendeine Übungsaufgabe zur ebenen Statik vor und berechnen Sie Lagerreaktionen und/oder Schnittgrößen aus drei Momentengleichgewichten, das geht tatsächlich. Drei Momentengleichgewichte bedeuten, dass drei verschiedene Bezugspunkte auszuwählen sind. Diese liegen jeweils am geschicktesten in den Schnittpunkten der Wirkungslinien der gesuchten Stabkräfte; sie werden Ritterpunkte genannt.

Die Vorgehensweise beim Ritterschnitt ist damit wie folgt:

1. Als Voraufgabe: Bestimmen Sie die Lagerreaktionen.
2. Schneiden Sie so durch das Fachwerk, dass genau drei Stäbe und kein Knoten geschnitten werden. Die drei Stäbe dürfen nicht an einem Knoten zusammenhängen.
3. Die so genannten Ritterpunkte liegen in den Schnittpunkten der Wirkungslinien der gesuchten Stabkräfte. Im Allgemeinen ergeben sich drei Ritterpunkte; nur wenn zwei der geschnittenen Stäbe parallel verlaufen, existieren lediglich zwei Ritterpunkte.
4. Berechnen Sie aus den Momentengleichgewichten um die Ritterpunkte die Stabkräfte.
5. Für den Fall, dass nur zwei Ritterpunkte existieren: Berechnen Sie die dritte Stabkraft aus einem geeigneten Kräftegleichgewicht.

In den Freikörperbildern setzen wir alle Stabkräfte als Zugkräfte, also mit aus dem Schnittufer herausweisenden Kraftpfeilen an. Druckstäbe erkennen wir bei den Ergebnissen daran, dass die in ihnen wirkenden Stabkräfte negativ sind.

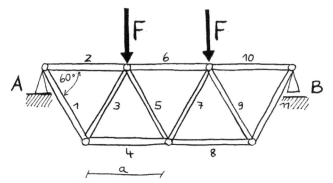

Abb. 7.5 Eine Fachwerkbrücke.

Beispiel 7.1: Nehmen wir als Beispiel die in Abbildung 7.5 skizzierte, aus lauter gleichseitigen Dreiecken der Kantenlänge a bestehende Fachwerkbrücke.

Die Berechnung der Lagerreaktionen ergibt $A_x = 0$, $A_y = F$ und $B_y = F$.

In unserem Beispiel lässt sich ein Ritterschnitt durch die Stäbe 2, 3 und 4 legen. In das Freikörperbild (Abb. 7.6) sind auch die beiden Ritterpunkte eingetragen: Ritterpunkt I im Schnittpunkt der Stabkräfte S_2 und S_3 und Ritterpunkt II im Schnittpunkt der Stabkräfte S_3 und S_4. Einen dritten Ritterpunkt gibt es aufgrund der Parallelität der Stäbe 2 und 4 nicht.

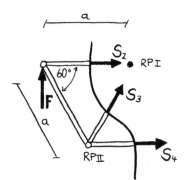

Abb. 7.6 Ritterschnitt durch die Stäbe 2, 3 und 4.

Die Gleichgewichtsbedingungen lauten

$$\circlearrowright \sum M_i^{(RPI)} = -Fa + S_4 a \sin 60° = 0 \quad \Rightarrow S_4 = \frac{F}{\sin 60°},$$

$$\circlearrowright \sum M_i^{(RPII)} = -F\frac{a}{2} - S_2 a \sin 60° = 0 \quad \Rightarrow S_2 = -\frac{F}{2\sin 60°} \quad \text{und}$$

$$\uparrow \sum F_{iy} = F + S_3 \sin 60° = 0 \quad \Rightarrow S_3 = -\frac{F}{\sin 60°}.$$

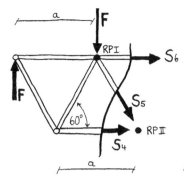

Abb. 7.7 Ritterschnitt durch die Stäbe 4, 5 und 6.

Einen weiteren Ritterschnitt legen wir durch die Stäbe 4, 5 und 6 (Abb. 7.7) und erhalten

$$\circlearrowright \sum M_i^{(RPI)} = -Fa + S_4 a \sin 60° = 0 \quad \Rightarrow S_4 = \frac{F}{\sin 60°} \,,$$

$$\circlearrowright \sum M_i^{(RPII)} = -F \cdot 1{,}5a + F \cdot \frac{a}{2} - S_6 a \sin 60° = 0 \quad \Rightarrow S_6 = -\frac{F}{\sin 60°} \text{ sowie}$$

$$\uparrow \sum F_{iy} = F - F - S_5 \sin 60° = 0 \quad \Rightarrow S_5 = 0 \quad .$$

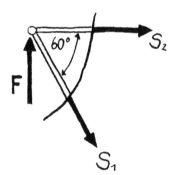

Abb. 7.8 Freischnitt um das Lager *A* zur Bestimmung der Kraft in Stab 1.

Die Stabkraft S_1 lässt sich nicht per Ritterschnitt bestimmen, da sich durch das vorliegende Fachwerk kein Freischnitt führen lässt, der den Stab 1 und genau zwei weitere Stäbe, die nicht mit dem Stab 1 an einem Knoten zusammenhängen, durchschneidet. An Lagern – hier ist es das Lager *A* – treten derartige Fälle regelmäßig auf. Wir bestimmen S_1 daher mit einem Freischnitt um das Lager *A* (Abb. 7.8) und erhalten

$$\uparrow \sum F_{iy} = F - S_1 \sin 60° = 0 \quad \Rightarrow S_1 = \frac{F}{\sin 60°} \cdot$$

In den Stäben 7 bis 11 herrschen schließlich dieselben Kräfte wie in den ihnen symmetrischen Stäben der linken Trägerhälfte. Damit haben wir alle Stabkräfte berechnet; die Ergebnisse lauten zusammengefasst

$$S_1 = S_{11} = \frac{F}{\sin 60°}, \quad S_2 = S_{10} = -\frac{F}{2\sin 60°}, \quad S_3 = S_9 = -\frac{F}{\sin 60°},$$

$$S_4 = S_8 = \frac{F}{\sin 60°}, \quad S_5 = S_7 = 0 \quad \text{und} \quad S_6 = -\frac{F}{\sin 60°}.$$

7.3 Nullstäbe

Nullstäbe lassen sich vielfach auch ohne Rechnerei, quasi mit bloßem (wenn auch geübtem) Auge erkennen. Sie liegen nämlich immer dann vor, wenn

- ein unbelasteter Knoten genau zwei Stäbe verbindet, die nicht in gleicher Richtung liegen,
- an einem unbelasteten Knoten drei Stäbe angreifen, von denen zwei in gleicher Richtung liegen, und
- an einem belasteten Knoten zwei Stäbe in verschiedene Richtungen sowie eine Kraft angreifen und die Kraft in Richtung eines der beiden Stäbe wirkt.

In Abbildung 7.9 sind diese drei Fälle skizziert. Dabei sind die jeweiligen Nullstäbe schraffiert eingezeichnet.

Abb. 7.9 Nullstäbe (schraffiert eingezeichnet) lassen sich oft auch ohne Rechnerei erkennen.

Nullstäbe übertragen zwar keine Kräfte, das heißt aber nicht, dass sie nutzlos sind. So ist z. B. der mittlere, senkrechte Stab der in Abbildung 7.10 skizzierten Fachwerkbrücke ein Nullstab (unbelasteter Knoten an drei Stäben, von denen zwei in gleicher Richtung liegen). Gleichwohl ist dieser Stab wichtig, und zwar für die innere statische Bestimmtheit, denn ohne ihn wäre das Fachwerk wackelig, wie der untere Teil der Abbildung zeigt.

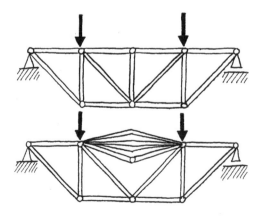

Abb. 7.10 Nullstäbe sind wichtig, auch wenn sie keine Kräfte übertragen. In innerlich statisch bestimmten Fachwerken (oberes Bild) bewirkt der Wegfall eines Nullstabes statische Unterbestimmtheit (unteres Bild).

7.4 Aufgaben

Aufgabe 7.1

Eine als ebenes Fachwerk konstruierte Brücke ist im Punkt A zwei- und im Punkt B einwertig gelagert. Im Knoten C greift die Vertikalkraft 3 kN, im Knoten D die um 30° zur Horizontalen geneigte Kraft 4 kN an.

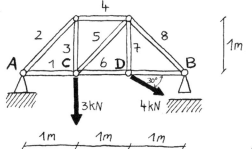

Abb. 7.11

a) Überprüfen Sie das Fachwerk auf äußere und innere statische Bestimmtheit.
b) Bestimmen Sie die Lagerreaktionen in A und B.
c) Bestimmen Sie mit einem Ritterschnitt die Stabkräfte in den Stäben 4, 5 und 6.
d) Bestimmen Sie mit einem weiteren Ritterschnitt die Stabkräfte in den Stäben 1 und 3.
e) Schneiden Sie das Lager A frei und bestimmen Sie die Stabkraft in Stab 2.

Aufgabe 7.2

Berechnen Sie Lagerreaktionen und Stabkräfte des skizzierten Trägers.

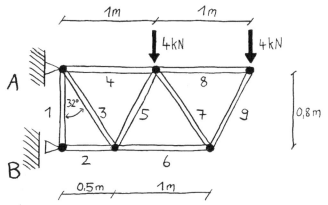

Abb. 7.12

Aufgabe 7.3

Der skizzierte Wanddrehkran wird durch eine senkrechte Kraft F belastet. Berechnen Sie die Stabkräfte.

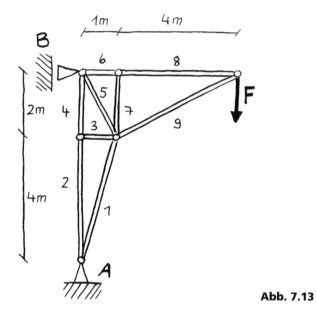

Abb. 7.13

Aufgabe 7.4

Die skizzierte zweiteilige Fachwerkbrücke wird durch fünf senkrechte Kräfte F belastet. Berechnen Sie die Stabkräfte.

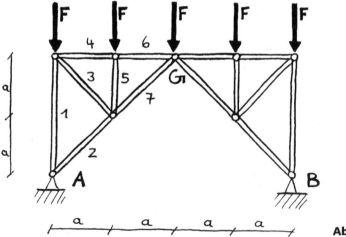

Abb. 7.14

8 Schwerpunkt

8.1 Flächenschwerpunkt

Aus der bloßen Anschauung wissen wir, was ein Flächenschwerpunkt ist. Wird eine Fläche lose in ihrem Schwerpunkt an eine Wand gepinnt, dann kippt die Fläche unter dem Einfluss der Schwerkraft nicht. Bei jedem anderen Aufhängepunkt würde sich die Fläche so lange drehen, bis sich ihr Schwerpunkt genau unterhalb des Aufhängepunktes befindet.

Nun gilt es, diesen Gedankengang in die Mechanik umzusetzen. Betrachten wir eine beliebige Fläche (Abb. 8.1), die wir gedanklich in viele kleine Flächenelemente der Fläche ΔA unterteilen.

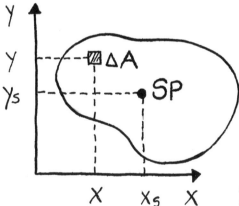

Abb. 8.1 Zur Herleitung des Flächenschwerpunktes.

Wenn diese Fläche um ihren Schwerpunkt nicht kippt, sich also nicht dreht, muss um den Schwerpunkt das Momentengleichgewicht erfüllt sein. Über alle Flächenelemente aufsummiert gilt demnach

$$\sum (\text{Hebelarm zum Schwerpunkt}) \cdot \Delta A = 0. \qquad (8.1)$$

Im Grenzübergang zu infinitesimal kleinen Flächenelementen wird ΔA zu dA und das Summenzeichen zum Integral. Mit dem Hebelarm eines jeden Flächenelementes, welcher $x - x_S$ beträgt, erhalten wir

$$\int_{(A)} (x - x_S) \mathrm{d}A = 0. \qquad (8.2)$$

Hierbei bedeutet der Integrationsbereich (A), dass über die gesamte Fläche integriert wird. Wir formen Gleichung (8.2) um zu

$$\int_{(A)} (x - x_S)\, dA = \int_{(A)} x\, dA - x_S \int_{(A)} dA = \int_{(A)} x\, dA - x_S A = 0$$

und erhalten schließlich

$$x_S = \frac{1}{A} \int_{(A)} x\, dA.$$

(8.3)

Für die y-Komponente des Schwerpunktes ergibt sich analog

$$y_S = \frac{1}{A} \int_{(A)} y\, dA.$$

(8.4)

Die Gleichungen (8.3) und (8.4) mögen abschreckend wirken – wer integriert schon gerne über eine Fläche – aber in Wirklichkeit sind sie gut zu packen. Die Integrale über die Fläche bedeuten letztlich nichts weiter, als dass eine gegebene Fläche A lückenlos mit kleinen Flächenelementen der Größe dA überstrichen werden muss und zu jeder Position die x- bzw. y-Koordinate notiert und nachher aufsummiert (integriert) wird. An zwei Beispielen werden wir gleich sehen, wie das geht.

Ist eine Fläche übrigens symmetrisch, kann man sich die Berechnung einer Schwerpunktkoordinate sparen, denn dieser liegt dann stets auf der Symmetrieachse.

Beispiel 8.1, Schwerpunkt eines rechtwinkligen Dreiecks: Gegeben sei ein wie in Abbildung 8.2 dargestelltes rechtwinkliges Dreieck der Breite b und der Höhe h. Gesucht sind die Schwerpunktkoordinaten x_S und y_S.

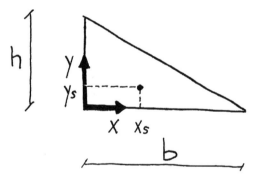

Abb. 8.2 Schwerpunktberechnung eines rechtwinkligen Dreiecks.

Zunächst zur Berechnung von x_S. Am geschicktesten bestreichen wir die Dreiecksfläche mit unseren kleinen Flächenelementen ΔA, wenn wir dieses wie in Abbildung 8.3 entlang einer Säule von $y = 0$ bis zur Oberkante des Dreiecks laufen lassen und dann alle Säulen entlang der Breite des Dreiecks aufsummieren.

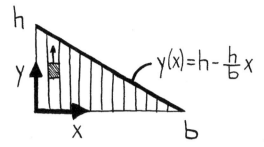

Abb. 8.3 Der Integrationsweg für ΔA.

D. h., es ist zuerst entlang y zu integrieren,

$$\int\limits_{y=0}^{h-\frac{h}{b}x} x\,\mathrm{d}y,$$

um dann dieses Integral von $x=0$ bis $x=b$ erneut zu integrieren. Wir erhalten somit

$$\int\limits_{(A)} x\,\mathrm{d}A = \int\limits_{x=0}^{b}\left(\int\limits_{y=0}^{h-\frac{h}{b}x} x\,\mathrm{d}y\right)\mathrm{d}x.$$

Dieses Integral ist einfacher, als es auf den ersten Blick erscheint. Im inneren Integral wird entlang y integriert. Der Integrand, x, ist aber von y unabhängig und kann somit als Konstante vor das innere Integral gezogen werden. So ergibt sich

$$\int\limits_{(A)} x\,\mathrm{d}A = \int\limits_{x=0}^{b}\left(x\int\limits_{y=0}^{h-\frac{h}{b}x} 1\,\mathrm{d}y\right)\mathrm{d}x = \int\limits_{x=0}^{b} x\left(h-\frac{h}{b}x\right)\mathrm{d}x = \left[\frac{1}{2}hx^2 - \frac{1}{3}\frac{h}{b}x^3\right]_0^b = \frac{1}{6}hb^2.$$

Zusammen mit der Dreiecksfläche, $A=0,5\,b\,h$, erhalten wir als Schwerpunktskoordinate

$$x_\mathrm{S} = \frac{\dfrac{1}{6}hb^2}{\dfrac{1}{2}hb} = \frac{b}{3}.$$

Für die y-Koordinate des Schwerpunktes ergibt sich analog

$$y_\mathrm{S} = \frac{h}{3}.$$

Beispiel 8.2, Schwerpunkt eines Viertelkreises: Gegeben sei ein wie in Abbildung 8.4 dargestellter Viertelkreis des Radius R. Gesucht sind die Schwerpunktkoordinaten x_S und y_S.

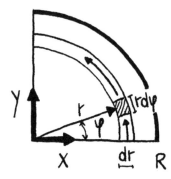

Abb. 8.4 Schwerpunktberechnung eines Viertelkreises.

Wir rechnen in Polarkoordinaten und wählen das in Abbildung 8.4 eingezeichnete Flächenelement dA mit den Kantenlängen dr und $r\,\mathrm{d}\varphi$ zum Überstreichen der Viertelkreisfläche. Wir lassen es zuerst in Umfangsrichtung entlang eines Kreisbogens von $\varphi = 0$ bis $\varphi = 90°$ laufen (inneres Integral), um anschließend alle inneren Integrale vom Kreismittelpunkt bis zum Kreisbogen aufzuintegrieren (äußeres Integral). Das bedeutet

$$\int_{(A)} x\,\mathrm{d}A = \int_{r=0}^{R}\left(\int_{\varphi=0}^{90°} r\cos\varphi\; r\,\mathrm{d}\varphi\right)\mathrm{d}r = \int_{r=0}^{R}\left[r^2\sin\varphi\right]_0^{90°}\mathrm{d}r = \frac{1}{3}R^3\,.$$

Mit der Fläche des Viertelkreises, $A = \pi/4\,R^2$, erhalten wir als Ergebnis

$$x_S = \frac{4}{3\pi}R\,.$$

Das Ergebnis für y_S ist aus Symmetriegründen identisch.

Die Schwerpunkte dieser und weiterer wichtiger Flächen sind in Tabelle 8.1 aufgeführt.

Tab. 8.1 Einige Flächenschwerpunkte.

Rechteck:	Rechtwinkliges Dreieck:	Viertelkreis:	Parallelogramm:	Dreieck:
$x_S = \dfrac{b}{2},$	$x_S = \dfrac{b}{3},$	$x_S = \dfrac{4}{3\pi}R,$	$x_S = b_1 + \dfrac{1}{2}b_2,$	$x_S = \dfrac{2b_1 + b_2}{3},$
$y_S = \dfrac{h}{2}$	$y_S = \dfrac{h}{3}$	$y_S = \dfrac{4}{3\pi}R$	$y_S = \dfrac{h}{2}$	$y_S = \dfrac{h}{3}$

8.2 Zusammengesetzte Querschnitte

Ist eine Fläche aus mehreren Teilflächen mit jeweils bekannter Schwerpunktlage zusammengesetzt, so lässt sich die Lage des Gesamtschwerpunktes auch ohne Integration berechnen. Der Grundgedanke ist dabei im Prinzip derselbe, der auch der Integralformel zur Berechnung des Flächenschwerpunktes – Gleichungen (8.3) und (8.4) – zugrunde liegt: Um den Gesamtschwerpunkt gleichen sich die Drehwirkungen (die Momente) aller Teilflächen in Summe zu null aus. So wie die Grundgedanken ähneln sich auch die Bestimmungsgleichungen für den Schwerpunkt zusammengesetzter Flächen und die Gleichungen (8.3) und (8.4). Die Bestimmungsgleichungen für den Schwerpunkt zusammengesetzter Flächen lauten

$$x_{S} = \frac{1}{A_{ges}} \sum (x_{Si} A_i) \text{ und } y_S = \frac{1}{A_{ges}} \sum (y_{Si} A_i) . \tag{8.5}$$

Hierin sind A_{ges} der Flächeninhalt der Gesamtfläche, x_{Si} und y_{Si} die x- und y-Koordinaten der Schwerpunkte der einzelnen Teilflächen und A_i die Flächeninhalte der Teilflächen.

Aufgaben zum Schwerpunkt zusammengesetzter Flächen lassen sich ohne große Probleme lösen, wenn man alle für die Berechnung erforderlichen Daten (x_{Si}, y_{Si}, A_i und A_{ges}) übersichtlich in einer kleinen Tabelle zusammenfasst.

Für die in Abbildung 8.5 skizzierte Fläche wird dies im folgenden Beispiel demonstriert.

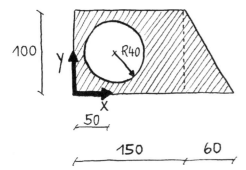

Abb. 8.5 Beispiel für eine aus mehreren Teilflächen zusammengesetzte Fläche.

Beispiel 8.3: Die in Abbildung 8.5 skizzierte Fläche ist aus drei Teilflächen zusammengesetzt, einem Rechteck (Teilfläche 1), einem rechtwinkligen Dreieck (Teilfläche 2) und einem kreisförmigen Loch (Teilfläche 3). Wir tragen alle wichtigen Daten in eine übersichtliche Tabelle ein, die dann wie folgt aussieht:

Tab. 8.2 Beispiel 8.3, Berechnung des Flächenschwerpunktes.

Teilfläche	x_{Si} [mm]	y_{Si} [mm]	A_i [mm²]
1: Rechteck 100 × 150	75	50	15.000
2: rechtwinkliges Dreieck 50 × 100	170	33,3	2.500
3: Kreisloch R40	50	50	−5.027
			A_{ges} = 12.473 mm²

Jetzt setzen wir Gleichung (8.5) an und erhalten

$$x_S = \frac{1}{12.473}\left(75\cdot 15.000 + 170\cdot 2.500 - 50\cdot 5.027\right)\text{mm} = 104\,\text{mm}\ \text{sowie}$$

$$y_S = \frac{1}{12.473}\left(50\cdot 15.000 + 33,3\cdot 2.500 - 50\cdot 5.027\right)\text{mm} = 47\,\text{mm}.$$

Diesem Beispiel können wir auch entnehmen, wie bei zusammengesetzten Flächen mit Löchern umzugehen ist. Diesen wird ein negativer Flächeninhalt zugewiesen, ansonsten werden sie genauso behandelt wie jede andere Teilfläche auch.

8.3 Volumenschwerpunkt und Massenmittelpunkt

Alle für Flächen hergeleiteten Gleichungen zur Schwerpunktbestimmung gelten sinngemäß auch für dreidimensionale Körper. Für homogene Körper lauten die Gleichungen

$$x_S = \frac{1}{V}\int\limits_{(V)} x\,\mathrm{d}V,\ \ y_S = \frac{1}{V}\int\limits_{(V)} y\,\mathrm{d}V\ \text{und}\ z_S = \frac{1}{V}\int\limits_{(V)} z\,\mathrm{d}V \qquad (8.6)$$

bzw.

$$x_S = \frac{1}{V_{\text{ges}}}\sum\left(x_{Si}\,V_i\right),\ \ y_S = \frac{1}{V_{\text{ges}}}\sum\left(y_{Si}\,V_i\right)\ \text{und}\ z_S = \frac{1}{V_{\text{ges}}}\sum\left(z_{Si}\,V_i\right) \qquad (8.7)$$

bei zusammengesetzten Volumina.

Bei inhomogenen Körpern wird's komplizierter, denn nun ist auch die unterschiedliche Dichteverteilung zu berücksichtigen. Es gelten nun die Gleichungen

$$x_S = \frac{1}{m}\int\limits_{(m)} x\,\mathrm{d}m,\ \ y_S = \frac{1}{m}\int\limits_{(m)} y\,\mathrm{d}m\ \text{und}\ z_S = \frac{1}{m}\int\limits_{(m)} z\,\mathrm{d}m \qquad (8.8)$$

bzw.

$$x_S = \frac{1}{m_{\text{ges}}}\sum\left(x_{Si}\,m_i\right),\ \ y_S = \frac{1}{m_{\text{ges}}}\sum\left(y_{Si}\,m_i\right)\ \text{und}\ z_S = \frac{1}{m_{\text{ges}}}\sum\left(z_{Si}\,m_i\right). \qquad (8.9)$$

8.4 Tipps und Tricks

- Bevor Sie anfangen zu rechnen: Prüfen Sie nach, ob der betrachtete Körper symmetrisch ist. Falls ja, haben Sie eine Schwerpunktkoordinate bereits, denn der Schwerpunkt liegt immer auf den Symmetrieebenen.

- Die Schwerpunktberechnung von zusammengesetzten Körpern ist meist recht einfach, und so ist es mitunter das größte Problem, in der Vielzahl von Teilflächen, Teilschwerpunkten und Teilschwerpunktskoordinaten den Überblick zu behalten. Es hilft hier sehr, sich an das in Tabelle 8.2 gezeigte Schema zu halten und alle erforderlichen Daten schön übersichtlich in einer derartigen Tabelle aufzulisten.

8.5 Kleiner Exkurs: Büroklammerkreisel bauen

Kreisel zählen zu den erklärten Lieblingsspielzeugen des Autors, und ganz besonders mag er solche, die man aus einer Büroklammer selber bauen kann. Als gut sortierter Beamter hat er immer ein paar Büroklammern in Griffweite, und das Verarbeiten derselben in rasante Kreisel hat ihn schon in manch „spannender" Sitzung wach gehalten. Wie aber muss eine Büroklammer gebogen werden, damit ein gut laufender Kreisel aus ihr wird?

Auch ohne tieferen Einblick in die Kreiselmechanik sind zwei Forderungen an einen gut laufenden Kreisel plausibel:

- Ein guter Büroklammerkreisel dreht sich mit viel Schwung oder, wie der Fachmann sagt, mit einem großen Massenträgheitsmoment. Dafür muss möglichst viel Masse möglichst weit weg von der Kreiselachse angeordnet sein.
- Ein guter Büroklammerkreisel dreht sich ohne Unwucht, d. h., sein Schwerpunkt liegt auf der Kreiselachse.

Der erste Punkt, die Forderung nach großer Trägheit, wird sehr schön von der 1986 von *T. Sakai* vorgeschlagenen Geometrie erfüllt (Abb. 8.6). Bei ihr wird die Büroklammer in einen Kreisel gebogen, der aus der Kreiselachse, zwei Speichen und einem trägen, weil weit von der Kreiselachse entfernten Kreissegment besteht.

Abb. 8.6 Büroklammer-kreisel.

Mit dem zweiten Punkt, der Schwerpunktlage, beschäftigen wir uns nun näher. Dabei haben wir es mit einer Aufgabe zum Linienschwerpunkt zu tun, für den sinngemäß die gleichen Gesetzmäßigkeiten gelten wie für Flächen- oder Volumenschwerpunkte.

Der Schwerpunkt einer beliebig gebogenen Linie ergibt sich folgerichtig aus den Integralen

$$x_S = \frac{1}{l} \int\limits_{(l)} x \, ds, \quad y_S = \frac{1}{l} \int\limits_{(l)} y \, ds \text{ und } z_S = \frac{1}{l} \int\limits_{(l)} z \, ds, \tag{8.10}$$

wobei der Integrationsweg jeweils entlang der betrachteten Linie verläuft. Der Schwerpunkt einer Linie, die sich aus mehreren Segmenten mit jeweils bekannter Schwerpunktlage zusammensetzt, wird mit

$$x_S = \frac{1}{l_{ges}} \sum (x_{Si} \, l_i), \quad y_S = \frac{1}{l_{ges}} \sum (y_{Si} \, l_i) \text{ und } z_S = \frac{1}{l_{ges}} \sum (z_{Si} \, l_i) \tag{8.11}$$

berechnet.

Und nun zur konkreten Aufgabenstellung: Wie ist die Kreiselgeometrie des in Abbildung 8.6 skizzierten Büroklammerkreisels zu gestalten, damit der Kreiselschwerpunkt auf der Drehachse liegt?

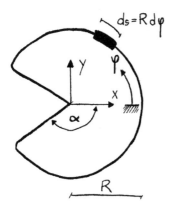

Abb. 8.7 Draufsicht auf den Büroklammerkreisel.

Nun, der Winkel α, in dem die Speichen angeordnet sind, ist so zu festzulegen, dass der Schwerpunkt des Kreisels auf der Kreiselachse und somit im Ursprung des in Abbildung 8.7 gezeigten Koordinatensystems liegt.

Die beiden geraden Enden des Kreisels liegen bereits auf der Kreiselachse und müssen nicht weiter betrachtet werden. α ist somit derart zu wählen, dass der Schwerpunkt von Speichen und Kreissegment im Koordinatenursprung liegt.

Aufgrund der Symmetrie ist dies für die y-Koordinate des Schwerpunktes automatisch gegeben. Aber bezüglich der x-Koordinate bleibt uns eine Schwerpunktsberechnung nicht erspart.

Die Schwerpunkte der Speichen liegen jeweils in der Mitte der Speichen; den Schwerpunkt des Kreissegments (Index 3 in Tabelle 8.3) berechnen wir mit der Integraldefinition

$$x_{S3} = \frac{1}{l} \int\limits_{(l)} x \, ds.$$

Hierin beträgt die Bogenlänge l des Kreissegments $2\alpha R$ (α in Bogenmaß); das Weginkrement ds entspricht $R\mathrm{d}\varphi$. Wir erhalten somit

$$x_{S3} = \frac{1}{2\alpha R} \int_{-\alpha}^{\alpha} R\cos\varphi \cdot R\mathrm{d}\varphi = \frac{R\sin\alpha}{\alpha} \ .$$

Der Gesamtschwerpunkt von Streben und Kreissegment berechnet sich somit aus den folgenden Daten:

Tab. 8.3 Schwerpunktberechnung des Büroklammerkreisels.

Teilsegment	x_{Si}	l_i
1, untere Speiche	$\dfrac{R}{2}\cos\alpha$	R
2, obere Speiche	$\dfrac{R}{2}\cos\alpha$	R
3, Kreisbogen	$\dfrac{R\sin\alpha}{\alpha}\cos\alpha$	$2\alpha R$
		$l_{ges} = 2R + 2\alpha R$

Und wir erhalten für den Gesamtschwerpunkt x_S

$$x_S = \frac{1}{l_{ges}} \sum (x_i \, l_i) = \frac{1}{2R + 2R\alpha} \left(R^2 \cos\alpha + 2R^2 \sin\alpha \right) = 0$$

$$\Rightarrow \alpha = \arctan\left(-\frac{1}{2} \right) = 153,4°.$$

Dies entspricht einem Öffnungswinkel zwischen den Speichen von 53,2°.

Büroklammerkreisel sind schöne Spielzeuge. Wenn man sich beim Biegen Mühe gibt, können sie gut 20 Sekunden lang laufen, und man kann an ihnen auch viel über die Drehimpulserhaltung lernen (womit Sie vermutlich im Rahmen der Experimentalphysik und der Kinetik konfrontiert werden).

Gewöhnliche dünne Büroklammern lassen sich leicht von Hand biegen, am besten über eine Rolle, damit das Kreissegment schön gleichmäßig rund wird. Trägere und deshalb länger laufende Kreisel erhält man aus den größeren und stabileren Aktenklammern. Diese lassen sich allerdings nicht mehr ohne weiteres von Hand biegen, am besten man rückt ihnen mit zwei Zangen zuleibe.

8.6 Kleiner Exkurs: Wo liegt der Mittelpunkt von Deutschland?

Abb. 8.8

Für die in der Nähe liegenden Ortschaften ist es eine Frage von hoher Brisanz: Wo genau liegt der Mittelpunkt von Deutschland? Nach Kenntnis der Autoren behaupten mindestens sieben Orte von sich, den Mittelpunkt Deutschlands zu beherbergen: Wanfried in Hessen, Krebeck in Niedersachsen, sowie Heiligenstadt, Landstreit, Mühlhausen, Niederdorla und Silberhausen in Thüringen. Und wie die am jeweiligen Mittelpunkt errichteten Mittelpunktsteine und Informationstafeln sowie die feierlich gepflanzten Eichen und Linden bezeugen ist diesen Orten ihre Mittelpunktslage durchaus wichtig.

Aber sieben Orte können nicht gleichermaßen im Mittelpunkt liegen. Kann man denn nicht zweifelsfrei klären, wo Deutschlands Mittelpunkt liegt? Man kann, und wir benötigen dazu – neben einer Menge Fleiß – nicht viel mehr als eine klassische Berechnung des Flächenschwerpunktes einer aus vielen Einzelflächen zusammengesetzten Gesamtfläche.

Auf folgenden Voraussetzungen wird unsere Rechnung beruhen:

- Als Mittelpunkt verstehen wir den Flächenschwerpunkt.
- Als Gesamtfläche Deutschlands betrachten wir die Fläche von Festland und Binnengewässern; die 12-Meilen-Zone entlang der Küsten berücksichtigen wir nicht.
- Die Landkreise und kreisfreien Städte bilden die – Stand Frühjahr 2007 – insgesamt 439 Teilflächen, aus denen sich die Gesamtfläche Deutschlands zusammensetzt.
- Wir betrachten die Erde als ideale Kugel.

Nun kann's losgehen. Für jede Teilfläche benötigen wir den Flächeninhalt und die lokalen Schwerpunktkoordinaten. Die Flächeninhalte entnehmen wir einem Lexikon, die Lagen der lokalen Schwerpunkte schätzen wir gewissenhaft auf einer geeigneten Landkarte ab. Wer will, kann alles am Rechner bewerkstelligen, denn es finden sich alle benötigten Unterlagen frei zugänglich im Internet.

Natürlich handeln wir uns durch das bloße Schätzen der lokalen Schwerpunktkoordinaten Ungenauigkeiten ein. Diese mitteln sich aber bei der großen Anzahl an Teilflächen aus, sodass sich die Ungenauigkeit für den Gesamtschwerpunkt, wie wir in der Fehlerabschätzung zeigen werden, in sehr engen Grenzen hält.

Sind alle lokalen Flächeninhalte und Schwerpunktkoordinaten bekannt, kann der Gesamtschwerpunkt berechnet werden. Aber Vorsicht! Ohne weiteres dürfen die Gleichungen zur Berechnung der Gesamtschwerpunkt-Koordinaten weder auf Längen- noch auf Breitengrade übernommen werden.

Für die geografische Länge ist das unmittelbar einsichtig, die Längengrade haben schließlich keinen einheitlichen Abstand zueinander. Sie schneiden sich in den Polen und liegen am Äquator am weitesten voneinander entfernt.

Aber auch die geografische Breite des Gesamtschwerpunktes lässt sich nicht unmittelbar aus den Breitengraden der Einzelschwerpunkte berechnen, und das obwohl der Abstand zwischen zwei Breitengraden überall gleich groß ist. Wir können uns das anschaulich machen, wenn wir zwei gleich große Flächen in der Nähe des Nordpols betrachten[1]. Fläche A liege irgendwo auf 75° nördlicher Breite, Fläche B ebenfalls, und zwar vom Nordpol aus gesehen genau gegenüber von Fläche A (Abb. 8.9). Der Gesamtschwerpunkt von beiden Flächen ist natürlich der Nordpol, und der hat mit 90° eine andere geografische Breite als die lokalen Schwerpunkte beider Teilflächen (jeweils 75°).

Gleichung (8.4) würde dagegen – unmittelbar auf die geografische Breite angewandt – zum falschen Ergebnis führen, dass der Gesamtschwerpunkt beider Flächen ebenfalls auf 75° nördlicher Breite liege.

Abb. 8.9 Die Gleichungen zur Berechnung des Schwerpunktes zusammengesetzter Flächen lassen sich nicht auf die geografische Breite anwenden.

Wir müssen also die Schwerpunkte der Teilflächen aus den geografischen Koordinaten in ein geeigneteres Koordinatensystem umrechnen, am besten in ein kartesisches (x,y,z)-Koordinatensystem, denn für dieses gilt Gleichung (8.5). Wenn der Ursprung des kartesischen Koordinatensystems im Erdmittelpunkt liegt, die z-Achse zum Nord-

---

[1] Da liegt Deutschland zwar nicht, aber hier geht's nur ums mathematische Prinzip.

pol weist und die x-Achse zum Schnittpunkt von Nullmeridian und Äquator weist (Abb. 8.10), dann lauten die Gleichungen zur Umrechnung in das kartesische Koordinatensystem

$$x = R\cos\varphi\cos\lambda\,, \quad y = R\cos\varphi\sin\lambda \text{ und } z = R\sin\varphi\,.$$

Hierin sind R der mittlere Erdradius (6.371 km), φ die geografische Breite und λ die geografische Länge.

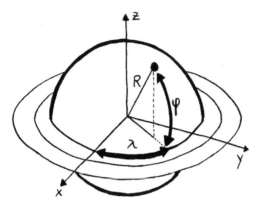

Abb. 8.10 Transformation der geografischen Koordinaten in karthesische Koordinaten.

In den kartesischen Koordinaten können wir nun mit Gleichung (8.5) den Gesamtschwerpunkt von Deutschland berechnen. Diesen rechnen wir schließlich wieder in geografische Koordinaten zurück, um ihn problemlos auf einer Landkarte zu finden. Die Gleichungen für die Rücktransformation lauten

$$\lambda = \arccos\frac{x}{\sqrt{x^2+y^2}}\,, \quad \varphi = \arctan\frac{z}{\sqrt{x^2+y^2}} \text{ und } R = \sqrt{x^2+y^2+z^2}\,.$$

Ergebnis: Der Mittelpunkt Deutschlands liegt auf 51°3'12,9" nördlicher Breite und 10°22'37,7" östlicher Länge auf einem Feld zwischen den Ortschafen Bischofroda und Berka vor dem Hainich in Thüringen. Wer es gerne überprüfen möchte: Im Internet[1] finden Sie die komplette Berechnung, einschließlich einer Reihe von Zwischenergebnissen wie den Schwerpunkten der Regierungsbezirke und Bundesländer.

Fehlerbetrachtung: Die vorliegende Schwerpunktsberechnung fügt den bestehenden sieben „Mittelpunkten" einen achten hinzu. Was stimmt den nun? Wie genau ist unsere Rechnung?

Vieles ist in unserer Mittelpunktsberechnung sehr genau: die mathematische Methode ist exakt, die Flächeninhalte aller Teilflächen kann man sehr genau im Lexikon nachschlagen, und die Erde ist mit sehr großer Genauigkeit tatsächlich eine Kugel (die

---

[1] https://www.fh-brs.de/data/anna_/Personenseiten/Heinzelmann/Mittelpunkt02.xls

an den Polen auftretende maximale Abflachung beträgt nicht mehr als 21 km). Doch durch das Schätzen der lokalen Schwerpunkte der Landkreise und kreisfreien Städte ist die Berechnung natürlich Ungenauigkeiten unterworfen. Wie stark wirken sich diese auf das Ergebnis aus?

Nehmen wir einmal an, wir können die Schwerpunktlage eines Landkreises mit einer Genauigkeit von ±1 km schätzen. Dann kann dies auf das Ergebnis für den Gesamtschwerpunkt schlimmstenfalls mit einem Fehler von ebenfalls 1 km durchschlagen, und zwar genau dann, wenn wir uns bei *allen* Teilflächen um 1 km in die *gleiche* Richtung verschätzen. Wenn wir uns z. B. bei allen lokalen Schwerpunkten um 1 km zu weit nach Südosten verschätzen, dann liegt der berechnete Gesamtschwerpunkt auch um 1 km zu weit südöstlich. In der Realität wird die Unsicherheit für den Gesamtschwerpunkt aber deutlich geringer sein, weil sich die Richtungen der einzelnen Schätzfehler ausmitteln. Einer zu nördlichen Schätzung im Landkreis A wird irgendwo eine zu südliche Schätzung in Landkreis B gegenüberstehen.

Mit einer kleinen Anleihe aus der Messtechnik – der Gauß'schen Fehlerfortpflanzung (nach Carl Friedrich Gauß, 1777–1855) – lässt sich die zu erwartende Unsicherheit des Gesamtschwerpunktes quantifizieren. Die Gauß'sche Fehlerfortpflanzung wird verwendet, um den Einfluss mehrerer fehlerbehafteter Messgrößen x_i auf ein aus diesen Messgrößen errechnetes Ergebnis y abzuschätzen.

Nach ihr gilt für den zu erwartenden Fehler Δy des Ergebnisses

$$\Delta y = \sqrt{\sum_{i=1}^{n} \left(\frac{\partial y}{\partial x_i} \right)^2 \left(\Delta x_i \right)^2} \; .$$

Hierin sind im konkreten Fall unserer Mittelpunktsberechnung $n = 439$ die Anzahl der Teilflächen und Δx_i der auf jeweils 1 km angesetzten Fehler beim Abschätzen der Teilschwerpunkte. $\partial y / \partial x_i$ ist die Ableitung der Berechnungsgleichung des Gesamtschwerpunktes – Gleichung (8.4) – nach den Einzelschwerpunkten. Sie beträgt

$$\frac{\partial y}{\partial x_i} = \frac{\partial}{\partial x_i} \left(\frac{x_i A_i}{A_{ges}} \right) = \frac{A_i}{A_{ges}} \; .$$

Daraus wird, wenn wir vereinfachend annehmen, dass alle Teilflächen gleich groß sind,

$$\frac{\partial}{\partial x_i} y = \frac{A_i}{A_{ges}} = \frac{1}{n} = \frac{1}{439} \; .$$

Der zu erwartende Fehler für die Lage des Gesamtschwerpunktes, Δy, beträgt dann

$$\Delta y = \sqrt{\sum_{i=1}^{439} \left(\frac{1}{439} \right)^2 \left(1\,\text{km} \right)^2} = 48\,\text{m} \; .$$

Und das gibt uns die Sicherheit, dass der Mittelpunkt von Deutschland wirklich in unmittelbarer Nähe des von uns errechneten Punktes liegt.

Es gibt in der Tat Anhaltspunkte dafür, dass die vorliegende Mittelpunktsberechnung genauer als die anderen ist. So ist die vorliegende Berechnung nach Kenntnis der Autoren die einzige Mittelpunktsberechnung, die

- der Kugelgestalt der Erde Rechnung trägt,
- eine Fehlerabschätzung vornimmt und
- in vollem Umfang der kritischen Öffentlichkeit im Internet zugänglich ist.

8.7 Aufgaben

Aufgabe 8.1

Gegeben ist der skizzierte, trapezförmige Flächenquerschnitt.

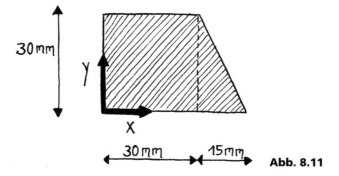

Abb. 8.11

a) Berechnen Sie die Lage des Flächenschwerpunktes mithilfe der Integraldefinition des Schwerpunktes.
b) Unterteilen Sie das Trapez in eine quadratische und eine dreieckförmige Teilfläche und berechnen Sie die Lage des Flächenschwerpunktes.

Aufgabe 8.2

Berechnen Sie die Schwerpunktkoordinaten x_S und y_S der abgebildeten, durch die Funktion $f(x) = \cos x$ im Bereich $-\pi/2 \leq x \leq \pi/2$ umrandeten Fläche.

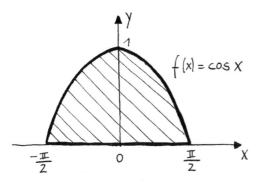

Abb. 8.12

Aufgabe 8.3

Der Querschnitt eines Trägers besitzt die skizzierten Abmessungen (alle Maße in mm).
Bestimmen Sie die Koordinaten x_S und y_S des Gesamtschwerpunktes.

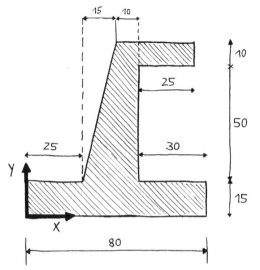

Abb. 8.13

Aufgabe 8.4

Ein Stehaufmännchen ist ein prima Kinderspielzeug: Man kann es stundenlang aufs
Neue kippen, und es richtet sich stets von alleine wieder auf.

Sie haben sich nun entschlossen, Ihrer niedlichen kleinen Nichte zum 1. Geburtstag
ein Stehaufmännchen zu basteln. Es soll aus einem Stück bestehen, mit einem Halb-
kreis des Radius R für das Gesicht und einem Dreieck der Höhe H als Mütze.

Derartige Stehaufmännchen funktionieren aber nur dann vernünftig – d.h., sie
richten sich nur dann von alleine wieder auf –, wenn der Gesamtschwerpunkt der Fi-
gur unterhalb des Kreismittelpunktes liegt.

Welche Höhe H darf die Mütze höchstens haben?

Abb. 8.14

Aufgabe 8.5

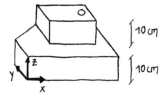

Draufsicht:

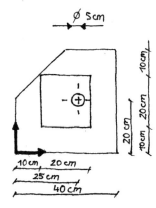

Abb. 8.15

Auf einen Körper aus Stahl soll ein Haken angeschweißt werden, um den Körper mit einem Kran anheben zu können. Der Körper besteht aus einer 10 cm hohen fünfeckigen Basis, einem ebenfalls 10 cm hohen quadratischen Aufsatz und einer durchgehenden Bohrung des Durchmessers 5 cm.

An welche Stelle (x- und y-Koordinate) ist der Haken anzuschweißen, damit der Körper beim Anheben nicht kippt?

9 Reibung

Frage ich meine Studenten, ob sie Reibung für etwas Positives oder etwas Negatives halten, so lautet das Urteil ganz überwiegend auf negativ. Reibung gilt in der Tat oft als unerwünscht, entstehen Schwergängigkeiten oder Reibungsverluste doch immer dann, wenn zu *viel* Reibung vorliegt, sozusagen zu viel Sand im Getriebe ist.

Doch ohne Reibung ginge auch nicht viel. Schon mal auf einer Bananenschale ausgerutscht? Da war die Reibungskraft zwischen Schale und Boden (oder zwischen Schale und Schuhsohle) leider zu gering. Immer wenn es auf die Griffigkeit von Bauteilen ankommt – etwa bei Reifen, Bremsbelägen oder Kupplungen – soll Reibung möglichst groß sein. Und ganz ohne Reibung wäre Fortbewegung nur noch formschlüssig (wie bei einer Zahnradbahn) oder per Rückstoßprinzip (wie bei einem Flugzeug) möglich, nicht aber „normal" kraftschlüssig.

Wir befassen uns in diesem Kapitel mit vier wichtigen Arten von Reibung, der Gleit-, Haft-, Roll- und Seilreibung.

9.1 Gleitreibung

Steigen wir mit einem winterlichen Gedankenexperiment in die Gleitreibung ein. Zwei Rodelschlitten, ein leichter und ein schwerer (Abb. 9.1), seien durch den Schnee zu ziehen.

Abb. 9.1 Ein leichter und ein schwerer Schlitten werden auf einer horizontalen Ebene durch den Schnee gezogen.

Das kostet Kraft, weil die Reibung zwischen Kufen und Schnee die Bewegung hemmt. Und damit sind wir bei der ersten wichtigen Eigenschaft der Gleitreibung, nämlich ihrer Richtung. Die Gleitreibungskraft ist stets gegen die Bewegungsrichtung orientiert.

Die genaueren Kraftverhältnisse treten im Freikörperbild (Abb. 9.2) zutage.

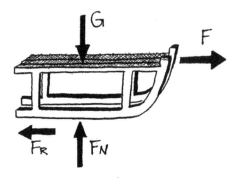

Abb. 9.2 Freikörperbild eines der Schlitten.

Auf den Schlitten wirken

- die Gewichtskraft G (bestehend aus dem Gewicht der auf dem Schlitten sitzenden Person und dem Eigengewicht des Schlittens),
- die Aufstandskraft F_N (die im Allgemeinen als Normalkraft bezeichnet wird, weil sie senkrecht zur Reibfläche orientiert ist, daher der tief gestellte Index N),
- die äußere Kraft F durch die ziehende Person und schließlich
- die Reibungskraft F_R.

Die Beträge von Gewichtskraft G und Normalkraft F_N sowie die Beträge von äußerer Kraft F und Reibungskraft F_R sind, wenn keine Beschleunigung auftritt, aus Gründen des Kräftegleichgewichts jeweils gleich groß. Bei genauerer Messung würden wir feststellen, dass wir zum Ziehen eines beispielsweise 5-mal schwereren Schlittens eine 5-mal größere Zugkraft benötigen. Normalkraft F_N und Gleitreibungskraft F_R sind also zueinander proportional, es besteht der Zusammenhang

$$F_R = \mu \cdot F_N$$

(9.1)

mit dem dimensionslosen Gleitreibungskoeffizienten μ. Die Größe des Gleitreibungskoeffizienten hängt von der aneinander reibenden Werkstoffpaarung – über Schnee zieht es sich leichter als über Asphalt – und von der Rauheit der Oberflächen ab. Ein paar Zahlenwerte wichtiger Materialpaarungen sind in Tabelle 9.1 (siehe Kapitel 9.2) aufgeführt.

9.2 Haftreibung

Unter der Haftreibungskraft F_{R0} versteht man die auf einen ruhenden Körper wirkende Reibungskraft, welche verhindert, dass sich der betrachtete Körper in Bewegung setzt. Die Gesetzmäßigkeiten von Haft- und Gleitreibung sind einander sehr ähnlich; in beiden Fällen spricht man auch von Coulomb'scher Reibung (nach Charles A. de Coulomb, 1736–1806).

Auch die Haftreibungskraft ist gegen die Bewegungsrichtung des Körpers, beziehungsweise – korrekt ausgedrückt – gegen die Bewegungstendenz gerichtet. Die Bewegungstendenz ist diejenige Richtung, in die sich der ruhende Körper bewegen würde, wenn ihn die Reibungskraft daran nicht hinderte.

Die maximal mögliche Haftreibungskraft ist ähnlich wie bei der Gleitreibung durch den Zusammenhang

$$F_{R0,max} = \mu_0 \cdot F_N \qquad (9.2)$$

mit dem dimensionslosen Haftreibungskoeffizienten μ_0 gegeben. Die maximal mögliche Haftreibungskraft tritt allerdings nicht in allen Fällen von Haftreibung auf. Wird mit einer sehr kleinen Kraft F an einem ruhenden Körper gezogen, so ist die aus Gründen des Kräftegleichgewichts gleich große Reibungskraft F_{R0} kleiner als das Produkt aus μ_0 und F_N und der Körper verharrt in Ruhe. Steigt die äußere Kraft F, so steigt auch F_{R0}, bis die Haftreibungskraft schließlich ihren größtmöglichen Wert $F_{R0,max}$ erreicht und sich der Körper in Bewegung setzt.

Der allgemeine Zusammenhang zwischen Normal- und Haftreibungskraft lautet somit

$$F_{R0} \le \mu_0 \cdot F_N . \qquad (9.3)$$

Nur an der so genannten Haftgrenze, an der sich der Körper in Bewegung setzt, wird Gleichung (9.3) zu Gleichung (9.2).

Typische Zahlenwerte für Gleit- und Haftreibungskoeffizienten sind in Tabelle 9.1 aufgeführt.

Tab. 9.1 Haft- und Gleitreibungskoeffizienten für trockene (ungeschmierte) Reibung.

Materialpaarung	μ_0	μ
Stahl–Stahl	0,45 ... 0,8	0,4 ... 0,7
Stahl–Grauguss	0,28 ... 0,24	0,17 ... 0,24
Lederdichtung–Metall	0,6	0,2 ... 0,25
Holz–Metall	0,5 ... 0,65	0,2 ... 0,5
Holz–Holz	0,4 ... 0,65	0,2 ... 0,4
Stahl–Eis	0,027	0,014

Wie sich an Gleichung (9.1) und (9.3) erkennen lässt, hängen Gleit- und Haftreibungskräfte *nicht* von der Größe der Reibungsfläche ab.

So viel zur Theorie von Haft- und Gleitreibung. Wie die einschlägigen Gleichungen in der Praxis angewendet werden, zeigt das folgende Beispiel.

Beispiel 9.1: Ein Kind des Körpergewichts G sitzt auf einer Rutsche (Abb. 9.3). Der Haftreibungskoeffizient zwischen der Kleidung des Kindes und der Rutschbahn betrage 0,7. Um welchen Winkel α muss die Rutschbahn mindestens zur Horizontalen geneigt sein, damit das Kind von alleine (ohne sich abstoßen zu müssen) losrutscht?

Abb. 9.3

Ansatz zur Lösung ist wie gewohnt das Freikörperbild (Abb. 9.4). Hierzu ersetzen wir den Körper des Kindes durch die Gewichtskraft G, und wir entfernen die Rutsche, welche wir durch die Normalkraft F_N und die Haftreibungskraft F_{R0} ersetzen. Dabei setzen wir F_N und F_{R0} nicht irgendwie an, sondern in die Richtungen, in die sie tatsächlich wirken. Die Normalkraft ist senkrecht zur Rutschbahn orientiert, die Haftreibungskraft gegen die Bewegungstendenz, also Rutsche aufwärts gerichtet.

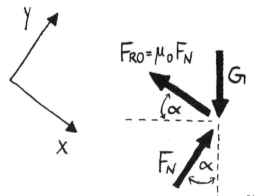

Abb. 9.4 Freikörperbild zu Abbildung 9.3.

Wenn das Kind gerade so eben von alleine losrutscht, befindet es sich an der Haftgrenze, und es gilt $F_{R0} = \mu_0 F_N$. Wir erhalten somit für das Kräftegleichgewicht in Richtung der Rutschbahn

$$\searrow \sum F_{ix} = -\mu_0 \, F_N + G \sin \alpha = 0$$

und für das Kräftegleichgewicht quer dazu

$$\nearrow \sum F_{ix} = F_N - G \cos \alpha = 0,$$

woraus $\alpha = \arctan \mu_0 = 35°$ folgt.

9.3 Rollreibung

Rollreibung kann um Größenordnungen kleiner sein als Gleitreibung, das weiß jeder, der schon mal versucht hat, sein Fahrrad mit fest angezogenen Handbremsen (also gleitend statt rollend) zu schieben.

Im Vergleich zu Coulomb'scher Reibung zeichnet sich die Rollreibung aber nicht nur durch die sehr viel kleineren Reibungskräfte, sondern auch einen gänzlich anderen mechanischen Hintergrund aus. So hängt die Rollreibungskraft nicht allein von der Normalkraft und den beiden aneinander reibenden Werkstoffen (hier die von Rad und Fahrbahn), sondern vor allem von der Deformation von Rad und Fahrbahn ab. Betrachten wir hierzu Abbildung 9.5, die einen schlecht aufgepumpten Fahrradreifen zeigt.

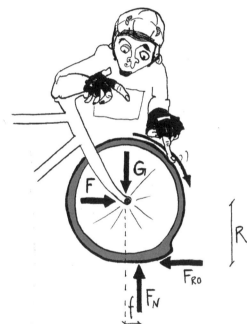

Abb. 9.5 Ein schlecht aufgepumpter, rollender Fahrradreifen.

Auf das Rad wirken an der Radachse die Stützlast G und die Vortriebskraft F. Letztere ist vom Fahrer aufzubringen, um den Rollreibungswiderstand zu überwinden. An der Fahrbahn wirken die Normalkraft F_N und die Haftreibungskraft F_{R0}.

Das Rad sei also schlecht aufgepumpt, sodass es sich stark deformiert und an der Fahrbahn einen „Wulst" Reifen vor sich herschiebt. Dadurch greifen die Kräfte an der Fahrbahn in x-Richtung gesehen um einen kleinen Abstand f vor den Kräften an der Achse an.

Die Gleichgewichtsbedingungen ergeben:

$$\circlearrowleft \sum M_i^{(\text{Achse})} = F_N \cdot f - F_{R0} \cdot R = 0 \quad \Rightarrow \quad F_{R0} = F_N \frac{f}{R}$$

$$\uparrow \sum F_{iy} = -G + F_N = 0 \quad \Rightarrow \quad G = F_N \text{ sowie}$$

$$\rightarrow \sum F_{ix} = F - F_{R0} = 0 \quad \Rightarrow \quad \boxed{F = F_{R0} = F_N \frac{f}{R}}. \tag{9.4}$$

Gleichung (9.4) entnehmen wir, dass der Rollreibungswiderstand mit zunehmendem Abstand f wächst. Für einen Fahrradreifen heißt das: Ein hart aufgepumpter Reifen erfährt auf der Fahrbahn wenig Deformation und weist somit einen kleinen Hebelarm f mit entsprechend kleinem Rollreibungswiderstand auf. Wer Fahrrad fährt, wird dies aus eigener Erfahrung bestätigen können.

9.4 Seilreibung

Wird ein Seil über eine reibungsfrei drehbar gelagerte Rolle umgelenkt, so sind, wie wir wissen, die Seilkräfte zu beiden Seiten der Rolle gleich groß. Findet diese Umlenkung jedoch um einen starren Pfosten statt, so ist dem nicht mehr so.

Die Seilkräfte können nun zu beiden Seiten des Pfostens unterschiedlich groß sein, ohne dass das Seil um den Pfosten rutscht. Grund hierfür sind die Reibungskräfte zwischen Pfosten und Seil, die, da sie entgegen der Bewegungstendenz des Seils orientiert sind, die kleinere Seilkraft unterstützen (Abb. 9.6).

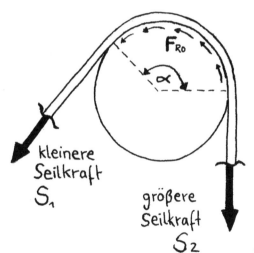

Abb. 9.6 Seilreibung.

Zur Herleitung des Zusammenhangs zwischen kleinerer Seilkraft S_1, größerer Seilkraft S_2, dem Haftreibungskoeffizienten μ_0 und dem Umschlingungswinkel α betrachten wir einen infinitesimal kleinen Abschnitt des um den Pfosten geschlungenen Seils (Abb. 9.7).

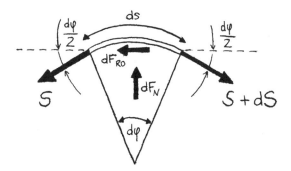

Abb. 9.7 Zur Herleitung der Eytelwein'schen Gleichung.

Die Länge des betrachteten Seilabschnitts sei ds, der Umschlingungswinkel des Abschnitts dφ. Die Seilkräfte seien an der linken Seite mit S und an der rechten Seite, an der die Seilkraft ein klein wenig größer ist, mit $S + \mathrm{d}S$ bezeichnet. Der betrachtete Seilabschnitt befinde sich gerade an der Haftgrenze, d. h., es wirken die Normalkraft dF_N und die Haftreibungskraft d$F_\mathrm{R0} = \mu_0\,\mathrm{d}F_\mathrm{N}$.

Die Gleichgewichtsbedingungen lauten

$$\rightarrow \sum F_{ix} = -S\cos\frac{\mathrm{d}\varphi}{2} + \left(S + \mathrm{d}S\right)\cos\frac{\mathrm{d}\varphi}{2} - \mu_0\,\mathrm{d}F_\mathrm{N} = 0 \quad \text{und}$$

$$\uparrow \sum F_{iy} = \mathrm{d}F_\mathrm{N} - S\sin\frac{\mathrm{d}\varphi}{2} - \left(S + \mathrm{d}S\right)\sin\frac{\mathrm{d}\varphi}{2} = 0\,.$$

Für infinitesimal kleine Winkel dφ werden $\cos \mathrm{d}\varphi/2 = 1$ und $\sin \mathrm{d}\varphi/2 = \mathrm{d}\varphi/2$. Zudem ist d$S\cdot$d$\varphi/2$ klein von höherer Ordnung und kann vernachlässigt werden. Wir erhalten somit

$$\mathrm{d}S - \mu_0\,\mathrm{d}F_\mathrm{N} = 0 \quad \text{und}$$

$$\mathrm{d}F_\mathrm{N} - S\,\mathrm{d}\varphi = 0\,.$$

Das Eliminieren von dF_N führt schließlich zu

$$\mu_0\,\mathrm{d}\varphi = \frac{\mathrm{d}S}{S}\,.$$

Wir integrieren beide Seiten über die Umschlingung – den Winkel φ von 0 bis α und die Seilkraft S von S_1 bis S_2 – und erhalten

$$\mu_0\,\alpha = \ln S_2 - \ln S_1, \quad \text{was wir in}$$

$$\boxed{S_2 = S_1 \cdot \mathrm{e}^{\mu_0\alpha}} \tag{9.5}$$

umformen. Gleichung (9.5) ist die so genannte Eytelwein'sche Gleichung (nach Johann A. Eytelwein, 1764–1848). Sie besagt, dass die größere Seilkraft S_2 maximal um einen Faktor von α größer als die kleinere Seilkraft S_1 sein darf, ohne dass das Seil verrutscht. Beachten Sie, dass der Umschlingungswinkel α immer in Bogenmaß anzusetzen ist.

Mit der Eytelwein'schen Gleichung werden unter anderem Riemenantriebe ausgelegt. Aber auch im nichttechnischen Bereich kann die Seilreibung durchaus von Bedeutung sein, wie das folgende Beispiel vom Klettern zeigt.

Beispiel 9.2: Ihr 1.300 N schwerer Kommilitone klettert an einer Kletterwand, Sie sichern (Abb. 9.8). Das Sicherungsseil wird ganz oben an einem Karabiner um 180° umgelenkt (Haftreibungskoeffizient $\mu_0 = 0{,}4$, Gleitreibungskoeffizient $\mu = 0{,}3$).

$\alpha \approx 180°$

Abb. 9.8 Sicherung eines Kletterers an einer Kletterwand.

a) Mit welcher Kraft müssen Sie gegenhalten, wenn Ihr Kommilitone abstürzt?
b) Sie wollen Ihrem abgestürzt im Seil hängenden Kommilitonen etwas Gutes tun und ihn nach oben ziehen. Welche Kraft ist jetzt erforderlich?

Zur Lösung: In Aufgabenteil a liegt gleitende Seilreibung vor (der abstürzende Kletterer muss aufgefangen werden), die das Abstürzen zu verhindern hilft. Dabei ist die Gewichtskraft des Kletterers die größere Seilkraft S_2 und die Gegenhaltekraft die kleinere Seilkraft S_1. Diese beträgt $S_1 = 1.300\,\text{N}/e^{0{,}3\,\pi} = 506\,\text{N}$.

In Aufgabenteil b erschwert dagegen die Seilreibung das Hochziehen des Kletterers, zudem liegt nun Haftreibung vor (der aufgefangene Kletterer soll hochgezogen werden). Die Verhältnisse kehren sich somit um, und die Gewichtskraft des Kletterers ist nun die kleinere Seilkraft S_1 und die Gegenhaltekraft die größere Seilkraft S_2. Diese beträgt $S_2 = 1.300\,\text{N} \cdot e^{0{,}4\,\pi} = 4.568\,\text{N}$. Lieber also nur sichern und das Hochziehen gar nicht erst versuchen.

9.5 Tipps und Tricks

- Setzen Sie bei Gleit- und Haftreibung die Normal- und Reibungskräfte F_N und F_R bzw. F_{R0} nicht stur in positive Koordinatenrichtung (wie Sie das von der Berechnung von Lagerreaktionen beispielsweise gewohnt sind), sondern unbedingt in die richtigen Richtungen an: Normalkräfte so, dass die beiden reibenden Körper gegeneinander drücken, und Reibungskräfte so, dass sie gegen die Bewegungsrichtung bzw. Bewegungstendenz wirken.
- Der Umschlingungswinkel a in der Eytelwein'sche Gleichung ist in Bogenmaß anzusetzen. Die Umrechnung zwischen Grad und Bogenmaß lautet

$$\text{Winkel in Bogenmaß} = \text{Winkel in Grad} \frac{\pi}{180}.$$

9.6 Kleiner Exkurs: Der „Zaubertrick" mit dem Besenstil

Es gibt einen netten „Zaubertrick", an dem sich sehr schön das Zusammenspiel von Haftreibung, Gleitreibung und Lagerreaktionen zeigt. Egal wie nervös oder tollpatschig man sich auch anstellen mag, der Trick gelingt immer, er kennt quasi keinen Vorführeffekt. So funktioniert er:

Wir legen einen langen Stab möglichst weit außen lose auf die Zeigefinger beider Hände auf (Abb. 9.9). Was für einen Stab wir nehmen ist egal – Bleistift, Lineal, Eisenstange, … alles funktioniert. Je länger der Stab ist, desto eindrucksvoller wird es, daher die Empfehlung zum Besenstil.

Jetzt führen wir langsam und gleichmäßig die Hände zusammen. Was geschieht? Abwechselnd bleibt der Stab an einem der beiden Finger haften und rutscht über den anderen weg, bis sich nach einer Reihe von Haften/Rutschen-Wechseln schließlich beide Finger genau in der Mitte des Stabes treffen. Immer bleibt ein Finger am Stab haften, nie rutscht der Stab über beide Finger gleichzeitig. Am besten Sie probieren es vor dem Weiterlesen gleich mal aus.

Abb. 9.9 Der Zaubertrick mit dem Besenstil: Einfach einen längeren Stab lose auf beide Hände legen und die Hände langsam zusammenführen.

Der mechanische Hintergrund: Knackpunkt des mechanischen Verständnisses ist das Begreifen von Reibung als eine Bewegung verhindernde Kraft. Der Stab wird also an demjenigen Finger haften, der die größere Reibungskraft aufbringt.

Bezeichnen wir die beiden Finger im Folgenden als Finger *A* und Finger *B*. Wenn die Finger nach innen zusammengeführt werden, dann üben sie auf den Stab nach innen gerichtete Reibungskräfte aus. Nehmen wir einmal an, zu Anfang des Experimentes rutsche der Stab über den Finger *A*, während er an Finger *B* einstweilen haften bleibt. Dann geschieht mit den Normal- und Reibungskräften Folgendes (vgl. auch das Freikörperbild des Stabes, Abb. 9.10):

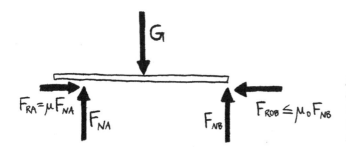

Abb. 9.10 Freikörperbild des Stabes. Angenommen ist, dass der Stab zu Anfang über Finger *A* rutscht und an Finger *B* haften bleibt.

- An Finger *A* herrscht Gleitreibung. Die Gleitreibungskraft beträgt $F_{RA} = \mu F_{NA}$.
- An Finger *B* herrscht Haftreibung. Da der Haftreibungskoeffizient größer als der Gleitreibungskoeffizient ist, ist auch die Reibungskraft am Finger *B* größer als am Finger *A* und der Stab wird weiter am Finger *B* „festgehalten".
- Der Finger *A* nähert sich nun immer mehr der Stabmitte und überträgt deshalb (Momentengleichgewicht) eine größere Normalkraft als Finger *B*: $F_{NA} > F_{NB}$. Wenn der Finger *A* nahe genug an der Stabmitte ist, erreicht die Gleitreibungskraft an Finger *A* die Haftreibungskraft an Finger *B*.

Sobald die Gleitreibungskraft an Finger *A* die Haftreibungskraft an Finger *B* ein ganz klein bisschen übersteigt, kehren sich die Reibungsverhältnisse um: Der Besenstil bleibt nun an Finger *A* haften und gleitet über den Finger *B* hinweg.

Mit immer kürzer werdenden Gleitstrecken geht dieses Wechselspiel noch eine Zeit lang weiter, bis sich beide Finger schließlich genau in der Mitte des Stabes treffen.

9.7 Aufgaben

Aufgabe 9.1

Bis zu welchem Winkel α lässt sich ein Stab (Gewicht *G*, Länge *l*) an eine Wand lehnen, ohne hinunter zu rutschen? Die Haftreibungskoeffizienten zwischen Stab und Boden sowie zwischen Stab und Wand betragen jeweils $\mu_0 = 0{,}3$.

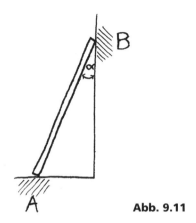

Abb. 9.11

Aufgabe 9.2

Eine $G = 100\,\text{N}$ schwere Scheibe des Radius R liegt wie skizziert in einer Ecke zwischen Boden und Wand. Die an einem starr mit der Scheibe verbundenen Hebelarm angreifende Kraft F versucht die Scheibe zu drehen. Die Haftreibungskoeffizienten zwischen Scheibe und Boden sowie Scheibe und Wand betragen jeweils $\mu_0 = 0{,}3$.

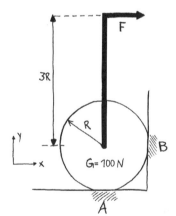

Abb. 9.12

Wie groß muss F mindestens sein, damit sich die Scheibe dreht? Wie groß sind dann die Normal- und Reibungskräfte zwischen Scheibe und Boden (Punkt A) sowie Scheibe und Wand (Punkt B)?

Aufgabe 9.3

In den wie immer viel zu kurzen Semesterferien jobben Sie als Hafenarbeiter. Jetzt sollen Sie die Yacht Ihres Chefs ganz dringend am Tau gegen Abdriften festhalten. In Ermangelung höherer Kenntnisse zu Seemannsknoten schlingen Sie das Seil ein paar Mal um den Poller und ziehen mit ganzer Kraft.

Abb. 9.13

Wie oft ist das Tau um den Poller zu wickeln?

Zahlenangaben: Abdriftkraft Frachtschiff: $S_2 = 12.000\,\text{N}$
Gegenhaltekraft Student: $S_2 = 400\,\text{N}$
Haftreibungskoeffizient: $\mu_0 = 0,25$

Aufgabe 9.4

Ein Riemenantrieb besteht aus zwei mit einem Riemen verbundenen Scheiben der Durchmesser 150 mm und 400 mm. Der Achsabstand der beiden Riemenscheiben betrage 800 mm, der Haftreibungskoeffizient $\mu_0 = 0,4$.

Die kleinere Riemenscheibe kann mit einem Drehmoment von maximal 140 Nm angetrieben werden, ohne dass der Riemen rutscht.

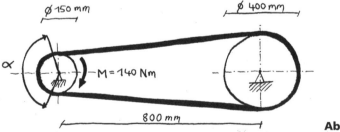

Abb. 9.14

a) Berechnen Sie den Umschlingungswinkel α der kleinen Scheibe.
b) Wie groß sind die Seilkräfte S_1 (schwächer belasteter Seilabschnitt) und S_2 (stärker belasteter Seilabschnitt)?
c) Berechnen Sie die durch die Seilkräfte hervorgerufenen Lagerreaktionen im Lager der Riemenscheibe.

10 Seilstatik

Seile haben wir bisher stets als masselos und straff gespannt betrachtet, als Belastung haben wir stets Kräfte in Seilrichtung angesetzt. Das ist sicher sehr oft, aber längst nicht immer der Fall. Die Tragseile einer Hängebrücke oder frei hängende Stromleitungen beispielsweise werden durch vertikale Streckenlasten belastet – bei der Hängebrücke vor allem durch das Gewicht der Fahrbahn, bei der Stromleitung durch ihr Eigengewicht. Unter derartigen Lasten sind Seile nicht mehr straff gespannt, sie hängen durch. Wir werden in diesem Kapitel herleiten, welche Kräfte dann im Seil wirken und wie groß die Seildurchhänge sind.

10.1 Grundlegende Zusammenhänge

Betrachten wir einen infinitesimal kleinen Abschnitt eines durch eine senkrechte Streckenlast $q(x)$ belasteten Seils (Abb. 10.1). Im linken Schnittufer des Seilabschnitts wirkt die in Seilrichtung orientierte Schnittkraft $S(x)$, welche aus der Horizontalkomponente $H(x)$ und der Vertikalkomponente $V(x)$ besteht. Bis zum rechten Schnittufer haben sich diese Kräfte unter Einwirkung der Streckenlast $q(x)$ zu $S(x)+\mathrm{d}S(x)$, $H(x)+\mathrm{d}H(x)$ und $V(x)+\mathrm{d}V(x)$ geändert.

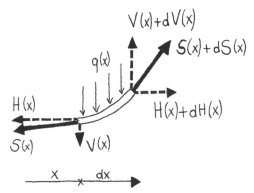

Abb. 10.1 Kräfte in einem Seil unter senkrechter Streckenlast.

Stellen wir die Kräftegleichgewichte auf. Sie lauten

$$\rightarrow \sum F_{ix} = -H(x) + \big(H(x) + \mathrm{d}H(x)\big) = 0 \quad \text{und}$$

$$\uparrow \sum F_{iy} = -V(x) - q(x)\,\mathrm{d}x + \big(V(x) + \mathrm{d}V(x)\big) = 0.$$

Wir teilen beide Gleichungen durch dx und erhalten aus dem Kräftegleichgewicht in x-Richtung

$$\frac{dH(x)}{dx} = 0,$$

woraus folgt, dass die Horizontalkomponente $H(x)$ der Seilkraft konstant ist; sie wird als Horizontalzug H_0 bezeichnet:

$$\boxed{H(x) = H_0 = \text{konstant}.} \tag{10.1}$$

Da die Seilkraft stets in Seilrichtung wirkt (Abb. 10.2), gilt

$$\frac{V(x)}{H(x)} = \frac{dy}{dx}.$$

Wir setzen dies in das Kräftegleichgewicht in y-Richtung ein und erhalten mit Gleichung (10.1)

$$q(x) = H_0 \frac{d^2 y}{dx^2}. \tag{10.2}$$

Gleichung (10.2) ist die Differentialgleichung der Seilkurve $y(x)$ bei Belastung durch beliebige vertikale Streckenlasten $q(x)$.

Die gesamte Seilkraft ergibt sich aus der vektoriellen Addition von Horizontal- und Vertikalkomponente als

$$S(x) = \sqrt{H_0^2 + V(x)^2}.$$

Mit

$$V(x) = \frac{dy}{dx} H_0$$

erhalten wir für $S(x)$ schließlich

$$\boxed{S(x) = H_0 \sqrt{1 + \left(\frac{dy}{dx}\right)^2}.} \tag{10.3}$$

Gleichung (10.3) besagt, dass die Seilkraft $S(x)$ mit zunehmender Steigung der Seillinie $y(x)$ größer wird. Ihren Maximalwert erreicht $S(x)$ deshalb an der Stelle der maximalen Steigung der Seillinie. Dieser liegt stets im höchsten Punkt der Seillinie.

In der technischen Anwendung sind zwei Arten von Streckenlasten von besonderer Bedeutung. Die erste ist die Belastung durch eine in x-Richtung konstante Streckenlast $q(x) = q_0 = \text{konstant}$, wie es z. B. bei einer Hängebrücke der Fall ist, wenn das Fahrbahngewicht deutlich größer ist als das Gewicht von Tragseilen und Hängern. Die andere in der Technik wichtige Streckenlast ist die Belastung durch das Eigengewicht des Seils. In diesem Fall ist die Streckenlast nicht in horizontale Richtung, sondern „pro laufendem Meter Seil" konstant, sodass $q(s) = q_0 = \text{konstant}$ gilt, wobei s die Bogenlänge entlang des Seiles ist.

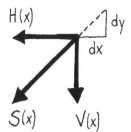

Abb. 10.2 Geometrischer Zusammenhang zwischen den Komponenten der Seilkraft und der Steigung der Seillinie.

10.2 Belastungsfall Hängebrücke, $q(x) = q_0$ = konstant

Wir setzen in Gleichung (10.2) $q(x) = q_0$, integrieren zweimal unbestimmt und erhalten

$$y(x) = \frac{q_0}{2\,H_0}x^2 + C_1 x + C_2\,.$$ (10.4)

Die Integrationskonstanten C_1 und C_2 sind aus den Randbedingungen zu ermitteln. Wie das vonstatten geht, sei am Beispiel der wohl bekanntesten Hängebrücke der Welt gezeigt, der Golden Gate Bridge am Eingang der San Francisco Bay in Kalifornien.

Golden Gate Bridge **Abb. 10.3**

Beispiel 10.1: Der offiziellen Website des Brückenbetreibers entnehmen wir die für unsere Berechnung relevanten Daten. An Abmessungen sind dies

- eine Spannweite von 1.280 m,
- eine Pylonhöhe von jeweils 227 m über dem Meer,
- eine lichte Durchfahrtshöhe für die Schifffahrt von 67 m und
- eine Überbauhöhe (Höhe der Fahrbahn und der sie unterstützenden Träger) von 7,60 m.

Aus den letzten drei Abmessungen schließen wir, da die Tragseile in Brückenmitte bis sehr nahe an die Fahrbahn herunterhängen, auf einen Seildurchhang von ca. 150 m (= 227 m − 67 m − ca. 10 m).

Die Belastung der Pylone durch die von ihnen zu tragenden Seilkräfte gibt der Brückenbetreiber mit 56.000 t pro Pylon an. Wir nehmen vereinfachend an, dass diese Last zu gleichen Teilen aus dem Brückengewicht zwischen den Pylonen und dem Brückengewicht außerhalb der Pylone stammt und erhalten so 56.000 t als Fahrbahnmasse zwischen den Pylonen. Zusammen mit der maximalen Nutzlast der Brücke von 553 kg/m ergibt sich so pro Tragseil eine Streckenlast von

$$q_0 = \frac{1}{2}\left(\frac{56.000\,\text{t}}{1.280\,\text{m}} + 0,553\,\frac{\text{t}}{\text{m}}\right)\cdot 9,81\,\frac{\text{m}}{\text{s}^2} = 217\,\frac{\text{kN}}{\text{m}}\ .$$

Damit sind alle Daten zusammengestellt, und wir können sie schön übersichtlich in einer Skizze darstellen (Abb. 10.4). Den Koordinatenursprung legen wir in Brückenmitte auf das Seil.

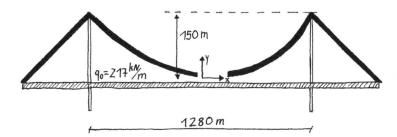

Abb. 10.4 Abmessungen und Belastung der Golden Gate Bridge.

Nun an's Rechnen: In Gleichung (10.4) haben wir drei Unbekannte zu bestimmen – C_1, C_2 und H_0. Hierfür benötigen wir drei Gleichungen, die wir in der Lage des Koordinatenursprungs, $y(0)=0$, und den beiden Randbedingungen, $y(-l/2)=150$ m und $y(l/2)=150$ m, finden.

Aus $y(0)=0$ ergibt sich unmittelbar $C_2=0$.

Aus den beiden Randbedingungen erhalten wir

$$\frac{q_0}{2H_0}\left(-\frac{l}{2}\right)^2 - C_1\cdot\frac{l}{2} = 150\,\text{m}\quad\text{und}$$

$$\frac{q_0}{2H_0}\left(\frac{l}{2}\right)^2 + C_1\cdot\frac{l}{2} = 150\,\text{m}\ ,$$

wobei uns $q_0 = 217\,\frac{\text{kN}}{\text{m}}$ und $l = 1.280$ m gegeben sind. Wir lösen nach C_1 und H_0 auf und erhalten

$$C_1 = 0\quad\text{sowie}$$

$$H_0 = \frac{q_0 \, l^2}{8 \cdot 150 \, \text{m}} = \frac{217 \, \dfrac{\text{kN}}{\text{m}} \, (1.280 \, \text{m})^2}{8 \cdot 150 \, \text{m}} = 296.277 \, \text{kN}.$$

Die Gleichung der Seillinie lautet damit

$$y(x) = \frac{q_0}{2 \, H_0} x^2 = \frac{217 \, \dfrac{\text{kN}}{\text{m}}}{2 \cdot 296.277 \, \text{kN}} x^2 = 3,66 \cdot 10^{-4} \, \text{m}^{-1} \cdot x^2.$$

Die maximale Seilkraft S_{max} tritt am höchsten Punkt des Tragseils auf, also an den beiden Pylonen und beträgt mit Gleichung (10.3)

$$S_{\text{max}} = H_0 \sqrt{1 + \left(\frac{dy}{dx} \bigg|_{x = \pm \frac{l}{2}} \right)^2} = 296.277 \, \text{kN} \sqrt{1 + \left(2 \cdot 3,66 \cdot 10^{-4} \cdot 640 \right)^2} = 327.212 \, \text{kN}.$$

Eine ansehnliche Kraft also. Mit dem Durchmesser der Tragseile, 920 mm, können wir die im Seil herrschende Spannung als Quotient von Kraft und Fläche berechnen. Sie beträgt

$$\sigma_{\text{max}} = \frac{S_{\text{max}}}{A} = \frac{327.212 \, \text{kN}}{\pi \cdot (460 \, \text{mm})^2} = 492 \, \frac{\text{N}}{\text{mm}^2}.$$

Die Streckgrenze der Halteseile beträgt übrigens $1.260 \, \text{N/mm}^2$, liegt also mit beruhigendem Abstand über der von uns ermittelten Spannung.

Abschließende Bemerkung zur Golden Gate Bridge: Man kann die Rechnung noch ein klein wenig genauer durchführen, wenn man aus Fotos die Steigungen der Tragseile innerhalb und außerhalb der Pylone ermittelt und annimmt, dass zu beiden Seiten ein gleich großer Horizontalzug in einen Pylon eingeleitet wird (weil dann die Pylone biegefrei sind). Man kommt so auf eine ca. 14 % kleinere Streckenlast. Zudem kann man bei der Berechnung der Spannungen im Tragseil auch die im Tragseil mitgeschleppte Luft mitberücksichtigen, die ca. 9 % beträgt und zu einem entsprechend höheren Wert für die berechnete Spannung führt. Wir haben es also mit zwei gegenläufigen Einflüssen zu tun, die sich in ihrer Wirkung weitgehend ausgleichen.

10.3 Belastungsfall $q(s) = q_0$ = konstant (Freileitung)

Den Belastungsfall $q(s) = $ konstant, wie er etwa bei einer frei hängenden Stromleitung auftritt, beginnen wir mit einem kurzen mathematischen Exkurs zu den hyperbolischen Winkelfunktionen, wir werden sie im Laufe dieses Kapitels brauchen.

Sinus Hyperbolicus (sinh) und Kosinus Hyperbolicus (cosh) sind definiert als

$$\sinh(x) = \frac{1}{2} \left(e^x - e^{-x} \right) \quad \text{und} \quad \cosh(x) = \frac{1}{2} \left(e^x + e^{-x} \right).$$

Die Grafen beider Funktionen sind in Abbildung 10.5 skizziert.

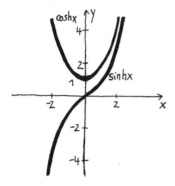

Abb. 10.5 Die Grafen von Sinus Hyperbolicus und Kosinus Hyperbolicus.

Sinh(x) und cosh(x) weisen eine Reihe von Eigenschaften auf, die denen der „gewöhnlichen" Sinus- und Kosinusfunktionen ähneln, daher auch ihre Bezeichnungen. Die im Rahmen der Seilstatik wichtigsten Eigenschaften sind

$$\cosh^2 x - \sinh^2 x = 1,$$

$$\frac{d}{dx}\sinh x = \cosh x \text{ und}$$

$$\frac{d}{dx}\cosh x = \sinh x .$$

Wir schneiden nun ein kleines Stückchen Seil der Bogenlänge ds frei, das entlang ds durch sein Eigengewicht dG belastet wird (Abb. 10.6).

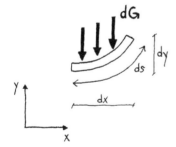

Abb. 10.6 Ein infinitesimal kleines Stückchen Seil unter Belastung durch sein Eigengewicht.

Die Streckenlast q_0 ist als

$$q_0 = \frac{dG}{ds} \tag{10.5}$$

definiert, wobei für ds der geometrische Zusammenhang

$$ds = \sqrt{dx^2 + dy^2} \tag{10.6}$$

gilt. Für dG gilt des Weiteren

$$dG = q(x)\,dx . \tag{10.7}$$

Die Gleichungen (10.5) und (10.7) führen wir zu

$$q(x) = q_0 \frac{\mathrm{d}s}{\mathrm{d}x} \tag{10.8}$$

zusammen. Nun formen wir Gleichung (10.6) zu

$$\frac{\mathrm{d}s}{\mathrm{d}x} = \sqrt{1 + \left(\frac{\mathrm{d}y}{\mathrm{d}x}\right)^2}$$

um und setzen darin die Gleichungen (10.2) und (10.8) ein. Wir erhalten

$$H_0 \frac{\mathrm{d}^2 y}{\mathrm{d}x^2} = q_0 \sqrt{1 + \left(\frac{\mathrm{d}y}{\mathrm{d}x}\right)^2} \ .$$

Die Lösung dieser nicht einfach zu lösenden nichtlinearen Differentialgleichung schlagen wir in einem dicken Mathematikbuch nach. Sie lautet

$$y(x) = \frac{H_0}{q_0} \cosh\left[\frac{q_0}{H_0}\left(x - x_0\right)\right] + y_0, \tag{10.9}$$

wobei die Konstanten x_0 und y_0 aus den Randbedingungen zu bestimmen sind. Das kann eine haarige Angelegenheit werden, und so ist die folgende Vorgehensweise geschickter:

Wir platzieren den Koordinatenursprung nicht irgendwo, sondern ganz genau um den Quotienten H_0/q_0, welcher von seiner Einheit her eine Strecke ist, unter den tiefsten Punkt der Kettenlinie (siehe Abb. 10.7). Dann werden sowohl x_0 als auch y_0 zu null und die Gleichung der Kettenlinie lautet

$$\boxed{y(x) = \frac{H_0}{q_0} \cosh\left(\frac{q_0}{H_0} x\right) \ .} \tag{10.10}$$

Der größte Durchhang f der Kettenlinie beträgt

$$\boxed{f = y(x_A) - y(0) = \frac{H_0}{q_0}\left[\cosh\left(\frac{q_0}{H_0} x_A\right) - 1\right],} \tag{10.11}$$

wobei x_A die x-Koordinate der höheren der beiden Aufhängepunkte (Masten) ist. Zur Ermittlung der Seilkraft leiten wir Gleichung (10.10) nach x ab und setzen $y'(x)$ in Gleichung (10.3) ein. Wir erhalten

$$\boxed{S(x) = H_0 \sqrt{1 + \sinh^2\left(\frac{q_0}{H_0} x\right)} = H_0 \cosh\left(\frac{q_0}{H_0} x\right) = q_0 \cdot y(x).} \tag{10.12}$$

Wie beim Lastfall „Hängebrücke" tritt die maximale Seilkraft wieder im höchsten Punkt des Seils auf, also am höheren der beiden Aufhängepunkte.

Beispiel 10.2: Nehmen wir als Beispiel für eine Berechnung der Kettenlinie die östlich von Stade über die Elbe führenden Hochspannungsleitungen der Elbekreuzung 2. Die beiden 1,2 km voneinander entfernt stehenden Tragmasten der Elbekreuzung 2 gelten mit einer Höhe von jeweils 227 m als die höchsten Freileitungsmasten Europas und als die siebthöchsten der Welt (die weltweit höchsten stehen mit einer Höhe von 347 m an der Jangtse-Freileitungskreuzung in der ostchinesischen Provinz Jiangsu).

Die große Höhe der Tragmasten der Elbekreuzung 2 ist erforderlich, um der Elbe-Schifffahrt eine Mindestdurchfahrtshöhe von 75 m unter den Stromleitungen zu garantieren, die auf Traversen in 172 m, 190 m und 208 m Höhe aufgehängt sind.

Wir betrachten nun die unteren, in 172 m Höhe aufgehängten Stromleitungen und sind an der Gleichung der Kettenlinie sowie den Kräften im Stromkabel interessiert. Zur besseren Übersicht zeichnen wir zunächst eine Skizze (Abb. 10.7). Diese Skizze enthält alle Abmessungen sowie – ganz wichtig – den in einem Abstand von H_0/q_0 unter dem tiefsten Punkt der Stromleitung (aus Symmetriegründen ist das genau in der Mitte) liegenden Koordinatenursprung.

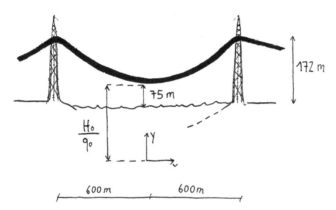

Abb. 10.7 Skizze der unteren Stromleitungen der Elbekreuzung 2.

Ausgangspunkt unserer Berechnung ist, dass das Seil genau in der Mitte zwischen den Strommasten um 97 m durchhängt:

$$y(600 \text{ m}) - y(0) = 97 \text{ m}$$

$$\Rightarrow \frac{H_0}{q_0} \cosh\left(\frac{q_0}{H_0} \cdot 600 \text{ m}\right) - \frac{H_0}{q_0} = 97 \text{ m}$$

Dies ist eine transzendente (nicht analytisch lösbare) Gleichung zur Bestimmung von H_0/q_0. Wir lösen sie deshalb numerisch, d. h. durch planvolles Ausprobieren und erhalten schließlich als Ergebnis

$$\frac{H_0}{q_0} = 1.872 \text{ m} .$$

Zur Berechnung der maximalen Seilkraft setzen wir Gleichung (10.12) an und erhalten

$$S(600\,\text{m}) = q_0 \cdot y(600\,\text{m}) = q_0 \cdot \frac{H_0}{q_0} \cosh\left(\frac{q_0}{H_0} 600\,\text{m}\right)$$

$$= q_0 \cdot 1.872\,\text{m} \cdot \cosh\left(\frac{600}{1.872}\right) = 1.969\,\text{m} \cdot q_0.$$

Die Streckenlast des Kabels beträgt $q_0 = \rho A g$, woraus für die maximale Spannung im Stromkabel

$$\sigma_{\text{max}} = \frac{S_{\text{max}}}{\text{Fläche}} = \frac{1.969\,\text{m} \cdot \rho \cdot A \cdot g}{A} = 1.969\,\text{m} \cdot \rho \cdot g$$

mit der Dichte des Kabelwerkstoffs ρ und der Erdbeschleunigung g folgt. Für Aluminium ($\rho = 2700\,\text{kg/m}^3$) ergibt dies eine maximale Spannung von $52\,\text{N/mm}^2$ im Stromkabel.

10.4 Tipps und Tricks

Die numerische Berechnung von H_0/q_0 aus der Gleichung der Kettenlinie kann nach der Methode von Versuch und Irrtum geschehen. Dafür setzen Sie zunächst mit großer Schrittweite mögliche Lösungen ein. Sobald ein Vorzeichenwechsel auftritt, tasten Sie sich durch Teilen des Intervalls näher an die Lösung heran, bis Sie das Ergebnis schließlich mit genügender Genauigkeit eingekreist haben. Tabelle 10.1 zeigt am Beispiel der für die Elbekreuzung 2 zu lösenden Gleichung, wie das gemeint ist:

Tab. 10.1 Ermittlung von H_0/q_0 nach der Methode von Versuch und Irrtum am Beispiel der Elbekreuzung 2.

Lösungsversuch	$\frac{H_0}{q_0}$ [m]	$\frac{H_0}{q_0} \cosh\left(\frac{q_0}{H_0} \cdot 600\,\text{m}\right) - \frac{H_0}{q_0} - 97\,\text{m}$
1	1.000	88,47
2	2.000	−6,32
3	1.500	24,61
4	1.750	6,87
5	1.875	−0,178
6	1.825	2,52
7	1.850	1,15
8	1.865	0,35
9	1.870	0,085
10	1.872	−0,020
11	1.871	0,033

10.5 Aufgaben

Aufgabe 10.1

Die beiden Tragseile einer Spielplatz-Hängebrücke sind an 3,5 m hohen und 8 m voneinander entfernt stehenden Masten aufgehängt. Zu berechnen ist die maximal zulässige Belastung $q_{0,zul}$ eines jeden Tragseils für die folgenden Voraussetzungen:

Die Tragseile sollen in Brückenmitte ($x=0$) genau bis auf 1 m über den Brückenweg durchhängen.

Der Horizontalzug im Tragseil darf maximal 9 kN betragen.

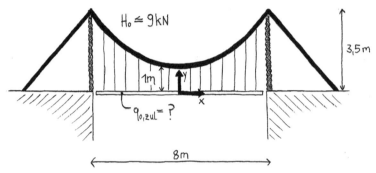

Abb. 10.8

a) Berechnen Sie $q_{0,zul}$ sowie die Gleichung $y(x)$ der Seillinie im angegebenen (x,y)-Koordinatensystem.

b) Welcher größten im Halteseil auftretenden Seilkraft S_{max} entspricht $H_0 = 9\,\text{kN}$?

Aufgabe 10.2

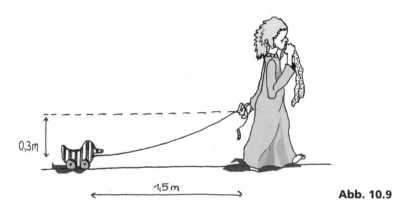

Abb. 10.9

Welcher Horizontalzug H_0 muss im Tigerentenseil herrschen, damit dieses an der Tigerente eine horizontale Tangente hat (und somit nicht auf dem Boden schleift)?

Das spezifische Gewicht des Seils betrage $q_0 = 0,5\,\text{N/m}$.

Aufgabe 10.3

Wie das nun mal so ist, telefoniert Ihre kleine Nichte für ihr Leben gerne. Vom Fenster ihres Kinderzimmers aus (Höhe: 5 m über Boden) möchte sie nun ein Büchsentelefon zu ihrer im Nachbarhaus wohnenden Freundin spannen (Höhe Kinderzimmerfenster Freundin: 4,5 m über Boden). Da sie Ihre Telefonbüchse mit einer Horizontalkraft von höchstens 4 N in den Händen halten will – sonst ist der jungen Dame das Telefonieren zu unbequem – macht sie sich Sorgen um den maximalen Durchhang der Telefonleitung.

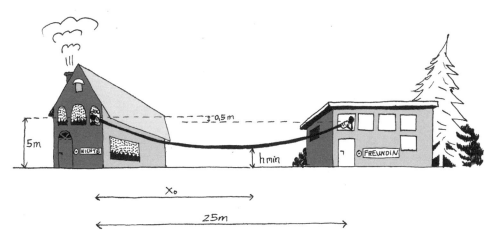

Abb. 10.10

Tun Sie bitte ihrer Nichte den Gefallen und berechnen Sie die Stelle x_0 des größten Kordeldurchhangs sowie die kleinste Höhe h_{min} der Telefonkordel über dem Erdboden. Gehen Sie dabei wie folgt vor:

a) Welcher Belastungsfall des Seils liegt vor: konstante Streckenlast $q(x)$ oder konstante Streckenlast $q(s)$?
b) Berechnen Sie die Stelle x_0 des größten Kordeldurchhangs.
c) Berechnen Sie die minimale Höhe h_{min} der Telefonkordel über dem Erdboden.

Weitere Angabe: Das spezifische Gewicht der Telefonleitung beträgt $q_0 = 0,1\,\text{N/m}$.

11 Der Arbeitssatz

Im vorliegenden Kapitel lernen wir mit dem Arbeitssatz ein Prinzip kennen, dass sich als Alternative zu den Gleichgewichtsbedingungen der Statik zur Berechnung von Lagerreaktionen und Schnittgrößen verwenden lässt. Wirken auf einen Körper ausschließlich konservative Kräfte ein[1], so lässt sich der Arbeitssatz aus dem Prinzip vom Minimum der potenziellen Energie herleiten. Für Letzteres finden wir in der alltäglichen Erfahrung recht anschauliche Beispiele, und mit einem solchen wollen wir nun beginnen.

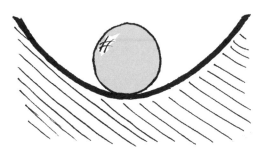

Abb. 11.1 Die Gleichgewichtslage einer in einer Mulde liegenden Kugel liegt im tiefsten Punkt der Mulde.

Betrachten wir eine in einer Mulde liegende Kugel (Abb. 11.1). Die Gleichgewichtslage der Kugel liegt genau im tiefsten Punkt der Mulde. Weswegen? Weil dort die potenzielle Energie der Kugel minimal ist.

Ein Minimum an potenzieller Energie bedeutet, dass sich – wie bei einem lokalen Minimum einer algebraischen Funktion, an dem die erste Ableitung der Funktion gleich null ist – die potenzielle Energie des Systems nicht ändert, wenn es ein ganz klein wenig aus seiner Gleichgewichtslage verschoben wird. Aufgrund der Übertragbarkeit von Arbeit und Energie – Energie ist gespeicherte Arbeit – gilt diese Folgerung auch für die am mechanischen System geleistete Arbeit. Wird ein Körper ein ganz klein wenig aus seinem Gleichgewichtszustand verrückt, so leisten die angreifenden Kräfte dabei keine Arbeit.

Das ist eigentlich schon der Arbeitssatz. Um ihn aber speziell auf die Statik zugeschnitten zu formulieren, bedarf es noch einer kleinen Vorbetrachtung.

Nach der alten Faustformel „Arbeit gleich Kraft mal Weg" wird an einem Körper nur dann Arbeit verrichtet, wenn sich der Körper bewegt. Das Wesen der Statik ist

---

[1] Die von konservativen Kräften an einem Körper geleistete Arbeit erhöht in vollem Umfang die innere Energie des Körpers. Von den in diesem Buch behandelten Kräften sind einzig die Reibungskräfte *keine* konservativen Kräfte, denn die von Reibung geleistete Arbeit wird als Wärme vom Körper abgeführt.

aber, dass sich *nichts* bewegt. In der Statik kann Arbeit erst dann geleistet werden, wenn man sich Veränderungen am System vorstellt, die den Körper beweglich machen. Eine derartige Veränderung ist z. B. die Verminderung einer Lagerwertigkeit, die durch die entsprechende Lagerreaktion ersetzt wird. Die am derartig veränderten System angreifenden Kräfte und Momente können nun Arbeit leisten, und man nennt diese Arbeit virtuelle Arbeit δW, da sie nicht das tatsächliche System, sondern das in Gedanken (virtuell) veränderte System betrifft. Die virtuellen Verschiebungen und Verdrehungen (der Oberbegriff für beides ist die virtuelle Verrückung) werden mit dem delta-Symbol bezeichnet, z. B. als δs und $\delta \varphi$. Bei den virtuellen Verrückungen handelt es sich stets um differentiell kleine Verrückungen.

Der Arbeitssatz der Statik lautet nun:

> Ein mechanisches System befindet sich im statischen Gleichgewicht, wenn die äußeren Kräfte und Momente bei einer virtuellen (d. h. gedachten) Verschiebung aus der Gleichgewichtslage heraus in Summe keine Arbeit leisten.
>
> $$\delta W = 0$$

11.1 Virtuelle Arbeiten von Kräften und Momenten

Um virtuelle Arbeiten zu berechnen, müssen wir sauber definieren, wie groß die von einer Kraft bzw. einem Moment geleistete virtuelle Arbeit ist.

Virtuelle Arbeit einer Kraft: Wenn sich der Angriffspunkt einer Kraft F um einen kleinen Weg δs verschiebt, dann entspricht die dabei geleistete Arbeit dem Skalarprodukt aus Kraft mal Weg,

$$\delta W = \boldsymbol{F} \cdot \delta \boldsymbol{s}. \tag{11.1}$$

Weisen Kraft F und Weg δs in parallele Richtungen, so vereinfacht sich die Berechnung der Arbeit zur bloßen Multiplikation der Beträge von F und δs, und es gilt

$$\delta W = F \cdot \delta s \text{ bzw.} \tag{11.2a}$$

$$\delta W = -F \cdot \delta s. \tag{11.2b}$$

Hierbei gilt Gleichung (11.2a), wenn Kraft und virtuelle Verschiebung in die gleiche Richtung weisen, und Gleichung (11.2b), wenn Kraft und virtuelle Verschiebung in entgegengesetzte Richtungen weisen.

Virtuelle Arbeit eines Momentes: Bei der Arbeit eines Momentes M, dessen Angriffspunkt um einen kleinen Winkel $\delta \varphi$ verdreht wird, sind die Zusammenhänge ähnlich. Die geleistete Arbeit entspricht dem Skalarprodukt aus Moment mal Winkel,

$$\delta W = \boldsymbol{M} \cdot \delta \boldsymbol{\varphi}. \tag{11.3}$$

Wenn sich Moment und Winkel auf parallele Drehachsen beziehen, lässt sich die Arbeit wie zuvor durch die Multiplikation der Beträge von M und φ berechnen. Es gilt

$$\delta W = M \cdot \delta \varphi \quad \text{bzw.} \tag{11.4a}$$

$$\delta W = -M \cdot \delta \varphi \tag{11.4b}$$

Hierbei gilt Gleichung (11.4a), wenn die Drehachsen von Moment und Winkel in die gleiche Richtung weisen und Gleichung (11.4b), wenn die Drehachsen von Moment und Winkel in entgegengesetzte Richtungen weisen.

11.2 Berechnung von Lagerreaktionen

Um virtuelle Arbeiten berechnen zu können, müssen wir Bewegung in das statische System bringen – Verschiebungen für Kräfte und Verdrehungen für Momente. Die Berechnung von Lagerreaktionen mit dem Prinzip der virtuellen Arbeit umfasst daher die folgenden Schritte:

- Schritt 1: Das statische System wird beweglich gemacht, indem die Lagerwertigkeit in Richtung der gesuchten Lagerreaktion entfernt und durch diese ersetzt wird.
- Schritt 2: Das System wird virtuell verrückt und die dabei geleistete Arbeit δW berechnet.
- Schritt 3: Die gesuchte Lagerreaktion ergibt sich aus der Bedingung $\delta W = 0$.

Beispiel 11.1: Für den abgebildeten Kragträger der Länge l (Abb. 11.2) seien mit dem Prinzip der virtuellen Arbeit die Lagerreaktionen A_x, A_y und M_A zu bestimmen.

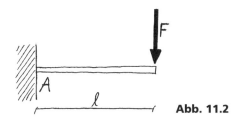

Abb. 11.2

In Schritt 1 ist die Einspannung zunächst so zu verändern, dass der Träger in Richtung der gesuchten Lagerreaktion beweglich wird. Wir verändern die starre Einspannung des Trägers also in

a) eine horizontal bewegliche Hülse um A_x zu bestimmen,
b) eine vertikal bewegliche Einspannung um A_y zu bestimmen und
c) eine drehbewegliche Einspannung (ein Festlager) um M_A zu bestimmen.

Dabei setzen wir jeweils die gesuchte Lagerreaktion als äußere Last an.

In saubere Skizzen zeichnen wir nun ein, wie sich die drei modifizierten Systeme bewegen können (Schritt 2, die virtuelle Verrückung). Abbildung 11.3 zeigt diese Skizzen.

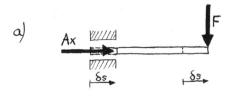

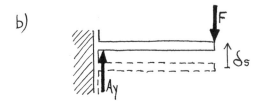

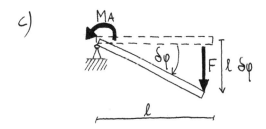

Abb. 11.3 Zur Berechnung der virtuellen Arbeit der Lagerreaktionen wird die Lagerung um die entsprechende Wertigkeit verringert und das nun bewegliche System virtuell verrückt.

Schließlich können wir in Schritt 3 die bei der jeweiligen virtuellen Verrückung geleistete virtuelle Arbeit δW berechnen und gleich null setzen. Wir erhalten

a) $\delta W = A_x\,\delta s = 0 \;\Rightarrow\; A_x = 0$,

b) $\delta W = A_y\,\delta s - F\,\delta s = 0 \;\Rightarrow\; A_y = F$ und

c) $\delta W = -M_A\,\delta\varphi + F\,l\,\delta\varphi = 0 \;\Rightarrow\; M_A = F\,l$.

11.3 Berechnung von Schnittgrößen

Die Bestimmung von Schnittgrößen verläuft nach einem ganz ähnlichen Schema. Der wesentliche Unterschied zur Bestimmung von Lagerreaktionen ist, dass das statische System nicht durch die Verminderung von Lagerwertigkeiten beweglich gemacht wird, sondern durch den Einbau eines geeigneten Gelenks. An beiden Seiten des Gelenks lassen wir die Schnittgrößen als äußere Kraft bzw. äußeres Moment angreifen. Hierbei halten wir uns an die in Kapitel 6 eingeführte Vorzeichenkonvention (vgl. Abb. 6.2). Dann verrücken wir wie gewohnt das statische System und berechnen die gesuchte Schnittgröße aus der Bedingung $\delta W = 0$.

Beispiel 11.2: Für das Beispiel des Kragträgers gestalten sich der Einbau der Gelenke und die jeweilige virtuelle Verrückung wie in Abbildung 11.4 dargestellt.

a)
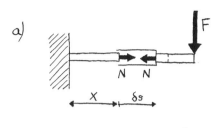

b)
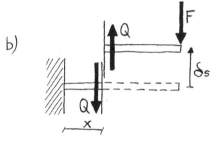

c)
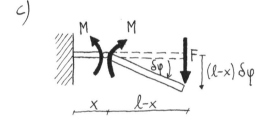

Abb. 11.4 Zur Berechnung von Schnittgrößen wird an der gesuchten Stelle ein Gelenk in den Träger eingebaut und das nun bewegliche System virtuell verrückt.

Hieraus liefert das Ansetzen der virtuellen Arbeit

a) $\delta W = -N\,\delta s = 0 \;\Rightarrow\; N = 0$,

b) $\delta W = Q\,\delta s - F\,\delta s = 0 \;\Rightarrow\; Q = F$ und

c) $\delta W = M\,\delta\varphi + F\left(l-x\right)\delta\varphi = 0 \;\Rightarrow\; M = -F\left(l-x\right).$

11.4 Tipps und Tricks

Beachten Sie, dass es sich bei virtuellen Verrückungen um differentiell kleine Verrückungen handelt. Für virtuelle Verdrehungen gelten daher $\sin\delta\varphi = \delta\varphi$ und $\cos\delta\varphi = 1$. Nehmen Sie als Beispiel das untere Bild aus Abbildung 11.4 (das Bild zur Bestimmung des Schnittmomentes): Die virtuelle Verschiebung der äußeren Kraft F beträgt streng genommen $(l-x)\sin\delta\varphi$, kann aber zu $(l-x)\,\delta\varphi$ vereinfacht werden.

11.5 Aufgaben

Aufgabe 11.1

Berechnen Sie die Lagerreaktionen des abgebildeten Trägers.

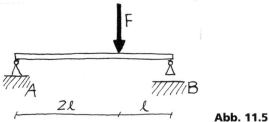

Abb. 11.5

Aufgabe 11.2

Berechnen Sie die Verläufe von Querkraft und Biegemoment im Träger von Aufgabe 11.1.

12 Spannungen

Mit dem Kapitel über Spannungen steigen wir in die Festigkeitslehre ein. Sie beschäftigt sich damit, wie sich die in der Statik behandelten inneren Kräfte und Momente (die Schnittgrößen) im Bauteil verteilen und welche Verformungen sie bewirken.

Eine zentrale Größe der Festigkeitslehre sind die Spannungen. Diese sind – bildlich gesprochen – ein Maß für die Dichte des Kraftflusses im Bauteil: je größer die pro Querschnittsfläche übertragenen inneren Kräfte, desto größer die Spannungen. Spannungen sind entscheidend dafür, ob ein Bauteil seinen Betriebslasten standhält oder unter diesen versagt. Nur wenn die im Bauteil herrschenden Spannungen mit genügender Sicherheit unter der einschlägigen Festigkeit des Werkstoffs liegen (z. B. Streckgrenze, Zugfestigkeit oder Dauerfestigkeit), kann eine sichere Funktion des Bauteils gewährleistet sein. Die Spannungsberechnung ist somit ein ganz entscheidender Bestandteil der Bauteilauslegung.

Im vorliegenden Kapitel wollen wir uns mit einigen grundlegenden Eigenschaften von Spannungen beschäftigen. Für die wichtigsten Grundbeanspruchungsfälle folgt die konkrete Berechnung von Spannungen dann in den Kapiteln 15 bis 19.

12.1 Normal- und Schubspannungen

Legen wir durch einen belasteten Körper einen Freischnitt, dann wirkt auf jedem kleinen Flächenelement ΔA der Schnittfläche eine kleine Schnittkraft ΔF, die sich in einen Kraftanteil ΔN senkrecht (normal) zur Schnittfläche und einen Kraftanteil ΔT entlang der (tangential zur) Schnittfläche zerlegen lässt.

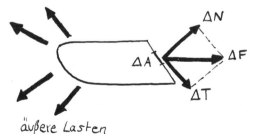

Abb. 12.1 Die auf einem kleinen Flächenelement ΔA wirkende Schnittkraft ΔF lässt sich in einen Normalanteil ΔN und einen Tangentialanteil ΔT zerlegen.

Aus dem Normalanteil ΔN ergibt sich die mit dem griechischen Buchstaben σ (sigma) bezeichnete Normalspannung

$$\sigma = \frac{\Delta N}{\Delta A}$$

und aus dem Tangentialanteil ΔT die mit dem griechischen Buchstaben τ (tau) bezeichnete Schubspannung

$$\tau = \frac{\Delta T}{\Delta A} .$$

Spannungen haben Einheiten von Kraft pro Fläche. Am gebräuchlichsten ist die Angabe in N/mm^2 bzw. im dazu äquivalenten MPa (Megapascal, $1\,N/mm^2 = 1\,MPa$).

Da viele Werkstoffe unterschiedlich auf Normal- und Schubspannungen reagieren, ist es wichtig, diese sauber voneinander unterscheiden zu können. Spröde Werkstoffe reagieren empfindlich auf Normalspannungen und zerbrechen, wenn diese einen kritischen Grenzwert überschreiten. Umgekehrt verformen sich duktile Werkstoffe in der Regel plastisch, sobald die Schubspannungen einen kritischen Wert überschreiten.

Zwei Methoden bieten sich zur Unterscheidung zwischen Normal- und Schubspannungen an:

Eine Möglichkeit ist die Unterscheidung anhand des Kraftflusses. Verläuft der Kraftfluss senkrecht zur Schnittfläche, wie beispielsweise in einem Zug- oder Druckstab, so besteht die Schnittkraft ΔF allein aus der Normalkomponente ΔN, und es wirken auf dieser Schnittfläche ausschließlich Normalspannungen. „Schrappt" der Kraftfluss dagegen tangential an der Schnittfläche entlang, wie das beispielsweise der Fall ist, wenn wir einen Streifen Tesafilm auf die Schnittfläche kleben und an diesem ziehen (Abb. 12.2), so herrschen Schubspannungen.

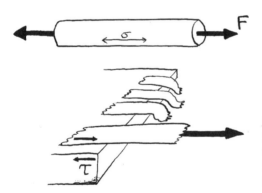

Abb. 12.2 Normalspannungen σ kann man erzeugen, indem man einen Stab streckt (oben), Schubspannungen τ, indem man einen Streifen Tesafilm auf einen Körper klebt und an diesem zieht (unten).

Die andere, anschaulichere Möglichkeit zur Unterscheidung zwischen Normal- und Schubspannungen beruht auf den von den Spannungen hervorgerufenen Verformungen. Stellen wir uns hierfür einen Körper vor, auf den ein kleines quadratisches Gitter eingezeichnet ist (Abb. 12.3). Normalspannungen dehnen oder stauchen den Körper, ändern aber nicht die Winkel des aufgezeichneten Gitters. Bei Beanspruchung durch Schubspannungen ändern sich dagegen nur die Winkel im Körper, während die Längenabmessungen gleich bleiben.

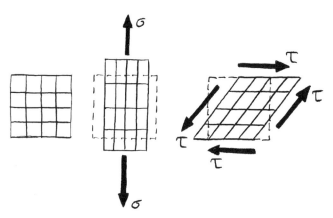

Abb. 12.3 Wenn wir auf einen Körper ein quadratisches Gitter aufzeichnen, so ändern sich bei einer Belastung durch Normalspannungen nur die Längenabmessungen des Gitters, während die rechten Winkel des Gitters erhalten bleiben. Bei einer Belastung durch Schubspannungen ändern sich hingegen die Winkel und die Längenabmessungen bleiben erhalten.

Wie viele und welche Normal- und Schubspannungen kann es denn in einem beliebig belasteten Körpers geben?

- Normalspannungen: Der Kraftfluss kann in alle drei Raumrichtungen verlaufen, und wir erhalten im kartesischen (x,y,z)-Koordinatensystem für jede Raumrichtung eine Normalspannung, σ_x, σ_y und σ_z.
- Schubspannungen: Wollen wir eine Schubspannung sauber beschreiben, so müssen wir (i) die Fläche, auf der sie wirkt, und (ii) die Richtung, in die sie wirkt, angeben. Schubspannungen enthalten deswegen zwei Indizes: Der erste steht für die Richtung der Flächennormalen, der zweite für die Kraftrichtung (die Richtung des Spannungspfeils). Da Flächennormale und Kraftrichtung bei Schubspannungen nicht übereinstimmen (das tun sie nur bei Normalspannungen), gibt es insgesamt sechs Schubspannungen, τ_{xy}, τ_{xz}, τ_{yx}, τ_{yz}, τ_{zx} und τ_{zy}.

Um darzustellen, auf welchen Flächen und in welche Richtungen die neun Spannungen wirken, kann man sie in einen Lageplan einzeichnen. Für alle neun Spannungen entspricht dieser Lageplan einem kleinen Würfel, auf dessen Flächen die Spannungen angreifen (Abb. 12.4, links), wobei man sich auf den drei verdeckten Würfelflächen dieselben Spannungen wie auf den gegenüberliegenden Würfelflächen, nur mit umgekehrter Pfeilrichtung, vorstellen muss. Beschränken wir uns auf zwei Dimensionen, erhalten wir das in Abbildung 12.4 rechts dargestellte Quadrat, auf dessen Kanten die jeweiligen Normal- und Schubspannungen angreifen.
Bei der Pfeilrichtung gilt die Konvention, dass positive Spannungen an den positiven Schnittufern in die positive und an den negativen Schnittufern in die negative Koordinatenrichtung zeigen. Bei negativen Spannungen ist die Pfeilrichtung jeweils umzukehren. Die in Abbildung 12.4 eingezeichneten Spannungspfeile beziehen sich auf positive Spannungen.

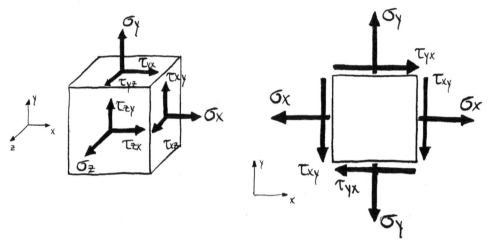

Abb. 12.4 Darstellung der Spannungen in einem Lageplan. Links dreidimensionaler, rechts zweidimensionaler Lageplan.

12.2 Der Spannungstensor

Die neun Spannungen werden im so genannten Spannungstensor wie folgt zusammengefasst:

$$
S = \begin{bmatrix} \sigma_x & \tau_{xy} & \tau_{xz} \\ \tau_{yx} & \sigma_y & \tau_{yz} \\ \tau_{zx} & \tau_{zy} & \sigma_z \end{bmatrix}_{xyz}. \tag{12.1}
$$

Die Bezeichnung Spannungstensor besagt, dass die Spannungskomponenten den mathematischen Gesetzmäßigkeiten der Tensorrechnung gehorchen, insbesondere bei einer Drehung des Koordinatensystems. Aber keine Angst, für unsere Zwecke reicht es völlig aus, wenn wir uns den Spannungstensor als eine Art Ordnungsschema vorstellen, das sicherstellt, dass „keine Spannungskomponente vergessen wird". Und was aus den Spannungen wird, wenn sich das Koordinatensystem dreht, werden wir in Kürze auch ohne tiefere Kenntnisse der Tensorrechnung verstehen.

Es macht Sinn, zum Spannungstensor stets das Koordinatensystem als tiefgestellte Indizes anzugeben, da sich, wie wir im Verlauf dieses Kapitels sehen werden, die Komponenten des Spannungstensors bei einer Drehung des Koordinatensystems verändern.

Zunächst aber zu einer wichtigen Eigenschaft des Spannungstensors, seiner Symmetrie. Betrachten wir hierzu ein kleines quaderförmiges Volumenelement der Kantenlängen Δx, Δy und Δz, auf dessen Stirnflächen die Komponenten des Spannungstensors wirken (Abb. 12.5).

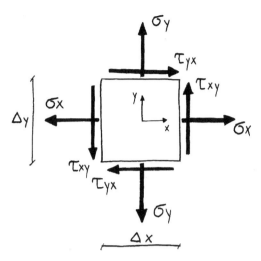

Abb. 12.5 Zur Symmetrie des Spannungstensors betrachten wir einen Quader der
Kantenlängen Δx, Δy und Δz (Δz weist
aus der Zeichenebene hinaus).

Für das Momentengleichgewicht um den Koordinatenursprung multiplizieren wir die
Spannungen zunächst mit der Fläche, auf die sie jeweils wirken – z. B. τ_{xy} mit $\Delta y \Delta z$ –
und dann mit dem Hebelarm. Wir erhalten

$$\circlearrowleft \sum_i M_i^{(\text{Koo.ursprung})} = 2\tau_{xy}\Delta y \Delta z \cdot \frac{\Delta x}{2} - 2\tau_{yx}\Delta x \Delta z \cdot \frac{\Delta y}{2} = 0 \quad \Rightarrow \quad \tau_{xy} = \tau_{yx}.$$

Ein entsprechendes Ergebnis liefern auch die Momentengleichgewichte um die y- und
z-Achse. Es gilt also

$$\tau_{xy} = \tau_{yx},\ \tau_{xz} = \tau_{zx}\ \text{und}\ \tau_{yz} = \tau_{zy}\ . \tag{12.2}$$

Aufgrund dieser Symmetrieeigenschaften besteht der Spannungstensor nur aus sechs
voneinander unabhängigen Komponenten:

$$S = \begin{bmatrix} \sigma_x & \tau_{xy} & \tau_{xz} \\ & \sigma_y & \tau_{yz} \\ \text{symmetr.} & & \sigma_z \end{bmatrix}_{xyz} \tag{12.3}$$

12.3 Der ebene Spannungszustand

An freien, unbelasteten Oberflächen werden drei der sechs Spannungskomponenten zu
null. Betrachten wir hierzu ein kleines Volumenelement an einer solchen freien Oberfläche (hier mit der Flächennormalen z, Abb. 12.6):

- Die Normalspannung σ_z muss null sein, denn andernfalls würde der Kraftfluss in
  die Luft hinein übertragen werden.

• Gleichfalls müssen auch die Schubspannungen τ_{zx} und τ_{zy} null sein, denn diese könnten nur dadurch erzeugt werden, dass eine äußere Kraft tangential an der freien Oberfläche „entlangschrappt", aber dann wäre diese Oberfläche nicht mehr frei und unbelastet.

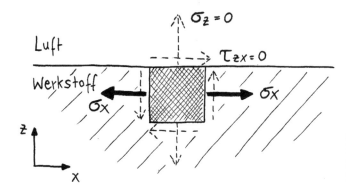

Abb. 12.6 An freien, unbelasteten Oberflächen verschwinden drei der sechs Spannungskomponenten.

Im abgebildeten Fall verschwinden also aus dem Spannungstensor alle Spannungen mit dem Index z (dem Index der freien Oberfläche) und wir erhalten

$$S = \begin{bmatrix} \sigma_x & \tau_{xy} & 0 \\ \tau_{xy} & \sigma_y & 0 \\ 0 & 0 & 0 \end{bmatrix}_{xyz},$$

was wir vereinfacht als

$$S = \begin{bmatrix} \sigma_x & \tau_{xy} \\ \tau_{xy} & \sigma_y \end{bmatrix}_{xy} \tag{12.4}$$

darstellen. Dieser als ebene Spannungszustand (Abkürzung ESZ) bezeichnete Spannungszustand ist technisch sehr wichtig, da er nicht nur an allen freien Oberflächen auftritt, sondern in sehr guter Näherung auch in allen dünnwandigen Bauteilen wie Blechen, Brettern, Balken und dergleichen, bei denen zwei freie Oberflächen sehr nahe beieinander liegen.

Weil der ESZ derart wichtig ist – und weil er ein gutes Stück einfacher als der räumliche Spannungszustand zu behandeln ist – befassen wir uns im Rest dieses Kapitels nur noch mit dem ESZ.

12.4 Drehung des Koordinatensystems

Dass sich die Komponenten des Spannungstensors bei einer Drehung des Koordinatensystems tatsächlich ändern, lässt sich am folgenden Beispiel leicht einsehen (Abb. 12.7):

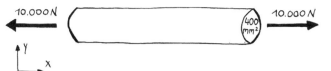

Abb. 12.7 Zugstab.

An einem Zugstab der Querschnittsfläche $400\,\mathrm{mm}^2$ wird mit der Kraft $10.000\,\mathrm{N}$ gezogen. Die Spannung im Zugstab – Kraft pro Fläche – beträgt $25\,\mathrm{N/mm}^2$. Das in Abbildung 12.7 eingezeichnete Koordinatensystem weist die x-Richtung als Richtung des Kraftflusses aus. In diesem Koordinatensystem herrscht somit der Spannungstensor

$$S = \begin{bmatrix} 25 & 0 \\ 0 & 0 \end{bmatrix}_{xy} \frac{\mathrm{N}}{\mathrm{mm}^2} .$$

Nun könnten wir das Koordinatensystem genauso gut um 90° gegen den Uhrzeigersinn gedreht eingezeichnet haben – x nach oben, y nach links – und der Kraftfluss würde dann in y-Richtung laufen, sodass der Spannungstensor

$$S = \begin{bmatrix} 0 & 0 \\ 0 & 25 \end{bmatrix}_{90° \,\mathrm{gedreht}} \frac{\mathrm{N}}{\mathrm{mm}^2}$$

vorläge. Für eine Drehung des Koordinatensystems um 90° tauschen also die Normalspannungen in x- und y-Richtung ihre Werte. Wie aber sieht es bei einer Drehung des Koordinatensystems um beliebige Winkel aus? Und: Passiert dann auch etwas mit den Schubspannungen?

Zunächst aber noch eine Bemerkung zur Nomenklatur: Um mit den Koordinatensystemen nicht durcheinander zu kommen, bezeichnen wir nur das ungedrehte Koordinatensystem mit den lateinischen Buchstaben x, y und z. Für gedrehte Koordinatensysteme verwenden wir die griechischen Buchstaben ξ, η und ζ (xi, eta und zeta).

Ein Kräftegleichgewicht an einem Keil führt uns zu den gesuchten Zusammenhängen (Abb. 12.8).

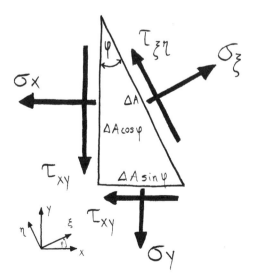

Abb. 12.8 Kräftegleichgewicht am Keil.

Die drei Seitenflächen des Keils weisen in die x-Richtung, in die y-Richtung und in eine um den Winkel φ zur x-Achse gedrehte ξ-Richtung. Wenn der Flächeninhalt der ξ-Seite die allgemeine Größe ΔA hat, dann betragen die Flächeninhalte der beiden anderen Seiten $\Delta A\cos\varphi$ (für die x-Richtung) und $\Delta A\sin\varphi$ (für die y-Richtung). Auf allen drei Keilflächen wirken jeweils eine Normal- und eine Schubspannung.

Die Gleichgewichtsbedingungen in x- und y-Richtung lauten

$$\rightarrow \sum F_{ix} = \sigma_\xi \cos\varphi\,\Delta A - \tau_{\xi\eta}\sin\varphi\,\Delta A - \sigma_x\Delta A\cos\varphi - \tau_{xy}\Delta A\sin\varphi = 0 \text{ und}$$

$$\uparrow \sum F_{iy} = \sigma_\xi \sin\varphi\,\Delta A + \tau_{\xi\eta}\cos\varphi\,\Delta A - \sigma_y\Delta A\sin\varphi - \tau_{xy}\Delta A\cos\varphi = 0.$$

Das sind zwei Gleichungen für die zwei Unbekannten σ_ξ und $\tau_{\xi\eta}$. Wir erhalten als Ergebnisse

$$\sigma_\xi = \frac{1}{2}\left(\sigma_x+\sigma_y\right) + \frac{1}{2}\left(\sigma_x-\sigma_y\right)\cos 2\varphi + \tau_{xy}\sin 2\varphi \text{ und} \tag{12.5a}$$

$$\tau_{\xi\eta} = -\frac{1}{2}\left(\sigma_x-\sigma_y\right)\sin 2\varphi + \tau_{xy}\cos 2\varphi . \tag{12.5b}$$

Die dritte Komponente des gedrehten Spannungstensors erhalten wir nach analoger Herleitung als

$$\sigma_\eta = \frac{1}{2}\left(\sigma_x+\sigma_y\right) - \frac{1}{2}\left(\sigma_x-\sigma_y\right)\cos 2\varphi - \tau_{xy}\sin 2\varphi . \tag{12.5c}$$

12.5 Der Mohr'sche Spannungskreis

Die Änderung des Spannungstensors bei einer Drehung des Koordinatensystems lässt sich nicht nur rechnerisch, sondern auch zeichnerisch beschreiben. Die entsprechende Vorgehensweise wird als Mohr'scher Spannungskreis bezeichnet, zu Ehren ihres Erfinders Christian O. Mohr (1835–1918), der als erster den Aha-Effekt erlebte, dass die Gleichungen (12.5a) bis (12.5c) bei geeigneter grafischer Umsetzung Kreisgleichungen beschreiben.

Empfinden wir diesen Aha-Effekt doch einfach mit der folgenden Aufgabe nach: Gegeben sei der Spannungstensor

$$S = \begin{bmatrix} 30 & -40 \\ -40 & 90 \end{bmatrix}_{xy} \frac{\text{N}}{\text{mm}^2} .$$

Berechnen Sie die um 15°, 30°, 45°, 60° und 75° gegen den Uhrzeigersinn gedrehten Spannungstensoren. Tragen Sie sodann für jeden der sechs Spannungstensoren die beiden Punkte $(\sigma_x|-\tau_{xy})$ und $(\sigma_y|\tau_{xy})$ – bzw. $(\sigma_\xi|-\tau_{\xi\eta})$ und $(\sigma_\eta|\tau_{\xi\eta})$ im Falle der gedrehten Koordinatensysteme – in eine x,y-Grafik ein, bei dem die Normalspannungen σ auf der Abszisse („x-Achse") und die Schubspannungen τ auf der Ordinate („y-Achse") aufgetragen werden, und verbinden Sie diese beiden Punkte jeweils.

Lösung der Aufgabe: Für die fünf Koordinatendrehungen erhalten wir aus den Gleichungen (12.5a) bis (12.5c) nach längerer Rechnerei

$$S = \begin{bmatrix} 14 & -20 \\ -20 & 106 \end{bmatrix}_{\varphi=15°} \frac{\text{N}}{\text{mm}^2}, \quad S = \begin{bmatrix} 10 & 6 \\ 6 & 110 \end{bmatrix}_{\varphi=30°} \frac{\text{N}}{\text{mm}^2}, \quad S = \begin{bmatrix} 20 & 30 \\ 30 & 100 \end{bmatrix}_{\varphi=45°} \frac{\text{N}}{\text{mm}^2},$$

$$S = \begin{bmatrix} 40 & 46 \\ 46 & 80 \end{bmatrix}_{\varphi=60°} \frac{\text{N}}{\text{mm}^2} \quad \text{und} \quad S = \begin{bmatrix} 66 & 50 \\ 50 & 54 \end{bmatrix}_{\varphi=75°} \frac{\text{N}}{\text{mm}^2}.$$

Aus dem ungedrehten und den fünf gedrehten Spannungstensoren sind insgesamt zwölf Punkte zu bilden und in den Spannungsplan einzutragen. Beim ungedrehten Tensor z. B. die Punkte (30|40) und (90|–40).

Abbildung 12.9 zeigt alle zwölf in den Spannungsplan eingetragenen Punkte mit den dazugehörigen Verbindungslinien. Zur besseren Übersicht ist dabei vermerkt, auf welchen Spannungstensor sich die jeweilige Verbindungslinie bezieht (ob ungedreht, bzw. um welchen Winkel gedreht). Mit Erstaunen sehen wir – und genau das war der Aha-Effekt des Herrn Mohr – dass

- alle Punkte auf einem Kreis liegen,
- sich die beiden Punkte eines Spannungstensors im Kreis genau gegenüberliegen, die Verbindungslinien der beiden Punkte also alle durch den Kreismittelpunkt verlaufen und
- die einzelnen Verbindungslinien um genau den doppelten Winkel (30° statt 15°) zueinander gedreht sind.

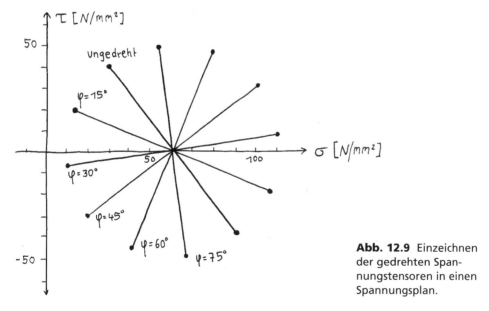

Abb. 12.9 Einzeichnen der gedrehten Spannungstensoren in einen Spannungsplan.

Natürlich ist es nicht Sinn und Zweck des Mohr'schen Spannungskreises, bereits errechnete Resultate grafisch zu bestätigen. Der Mohr'sche Spannungskreis kann viel-

mehr als eigenständige Methode zur Ermittlung gedrehter Spannungstensoren eingesetzt werden. Das geht dann wie folgt:

- Schritt 1: Tragen Sie die Punkte $(\sigma_x|-\tau_{xy})$ und $(\sigma_y|\tau_{xy})$ in den Spannungsplan ein.
- Schritt 2: Schlagen Sie um die beiden eingezeichneten Punkte den Mohr'schen
  Spannungskreis. Der Mittelpunkt des Mohr'schen Spannungskreises liegt auf der
  σ-Achse genau zwischen den beiden eingezeichneten Punkten.
- Schritt 3: Eine Drehung des Koordinatensystems um den Winkel φ entspricht einer
  Drehung im Mohr'schen Spannungskreis um 2φ.
- Schritt 4: Lesen Sie die Koordinaten des gedrehten Spannungstensors aus dem
  Mohr'schen Spannungskreis ab.

Mit dem Mohr'schen Spannungskreis lassen sich aber nicht nur gedrehte Spannungstensoren bestimmen; auch eine ganze Reihe von sehr wichtigen Eigenschaften des
Spannungstensors werden am Mohr'schen Spannungskreis deutlich. Hierzu zeigt Abbildung 12.10 noch einmal ganz allgemein einen Mohr'schen Spannungskreis.

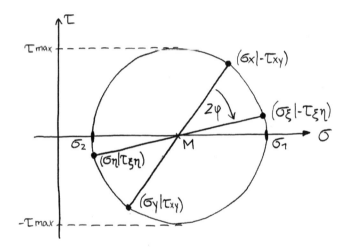

Abb. 12.10 Mohr'scher
Spannungskreis.

Man sieht, dass sich die Normal- und Schubspannungen bei einer Drehung des Koordinatensystems zwar ändern, sie dies aber nicht in beliebigem Ausmaß vermögen. Es
gibt Extremwerte, die von den Spannungen, wie auch immer man das Koordinatensystem drehen mag, nicht über- bzw. unterschritten werden können. Diese Extremwerte
sind die größtmögliche Normalspannung σ_1, die kleinstmögliche Normalspannung σ_2
und die größtmögliche Schubspannung τ_{max}. σ_1 und σ_2 werden als Hauptspannungen,
τ_{max} als Hauptschubspannung bezeichnet.

Für die Hauptspannungen und die Hauptschubspannung gilt:

- Die beiden Hauptspannungen σ_1 und σ_2 liegen sich im Mohr'schen Spannungskreis
  genau gegenüber und treten deshalb gleichzeitig (im selben Koordinatensystem)
  auf. Dieses Koordinatensystem wird auch als Hauptachsensystem bezeichnet. Die
  Achsen des Hauptachsensystems werden statt mit x und y (oder ξ und η) üblicherweise mit 1 und 2 indiziert. Im Hauptachsensystem treten keine Schubspannungen
  auf.

- Die Hauptschubspannung $\tau_{\max}$ tritt in einem Koordinatensystem auf, das um 45° zum Hauptachsensystem gedreht ist. In diesem als Hauptschubspannungssystem bezeichneten Koordinatensystem treten auch Normalspannungen auf, die gleich groß sind. Die Achsen des Hauptschubspannungssystems werden üblicherweise mit 1* und 2* indiziert.

- σ_1, σ_2 und $\tau_{\max}$ lassen sich über einfache trigonometrische Beziehungen aus dem Mittelpunkt und dem Radius des Mohr'schen Spannungskreises berechnen. Es gilt

$$\sigma_1 = \frac{\sigma_x + \sigma_y}{2} + \sqrt{\left(\frac{\sigma_x - \sigma_y}{2}\right)^2 + \tau_{xy}^2} \ ,$$

$$\sigma_2 = \frac{\sigma_x + \sigma_y}{2} - \sqrt{\left(\frac{\sigma_x - \sigma_y}{2}\right)^2 + \tau_{xy}^2} \ \text{ und} \qquad (12.6)$$

$$\tau_{\max} = \sqrt{\left(\frac{\sigma_x - \sigma_y}{2}\right)^2 + \tau_{xy}^2} \ .$$

Abschließende Bemerkung: Wo liegt die Motivation für diese ausführliche Betrachtung der Drehung des Koordinatensystems und des Mohr'schen Spannungskreises? Nun, wir haben gesehen, dass je nach Drehwinkel entweder die Normalspannungen oder die Schubspannungen Extremwerte annehmen. Aus der Werkstoffprüfung weiß man, dass spröde Werkstoffe (z.B. Keramiken, Gläser oder Gusseisen) empfindlich auf Normalspannungen und duktile Werkstoffe (wie z.B. die meisten Stähle und Kunststoffe) empfindlich auf Schubspannungen reagieren. Folglich ist bei der Dimensionierung von Bauteilen aus spröden Werkstoffen zu überprüfen, ob die größtmögliche *Normalspannung* unterhalb ihres zulässigen Wertes liegt, und bei Bauteilen aus duktilen Werkstoffen, ob die größtmögliche *Schubspannung* unterhalb ihres zulässigen Wertes liegt. Und genau das leistet der Mohr'sche Spannungskreis. Wir werden in Kapitel 20 (Überlagerte Beanspruchung) noch einmal näher darauf zurückkommen.

12.6 Aufgaben

Aufgabe 12.1

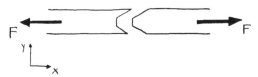

Abb. 12.11 Gerissene Zugprobe.

Zugproben duktiler Werkstoffe zerreißen im Zugversuch regelmäßig mit einer größtenteils um 45° zur Kraftrichtung geneigten Bruchfläche (Abb. 12.11). Analysieren Sie die Spannungsverhältnisse in einer solchen Zugprobe des Querschnitts 20 mm², die unter einer Zugkraft von $F = 8$ kN gebrochen ist, in den folgenden Schritten:

a) Schneiden Sie ein Stück der Zugprobe frei und tragen Sie die angreifenden Spannungen in einen x,y-Lageplan ein.
b) Wie lautet der Spannungstensor?
c) Zeichnen Sie den Mohr'schen Spannungskreis.
d) In welchem Winkel treten die Hauptschubspannungen τ_{max} auf und wie groß sind sie? Zeichnen Sie für das $1^*,2^*$-Hauptschubspannungs-Koordinatensystem einen entsprechend gedrehten Lageplan und tragen Sie in diesen alle auftretenden Spannungen ein.
e) Was ist aus werkstoffkundlicher Sicht der Grund für die um 45° geneigte Bruchfläche?

Aufgabe 12.2

Auf der freien Oberfläche eines Behälters herrschen die Spannungen $\sigma_x = 50\,\text{N/mm}^2$, $\sigma_y = -20\,\text{N/mm}^2$ und $\tau_{xy} = 30\,\text{N/mm}^2$.

a) Tragen Sie in einem x,y-Lageplan die im Punkt P wirksamen Spannungen ein.
b) Zeichnen Sie den Mohr'schen Spannungskreis.
c) Wie groß sind die Hauptspannungen σ_1 und σ_2 sowie die Hauptschubspannungen τ_{max}?
d) Welcher Winkel liegt zwischen dem x,y-Koordinatensystem und dem Hauptachsensystem?

Aufgabe 12.3

Am dargestellten, 4 mm starken, quadratischen Blech der Seitenlänge 100 mm wird mit gleichmäßig über die jeweiligen Stirnseiten verteilten Kräften $F_1 = 32\,\text{kN}$ gezogen und $F_2 = -12\,\text{kN}$ gedrückt.

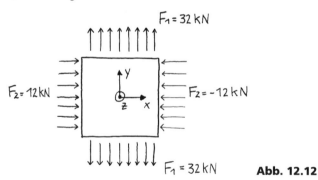

Abb. 12.12

a) Welche Art von Spannungszustand liegt vor? Begründen Sie Ihre Antwort.
b) Wie lautet der Spannungstensor im angegebenen Koordinatensystem?
c) Tragen Sie die vorliegenden Spannungskomponenten in einen Lageplan ein, und zeichnen Sie den Mohr'schen Spannungskreis.
d) Um welchen Winkel wäre das Koordinatensystem zu drehen, wenn die größtmöglichen Schubspannungen auftreten sollen?
e) Wie lautet der Spannungstensor im $1^*,2^*$-Hauptschubspannungssystem?
f) Tragen Sie die Komponenten des in das $1^*,2^*$-Koordinatensystem gedrehten Spannungstensors in einen entsprechend gedrehten Lageplan ein.

13 Verzerrungen

13.1 Der Verzerrungstensor

Wird ein Körper belastet, so steht er nicht nur unter Spannung, er verformt sich auch. Sehen wir uns einmal an, wie sich ein kleines Rechteck, das auf einen Körper aufgezeichnet ist, bei Belastung verformen kann (Abb. 13.1).

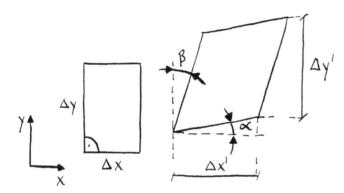

Abb. 13.1 Zur Definition der Verzerrungen.

Es lassen sich zwei Arten von Verformung unterscheiden. Zum einen haben sich die Kantenlängen Δx und Δy des Rechtecks zu $\Delta x'$ und $\Delta y'$ verformt. Das Verhältnis von Längenänderung zu Ausgangslänge wird als Dehnung ε bezeichnet:

$$\varepsilon_x = \frac{\Delta x' - \Delta x}{\Delta x}, \quad \varepsilon_y = \frac{\Delta y' - \Delta y}{\Delta y} \quad \text{und} \quad \varepsilon_z = \frac{\Delta z' - \Delta z}{\Delta z}. \tag{13.1}$$

Zum anderen sind die Rechteckkanten, die unverformt parallel zur x- und y-Achse verliefen, um die Winkel α bzw. β zur jeweiligen Koordinatenachse geneigt. Diese Winkeländerungen werden als Gleitungen γ bezeichnet. In der x,y-Ebene entspricht die Gleitung der Summe aus α und β,

$$\gamma_{xy} = \alpha + \beta. \tag{13.2}$$

Die Gleitungen in der x,z- bzw. der y,z-Ebene werden als γ_{xz} bzw. γ_{yz} indiziert. Der die Dehnungen und Gleitungen umfassende Oberbegriff lautet Verzerrungen.

Die Zahlenwerte der Dehnungen und Gleitungen hängen von der Wahl des Koordinatensystems ab, wie man sich mit folgendem Gedankenexperiment gut klar machen kann: Betrachten wir einen Stab unter Zugbelastung. Durch die angreifende Zugkraft F dehnt sich der Stab und durch die Querkontraktion (siehe Kapitel 14) verjüngt er sich. Welche Verzerrungen liegen im x,y-Koordinatensystem vor? Hierzu zeichnen wir ein am x,y-Koordinatensystem ausgerichtetes Gitter auf den Stab (Abb. 13.2). Unter Belastung längen sich die Kanten in x-Richtung, es verkürzen sich die Kanten in y-Richtung, und die rechten Winkel des Gitters bleiben erhalten. Es liegen somit eine positive Dehnung ε_x und eine negative Dehnung ε_y vor, die Gleitung γ_{xy} ist null.

Ein um 45° gedrehtes ξ,η-Koordinatensystem bedeutet nichts anderes, als dass auf den Stab ein um 45° gedrehtes Gitter einzuzeichnen ist. In dieser Orientierung längen sich nun bei Belastung die Kanten sowohl in ξ- als auch in η-Richtung – und zwar in gleichem Maße – und auch die vormals rechten Winkel ändern sich. Es liegen somit gleich große positive Dehnungen ε_ξ und ε_η sowie eine von null verschiedene Gleitung $\gamma_{\xi\eta}$ vor.

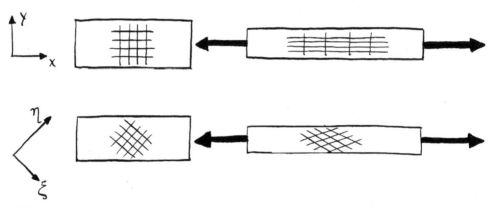

Abb. 13.2 Die Abhängigkeit der Verzerrungen vom Koordinatensystem kann man sich vor Augen führen, indem man zwei verschieden ausgerichtete quadratische Gitter auf den Körper einzeichnet.

Fassen wir kurz zusammen: Es gibt drei einfach indizierte Verzerrungen – die Dehnungen ε_x, ε_y und ε_z – und drei zweifach indizierte Verzerrungen – die Gleitungen γ_{xy}, γ_{xz} und γ_{yz}. Außerdem sind die Verzerrungen vom gewählten Koordinatensystem abhängig. Das kommt ihnen bekannt vor? Das darf es auch, denn beim Spannungstensor war das ganz genau so.

Es ist in der Tat so, dass sich auch die Verzerrungen in einem Tensor, dem so genannten Verzerrungstensor V, anordnen lassen. Hierbei werden allerdings anstelle der Gleitungen γ die halben Gleitungen in den Tensor eingesetzt.

Wie der Spannungstensor ist auch der Verzerrungstensor symmetrisch. Er lautet

$$V = \begin{pmatrix} \varepsilon_x & \frac{1}{2}\gamma_{xy} & \frac{1}{2}\gamma_{xz} \\ \frac{1}{2}\gamma_{xy} & \varepsilon_y & \frac{1}{2}\gamma_{yz} \\ \frac{1}{2}\gamma_{xz} & \frac{1}{2}\gamma_{yz} & \varepsilon_z \end{pmatrix}_{xyz} . \tag{13.3}$$

Volumendehnung: Durch die Dehnungen in x-, y- und z-Richtung ändert sich auch das Volumen eines Körpers. Wenn wir die Kantenlängen eines kleinen Volumenelementes ΔV mit Δx, Δy und Δz bezeichnen und sich diese Kantenlängen unter Belastung auf $\Delta \overline{x}, \Delta \overline{y}$ und $\Delta \overline{z}$ dehnen, dann beträgt das gedehnte Volumen

$$\Delta \overline{V} = \Delta \overline{x} \cdot \Delta \overline{y} \cdot \Delta \overline{z} = \left(1 + \varepsilon_x\right) \Delta x \cdot \left(1 + \varepsilon_y\right) \Delta y \cdot \left(1 + \varepsilon_z\right) \Delta z.$$

Hierin lassen sich nach dem Ausmultiplizieren der Klammern die Dehnungsprodukte vernachlässigen, da sie als Terme höherer Ordnung sehr klein sind. Die relative Volumenänderung wird als Volumendehnung e bezeichnet und beträgt

$$e = \frac{\Delta \overline{V} - \Delta V}{\Delta V} = \varepsilon_x + \varepsilon_y + \varepsilon_z. \tag{13.4}$$

13.2 Ebener Verzerrungszustand und Mohr'scher Verzerrungskreis

Ähnlich wie es auf Seiten des Spannungstensors den ebenen Spannungszustand gibt, gibt es beim Verzerrungstensor einen ebenen Verzerrungszustand (EVZ). Dieser herrscht immer dann, wenn in eine Koordinatenrichtung alle Verzerrungen verschwinden. Ist dies die z-Richtung, so vereinfacht sich der Verzerrungstensor zu

$$V = \begin{pmatrix} \varepsilon_x & \frac{1}{2}\gamma_{xy} \\ \frac{1}{2}\gamma_{xy} & \varepsilon_y \end{pmatrix}_{xy}. \tag{13.5}$$

Bei einer Drehung des Verzerrungstensors gelten die gleichen Gesetzmäßigkeiten wie für eine Drehung des Spannungstensors. Man kann die Komponenten des gedrehten Verzerrungstensors also rechnerisch mit den Gleichungen

$$\begin{aligned}
\varepsilon_\xi &= \frac{1}{2}\left(\varepsilon_x + \varepsilon_y\right) + \frac{1}{2}\left(\varepsilon_x - \varepsilon_y\right)\cos 2\varphi + \frac{1}{2}\gamma_{xy}\sin 2\varphi, \\
\varepsilon_\eta &= \frac{1}{2}\left(\varepsilon_x + \varepsilon_y\right) - \frac{1}{2}\left(\varepsilon_x - \varepsilon_y\right)\cos 2\varphi - \frac{1}{2}\gamma_{xy}\sin 2\varphi \text{ und} \\
\gamma_{\xi\eta} &= -\frac{1}{2}\left(\varepsilon_x - \varepsilon_y\right)\sin 2\varphi + \frac{1}{2}\gamma_{xy}\cos 2\varphi
\end{aligned} \tag{13.6}$$

oder aber zeichnerisch über den Mohr'schen Verzerrungskreis ermitteln. Beim Mohr'schen Verzerrungskreis sind dann anstelle der Normalspannungen σ die Dehnungen ε und an Stelle der Schubspannungen τ die halben Gleitungen $\gamma/2$ zu verwenden. Abbildung 13.3 zeigt schematisch einen Mohr'schen Verzerrungskreis.

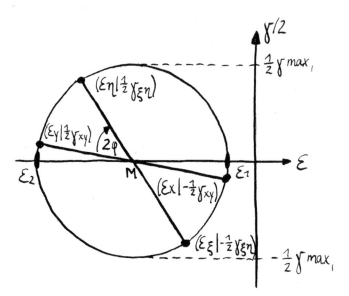

Abb. 13.3 Mohr'scher Verzerrungskreis.

Die größt- bzw. kleinstmöglichen Dehnungen werden als Hauptdehnungen ε_1 bzw. ε_2 bezeichnet. Sie lassen sich mit den Gleichungen

$$\varepsilon_1 = \frac{\varepsilon_x + \varepsilon_y}{2} + \sqrt{\left(\frac{\varepsilon_x - \varepsilon_y}{2}\right)^2 + \frac{1}{4}\gamma_{xy}^2} \quad \text{und}$$

$$\varepsilon_2 = \frac{\varepsilon_x + \varepsilon_y}{2} - \sqrt{\left(\frac{\varepsilon_x - \varepsilon_y}{2}\right)^2 + \frac{1}{4}\gamma_{xy}^2}$$

(13.7)

berechnen. Man kann zeigen, dass die Hauptachsen von Spannungs- und Verzerrungstensor in isotropen Materialien übereinstimmen.

Wie beim Spannungstensor entspricht eine Drehung um den Winkel φ einer Drehung um den doppelten Winkel im Mohr'schen Verzerrungskreis. Zwischen dem Koordinatensystem mit den größten Dehnungen und demjenigen der größtmöglichen Gleitung liegt wieder ein 45°-Winkel (90° im Mohr'schen Verzerrungskreis).

Noch eine Schlussbemerkung zum ebenen Spannungs- und ebenen Dehnungszustand. Herrscht der ESZ an freien Oberflächen und in dünnwandigen Bauteilen, so ist es beim EVZ gerade umgekehrt: Er liegt vor, wenn die Verformung in eine Koordinatenrichtung unterbunden ist, und das ist bei eingezwängten Oberflächen oder sehr dicken Strukturen der Fall.

Ein Beispiel zu den eingezwängten Flächen: Wird Wäsche in einen stabilen Koffer gepresst (Abb. 13.4), dann kann sich die Wäsche im eingezeichneten Koordinatensystem nicht in x- oder y-Richtung dehnen (denn da sind die Seitenwände des Koffers im Weg), und alle Verzerrungskomponenten in x- und y-Richtung verschwinden.

Und ein Beispiel zu sehr dicken Strukturen: Wird ein Dichtungsband zwischen Fenster und Fensterrahmen eingequetscht, so wird es platt und breit gedrückt, es dehnt

Abb. 13.4 Wäsche wird in einen stabilen Koffer gequetscht.

sich also in x- und y-Richtung, aber seine Länge ändert sich nicht (keine Dehnung in z-Richtung).

In einem Bauteil kann also entweder der ebene Spannungszustand oder der ebene Dehnungszustand herrschen, nicht aber beide Zustände gleichzeitig.

13.3 Aufgaben

Aufgabe 13.1

Im Kampf gegen die Langeweile sitzen Sie in der letzten Reihe des spärlich besetzten Hörsaals und zerren an dem vor Ihnen liegenden Blatt karierten Papiers. Dabei verformt sich das Papier in seiner Ebene wie folgt.

- Unverformter Zustand: quadratisches Karomuster mit Linienabständen von jeweils 5 mm.
- Verformter Zustand: siehe folgende, nicht maßstäbliche Skizze (Abb. 13.5):

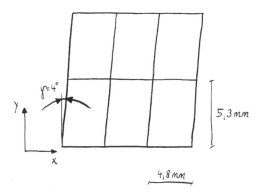

Abb. 13.5

a) Wie lautet der Verzerrungstensor in der x,y-Ebene?
b) Zeichnen Sie die vorliegenden Verzerrungen in einen Lageplan ein.
c) Zeichnen Sie den Mohr'schen Verzerrungskreis.
d) Wie groß sind die Hauptdehnungen ε_1 und ε_2? Wie lautet der Verzerrungstensor im 1,2-Hauptachsensystem? Zeichnen Sie die im Hauptachsensystem herrschenden Dehnungen in einen entsprechend gedrehten Lageplan ein.

Aufgabe 13.2

Welcher der beiden Verzerrungstensoren ist „schlimmer", V_1 oder V_2?

$$V_1 = \begin{bmatrix} 0,2 & 0,3 \\ 0,3 & 1 \end{bmatrix}\% \ , \ V_2 = \begin{bmatrix} 0,3 & -0,4 \\ -0,4 & 0,9 \end{bmatrix}\%$$

14 Das Materialgesetz

Unter Belastung entstehen in einem Festkörper Spannungen und Verzerrungen. Der Zusammenhang zwischen ihnen hängt vom Werkstoff ab. Ein steifer Werkstoff wie z.B. Stahl verformt sich weit schwächer als ein nachgiebiger Werkstoff wie z.B. Schaumstoff unter der gleichen Last. Man bezeichnet den Zusammenhang zwischen Spannungen und Verzerrungen daher als Material- oder Stoffgesetz. Die Ermittlung von Materialgesetzen ist zunächst einmal Aufgabe der Werkstoffprüfung; wir beschäftigen uns damit, welche mechanischen Gesetzmäßigkeiten aus den einschlägigen Versuchen der Werkstoffprüfung abgeleitet werden und wie mit diesen Gesetzmäßigkeiten gearbeitet werden kann.

14.1 Hooke'sches Gesetz

Aus der Werkstoffprüfung wissen wir, dass viele Werkstoffe bei Belastung zunächst einen linear-elastischen Zusammenhang zwischen Spannungen und Verzerrungen aufweisen, der nach Überschreiten eines kritischen Grenzwertes, in einen nichtlinearen Zusammenhang übergeht. Als Beispiel ist in Abbildung 14.1 schematisch das Spannungs-Dehnungs-Diagramm eines Baustahls wiedergegeben. Wir beschränken uns in diesem Buch auf den anfänglichen, linear-elastischen Bereich.

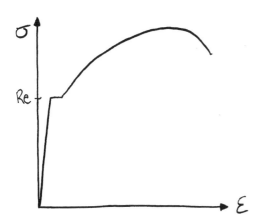

Abb. 14.1 Schematisches Spannungs-Dehnungs-Diagramm eines Baustahls. Bis zum Erreichen der Streckgrenze R_e erhält sich der Werkstoff linear-elastisch, darüber nichtlinear.

Des Weiteren betrachten wir nur isotrope Materialien. Dies sind Materialien, deren Eigenschaften in alle Richtungen gleich sind. Das Gegenteil von Isotropie ist die Anisotropie. Anisotrope Materialien haben in unterschiedliche Materialrichtungen unterschiedliche Eigenschaften, wie z. B. Holz, das in Faserrichtung wesentlich steifer und fester ist als quer zur Faser.

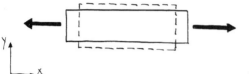

Abb. 14.2 Zugversuch.

Wichtigster Versuch zur Ermittlung des Materialgesetzes ist der Zugversuch (Abb. 14.2). In ihm wird eine Zugprobe in einer Werkstoffprüfmaschine mit in der Regel konstanter Dehnrate bis zum Probenbruch gedehnt. Die Prüfmaschine misst fortlaufend Kraft und Probenverlängerung und rechnet diese Werte in Spannung und Dehnung um. Im linear-elastischen Bereich lautet der Zusammenhang zwischen Spannung und Dehnung

$$\sigma_x = E\,\varepsilon_x \qquad\qquad\qquad (14.1)$$

mit dem Elastizitätsmodul E. Der Elastizitätsmodul hat die Einheit einer Spannung und liegt für die gebräuchlichsten Konstruktionswerkstoffe im GPa-Bereich, (vgl. Tabelle 14.1).

Tab. 14.1 Anhaltswerte für die Elastizitätsmoduln einiger gebräuchlicher Werkstoffe.

Werkstoff	Elastizitätsmodul in GPa
Wolframcarbid	450 … 650
Nickel	214
Stähle	205
Titanlegierungen	80 … 130
Aluminiumlegierungen	70
Natronglas	69
GFK, in Faserrichtung	35 … 45
Beton	30 … 50
Bauholz, in Faserrichtung	9 … 16
Epoxidharze	2,6 … 3
PVC	0,2 … 0,8

Doch im Zugversuch längt sich die Probe nicht nur. Quer zur Zugrichtung kontrahiert sie sich auch. Es zeigt sich, dass diese Querkontraktion proportional zur Längsdehnung ist, es gilt somit

$$\varepsilon_y = -\nu\,\varepsilon_x \quad \text{und} \quad \varepsilon_z = -\nu\,\varepsilon_x \qquad\qquad (14.2)$$

mit der Querkontraktionszahl ν. Diese ist ein dimensionsloser Werkstoffparameter, der für isotrope Werkstoffe stets zwischen 0 und 0,5 liegt. An der Untergrenze $\nu = 0$ würde sich ein Zugstab gar nicht quer kontrahieren, bzw. für $\nu < 0$ würde ein Zugstab, während er gelängt wird, auch in Querrichtung breiter werden, was es nicht gibt. Die Obergrenze $\nu = 0,5$ beschreibt den Grenzfall der Volumenkonstanz. Ein Werkstoff mit $\nu > 0,5$ würde sich im Zugsversuch so stark quer kontrahieren, dass sein Volumen trotz äußerer Zugspannung insgesamt abnimmt. Für die meisten Konstruktionswerkstoffe liegt ν bei etwa 0,3.

Wenn ein Werkstoff ausschließlich durch Schubspannungen beansprucht wird (Abb. 14.3), wie es beispielsweise bei reiner Torsion der Fall ist, kann man den Zusammenhang zwischen Schubspannungen und Gleitungen ermitteln. Auch hier existiert für nicht zu große Werkstoffbeanspruchungen ein linear-elastischer Zusammenhang zwischen der Schubspannung τ und der durch sie verursachten Gleitung γ. Er lautet

$$\tau_{xy} = G\,\gamma_{xy} \tag{14.3}$$

mit dem Schubmodul G. Wie E hat auch G die Einheit einer Spannung.

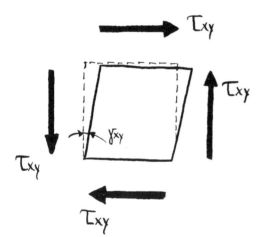

Abb. 14.3 Der Schubversuch.

Es lässt sich zeigen, dass E, G und ν keine völlig voneinander unabhängigen Materialparameter sind. Zwischen ihnen besteht der Zusammenhang

$$G = \frac{E}{2(1+\nu)}\;. \tag{14.4}$$

So haben Stähle ($E \approx 205\,\text{GPa}$, $\nu \approx 0,3$) einen Schubmodul von rund $80\,\text{GPa}$.

Schließlich kann sich ein Körper nicht nur als Folge von Spannungen, sondern auch durch eine Temperaturänderung verformen, wofür der Zusammenhang

$$\varepsilon = \alpha\,\Delta T \tag{14.5}$$

gilt. In Gleichung (14.5) sind ε die Dehnung in x-, y- und z-Richtung, α der Wärmeausdehnungskoeffizient mit der Einheit K^{-1} und ΔT die Temperaturänderung des Körpers.

Wenn wir die Gleichungen (14.1) bis (14.5) zusammenführen, erhalten wir das Hooke'-
sche Gesetz (nach Robert Hooke, 1635–1703). Zur Berechnung der Verzerrungen aus
den Spannungen lautet es

$$\varepsilon_x = \frac{1}{E}\left[\sigma_x - \nu\left(\sigma_y + \sigma_z\right)\right] + \alpha\,\Delta T,$$

$$\varepsilon_y = \frac{1}{E}\left[\sigma_y - \nu\left(\sigma_x + \sigma_z\right)\right] + \alpha\,\Delta T,$$

$$\varepsilon_z = \frac{1}{E}\left[\sigma_z - \nu\left(\sigma_x + \sigma_y\right)\right] + \alpha\,\Delta T,$$

$$\gamma_{xy} = \frac{\tau_{xy}}{G},\ \gamma_{xz} = \frac{\tau_{xz}}{G}\ \text{und}\ \gamma_{yz} = \frac{\tau_{yz}}{G}.$$

(14.6)

Löst man diese sechs Gleichungen nach den Spannungen auf, so erhält man

$$\sigma_x = \frac{E}{1+\nu}\left[\varepsilon_x + \frac{\nu}{1-2\nu}\left(\varepsilon_x + \varepsilon_y + \varepsilon_z\right)\right] - \frac{E}{1-2\nu}\alpha\,\Delta T,$$

$$\sigma_y = \frac{E}{1+\nu}\left[\varepsilon_y + \frac{\nu}{1-2\nu}\left(\varepsilon_x + \varepsilon_y + \varepsilon_z\right)\right] - \frac{E}{1-2\nu}\alpha\,\Delta T,$$

$$\sigma_z = \frac{E}{1+\nu}\left[\varepsilon_z + \frac{\nu}{1-2\nu}\left(\varepsilon_x + \varepsilon_y + \varepsilon_z\right)\right] - \frac{E}{1-2\nu}\alpha\,\Delta T,$$

$$\tau_{xy} = G\,\gamma_{xy},\ \tau_{xz} = G\,\gamma_{xz}\ \text{und}\ \tau_{yz} = G\,\gamma_{yz}.$$

(14.7)

als Hooke'sches Gesetz zur Berechnung der Spannungen aus den Verzerrungen.

14.2 Hooke'sches Gesetz für den ebenen Spannungszustand

Die Gleichungen (14.6) und (14.7) gelten für allgemeine dreiachsige Spannungszustände. Für ebene Spannungszustände vereinfachen sich diese Gleichungen ein wenig.
Wir setzen σ_z, τ_{xz} und τ_{yz} gleich null und erhalten

$$\varepsilon_x = \frac{1}{E}\left(\sigma_x - \nu\sigma_y\right) + \alpha\,\Delta T,$$

$$\varepsilon_y = \frac{1}{E}\left(\sigma_y - \nu\sigma_x\right) + \alpha\,\Delta T,$$

$$\varepsilon_z = -\frac{\nu}{E}\left(\sigma_x + \sigma_y\right) + \alpha\,\Delta T,$$

$$\gamma_{xy} = \frac{\tau_{xy}}{G},\ \gamma_{xz} = 0\ \text{und}\ \gamma_{yz} = 0.$$

(14.8)

als Gleichungen zur Berechnung der Verzerrungen aus den Spannungen sowie

$$\sigma_x = \frac{E}{1-v^2}\left(\varepsilon_x + v\,\varepsilon_y\right) - \frac{E}{1-v}\,\alpha\,\Delta T,$$

$$\sigma_y = \frac{E}{1-v^2}\left(\varepsilon_y + v\,\varepsilon_x\right) - \frac{E}{1-v}\,\alpha\,\Delta T, \tag{14.9}$$

$$\text{und}\quad \tau_{xy} = G\,\gamma_{xy}$$

zur Berechnung der Spannungen aus den Verzerrungen.

14.3 Kleiner Exkurs: Spannungen mit Dehnungsmessstreifen bestimmen

Dehnungsmessstreifen (abgekürzt DMS) werden eingesetzt, um Spannungen an der Oberfläche von Bauteilen zu ermitteln. Ein DMS besteht aus einer Trägerfolie mit einem mäanderförmig verlaufenden dünnen Metalldraht. Zur Messung wird der DMS auf die Oberfläche des zu untersuchenden Bauteils geklebt. Wenn sich das Bauteil unter Belastung dehnt, dehnt sich auch der DMS, wodurch sich die Länge und der Querschnitt (durch die Querkontraktion) des Drahtes ändern. Dies bewirkt eine Änderung des elektrischen Widerstandes des DMS, die gemessen werden kann und ein Maß für die Dehnung des Bauteils ist. Aus den derart ermittelten Dehnungen werden dann mithilfe des Hooke'schen Gesetzes die Spannungen berechnet.

Übliche Bauformen von DMS sind einachsige DMS, mit denen die Dehnung in eine bestimmte Richtung gemessen werden kann (in Abbildung 14.4 (links) die horizontale Richtung), sowie DMS-Rosetten, die aus drei zueinander gedrehten einachsigen DMS bestehen. Dabei liegt üblicherweise ein Winkel von jeweils 45° zwischen den DMS. Mit einer DMS-Rosette lässt sich der gesamte Mohr'sche Verzerrungs- und Spannungskreis ermitteln, also die Hauptdehnungen und -spannungen sowie die Richtung des Hauptachsensystems. Im Folgenden wird gezeigt, wie das geht.

Die Ermittlung der Hauptdehnungen ist ein wenig verzwickt, denn mit einer DMS-Rosette werden *nicht* zwei Dehnungen und eine Gleitung gemessen, woraus sich wie in Kapitel 13 gezeigt unmittelbar der Mohr'sche Verzerrungskreis zeichnen ließe. Es sind stattdessen *drei Dehnungen*, die eine DMS-Rosette misst. Aber auch mit diesen lässt sich der Mohr'sche Verzerrungskreis ermitteln.

Entscheidend ist das Verständnis dafür, wie die drei Dehnungen im Mohr'schen Verzerrungskreis zueinander liegen. Da die Drehwinkel in Mohr'schen Kreisen stets doppelt so groß wie am Bauteil sind gilt:

- Die DMS a und c, die am Bauteil rechtwinklig zueinander orientiert sind, liegen sich im Mohr'schen Verzerrungskreis genau gegenüber. Der Mittelpunkt des Mohr'schen Verzerrungskreises entspricht dem Mittelwert von ε_a und ε_c.
- Der DMS b ist um jeweils 45° zu den DMS a und c gedreht, sodass der zu ε_b gehörende Punkt (b) des Mohr'schen Verzerrungskreises auf einem um 90° zur Linie (a)–(c) verlaufenden Kreisdurchmesser liegt.

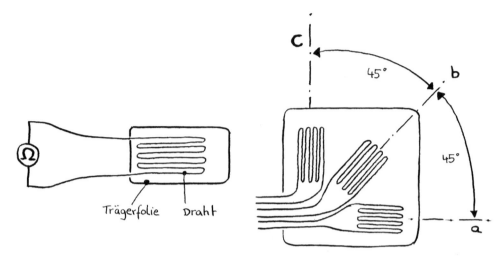

Abb. 14.4 Einachsiger DMS (links) und DMS-Rosette (rechts). Die Größe eines einachsigen DMS liegt typischerweise bei ungefähr einem Zentimeter. Der Schaltkreis zur Messung der Widerstandsänderung ist beim einachsigen DMS durch das Ohmmeter-Symbol angedeutet, die Verschaltung der DMS-Rosette ist der Übersichtlichkeit halber nicht angedeutet.

Abbildung 14.5 zeigt einen Mohr'schen Verzerrungskreis, in den die Punkte (*a*), (*b*) und (*c*) entsprechend dieser Zusammenhänge eingetragen sind. Hierin ist der Winkel zwischen der Ausrichtung der DMS-Rosette und dem Hauptachsensystem als α bezeichnet.

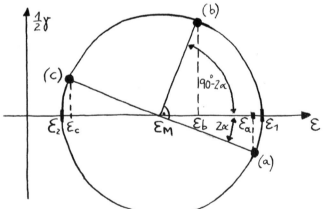

Abb. 14.5 Mohr'scher Verzerrungskreis für eine DMS-Rosette.

Der Rest ist Rechnerei. Wenn wir den Mittelpunkt des Mohr'schen Verzerrungskreises mit

$$\varepsilon_M = \frac{1}{2}\left(\varepsilon_1 + \varepsilon_2\right)$$

bezeichnen, gilt für den Punkt (*a*) der Zusammenhang

$$\cos 2\alpha = \frac{\varepsilon_a - \varepsilon_M}{\frac{1}{2}(\varepsilon_1 - \varepsilon_2)} \tag{14.10}$$

und für den Punkt (b)

$$\cos(90° - 2\alpha) = \sin 2\alpha = \frac{\varepsilon_b - \varepsilon_M}{\frac{1}{2}(\varepsilon_1 - \varepsilon_2)} \ . \tag{14.11}$$

Wir lösen die Gleichungen (14.10) und (14.11) nach $0{,}5\,(\varepsilon_1\text{-}\varepsilon_2)$ auf, setzen sie gleich und erhalten

$$\frac{\varepsilon_a - \varepsilon_M}{\cos 2\alpha} = \frac{\varepsilon_b - \varepsilon_M}{\sin 2\alpha} \tag{14.12}$$

$$\Rightarrow \quad \alpha = \frac{1}{2}\arctan\frac{\varepsilon_b - \varepsilon_M}{\varepsilon_a - \varepsilon_M} \ .$$

Den Radius des Mohr'schen Verzerrungskreises erhalten wir durch Auflösen von Gleichung (14.10) oder (14.11) nach $0{,}5\,(\varepsilon_1\text{-}\varepsilon_2)$. Die Hauptdehnungen ε_1 und ε_2 ergeben sich nun als Mittelpunkt $\pm$ Radius des Mohr'schen Verzerrungskreises,

$$\varepsilon_{1,2} = \varepsilon_M \pm \frac{\varepsilon_a - \varepsilon_M}{\cos 2\alpha} \ . \tag{14.13}$$

Auf die beiden Hauptdehnungen wenden wir nun das Hooke'sche Gesetz für den ebenen Verzerrungszustand an und erhalten die Hauptspannungen σ_1 und σ_2.

Beispiel 14.1: Mit einer DMS-Rosette werden an der Oberfläche eines Bauteils aus Stahl $(E = 205.000\,\text{N/mm}^2,\ \nu = 0{,}3)$ die folgenden drei Dehnungen gemessen: $\varepsilon_a = 0{,}8424\,‰$, $\varepsilon_b = 0{,}255\,‰$ und $\varepsilon_c = 0{,}0976\,‰$. Berechnen Sie Größe und Richtung der Hauptspannungen.

Aus $\varepsilon_a = 0{,}8424\,‰$ und $\varepsilon_b = 0{,}255\,‰$ folgt

$$\varepsilon_M = \frac{1}{2}(\varepsilon_a + \varepsilon_c) = \frac{1}{2}(0{,}8424\,‰ + 0{,}0976\,‰) = 0{,}47\,‰ \ .$$

Den Winkel zwischen der Ausrichtung der DMS-Rosette und dem Hauptachsensystem berechnen wir nun mit Gleichung (14.12) und erhalten

$$\alpha = \frac{1}{2}\arctan\frac{\varepsilon_b - \varepsilon_M}{\varepsilon_a - \varepsilon_M} = \frac{1}{2}\arctan\frac{0{,}255 - 0{,}47}{0{,}8424 - 0{,}47} = -15° \ .$$

Aus α folgen die Hauptdehnungen mit Gleichung (14.13) als

$$\varepsilon_1 = \varepsilon_M + \frac{\varepsilon_a - \varepsilon_M}{\cos 2\alpha} = 0{,}47\,‰ + \frac{0{,}8424\,‰ - 0{,}47\,‰}{\cos 30°} = 0{,}9\,‰$$

$$\text{und} \quad \varepsilon_2 = \varepsilon_M - \frac{\varepsilon_a - \varepsilon_M}{\cos 2\alpha} = 0{,}47\,‰ - \frac{0{,}8424\,‰ - 0{,}47\,‰}{\cos 30°} = 0{,}04\,‰ \ .$$

Zur Berechnung der Hauptspannungen setzen wir Gleichung (14.9), das Hooke'sche Gesetz für den ebenen Spannungszustand, an und erhalten

$$\sigma_1 = \frac{E}{1-v^2}\left(\varepsilon_1 + v\,\varepsilon_2\right) = \frac{205.000\,\dfrac{N}{mm^2}}{1-0,3^2}\left(9\cdot10^{-4} + 0,3\cdot4\cdot10^{-5}\right) = 205\,\frac{N}{mm^2}\,,$$

$$\text{sowie}\ \ \sigma_2 = \frac{E}{1-v^2}\left(\varepsilon_2 + v\,\varepsilon_1\right) = \frac{205.000\,\dfrac{N}{mm^2}}{1-0,3^2}\left(4\cdot10^{-5} + 0,3\cdot9\cdot10^{-4}\right) = 70\,\frac{N}{mm^2}\,.$$

14.4 Aufgaben

Aufgabe 14.1

Drei gleichgroße Würfel der Kantenlänge $a=10$ cm, von denen der erste aus Stahl ($E=205.000\,\text{N/mm}^2$, $v=0,3$), der zweite aus Aluminium ($E=70.000\,\text{N/mm}^2$, $v=0,3$) und der dritte aus PVC ($E=500\,\text{N/mm}^2$, $v=0,5$) besteht, fallen im Stillen Ozean auf den Meeresgrund. Dort herrscht in einer Tiefe von 10 km unter dem Meeresspiegel ein Wasserdruck von $100\,\text{N/mm}^2$.

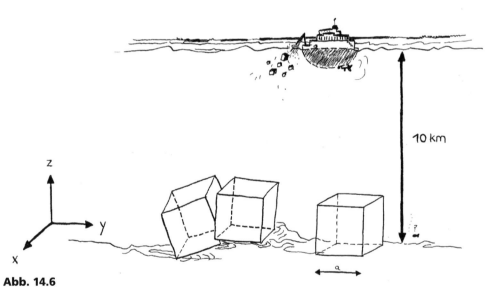

Abb. 14.6

a) Wie lautet der Spannungstensor?
b) Bestimmen Sie mithilfe des Hooke'schen Gesetzes den dazugehörigen Verzerrungstensor.
c) Welche Volumenänderungen erfahren die drei Würfel (in cm³)?
d) Welche Eigenschaft haben demnach Stoffe der Querkontraktionszahl $v=0,5$?

Aufgabe 14.2

Eine quadratische, dünne Stahlstange der Länge $l = 1$ m (Materialdaten: $E = 205.000$ N/mm^2, $v = 0{,}3$, $\alpha = 10^{-5}$ K^{-1}) wird bei der Montage zwischen zwei starre Betonwände montiert. Nach der Montage erwärmt sich die Stahlstange um $\Delta T = 40$ K.

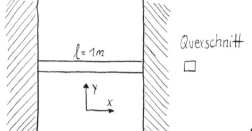

Abb. 14.7

a) Wie groß sind die Dehnung ε_x sowie sowie die Spannungen σ_y, σ_z und alle Schubspannungen im Stab? Begründen Sie Ihre Antworten.

b) Berechnen Sie mithilfe des Hooke'schen Gesetzes erst die Normalspannung σ_x und anschließend die Verzerrungen ε_y und ε_z und schließlich die Gleitungen ε_{ij}.

c) Wie lauten Spannungs- und Verzerrungstensor?

15 Zug- und Druckbeanspruchung

In den folgenden Kapiteln behandeln wir nacheinander die vier Grundbeanspruchungsarten eines Balkens – Zug/Druck, Biegung, Schub und Torsion. Im Mittelpunkt werden jeweils die Fragestellungen stehen, welche Spannungen im Balken herrschen und wie sich der Balken verformt. Beginnen wollen wir mit der einfachsten Beanspruchungsart, der Belastung gerader Balken durch zentrische Zug- oder Druckkräfte.

15.1 Spannungsverteilung

Die Spannungsberechnung eines zug- oder druckbelasteten Stabes folgt der bekannten Regel Kraft pro Fläche. Schneiden wir an einer beliebigen Stelle quer durch einen zug- bzw. druckbelasteten Stab, so erhalten wir ein Freikörperbild mit der im Schnittufer auftretenden Normalkraft $N(x)$ (Abb. 15.1, unten links) oder aber – anstelle der Normalkraft – mit der auf der Querschnittsfläche A wirkenden Spannung $\sigma(x)$. Hierbei ist, sofern der Freischnitt nicht sehr nah an Kraftangriffspunkten, Festhaltungen oder Kerbstellen durchgeführt wurde, die Spannung σ an jeder Stelle des Balkenquerschnitts gleich groß, und es gilt

$$\sigma(x) = \frac{N(x)}{A(x)} . \tag{15.1}$$

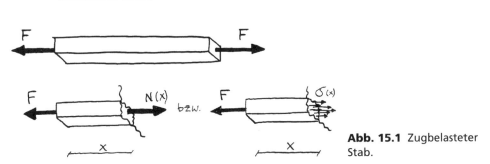

Abb. 15.1 Zugbelasteter Stab.

15.2 Verformungsberechnung

Ein zugbelasteter Stab längt sich, druckbelastete Stäbe werden gestaucht. Der Betrag dieser Verformungen ist für viele Anwendungen wichtig, z. B. für Fahrradspeichen, Gebäudestützen oder Schrauben. Aber auch bei Bungee-Seilen, die, da in ihnen ebenfalls nur Zugkräfte herrschen, aus mechanischer Sicht wie ein Zugstab behandelt werden können, ist die Verformung das entscheidende Auslegungskriterium, soll der Springer doch tunlichst vor Erreichen des Bodens sicher abgebremst werden.

Betrachten wir in einem Stab der Länge l zwei nah beieinander liegende Querschnitte; der Querschnitt 1 befinde sich an einer beliebigen Stelle x, der Querschnitt 2 ein klein wenig davon entfernt an der Stelle $x + \Delta x$ (Abb. 15.2). Unter Zugbelastung verschieben sich der Querschnitt 1 um die Strecke $u(x)$ und der Querschnitt 2 um die ein klein wenig größere Strecke $u(x) + \Delta u$ nach rechts. Die Verschiebung des Stabendes, $u(l)$, ist die gesuchte Stabverlängerung Δl.

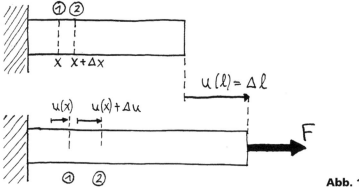

Abb. 15.2

Die Dehnung an der Stelle x, $\varepsilon(x)$, entspricht definitionsgemäß der Änderung des Abstandes zwischen den Querschnitten 1 und 2 bezogen auf ihren Ausgangsabstand,

$$\varepsilon(x) = \frac{\Delta u}{\Delta x} \,.$$

Wir formen nach Δu um und ersetzen $\varepsilon(x)$ zunächst mit dem Hooke'schen Gesetz durch die Spannung $\sigma(x)$ und diese dann weiter durch die Normalkraft $N(x)$. So erhalten wir

$$\Delta u = \varepsilon(x) \cdot \Delta x = \frac{\sigma(x)}{E} \Delta x = \frac{N(x)}{E\,A(x)} \Delta x. \tag{15.2}$$

Gleichung (15.2) beschreibt die Verlängerung eines kleinen Abschnitts der Länge Δx. Die gesamte Verlängerung des Stabes, Δl, entspricht der Summe aller einzelnen Verlängerungen,

$$\Delta l = \sum \Delta u = \sum \frac{N(x)}{E\,A(x)} \Delta x \,,$$

bzw. im Grenzübergang von endlich großen Δx hin zu infinitesimal kleinen Abschnitten dx

$$\Delta l = \int_0^l \frac{N(x)}{E\,A(x)}\,\mathrm{d}x.$$ (15.3)

Mit Gleichung (15.3) können wir die Verlängerung eines Zug- bzw. Druckstabes der Länge l berechnen, in dem die Querschnittsfläche $A(x)$ und der Normalkraftverlauf $N(x)$ entlang des Stabes veränderlich sind. In sehr vielen Fällen weist der betrachtete Stab aber einen konstanten Querschnitt A und einen ebenfalls konstanten Normalkraftverlauf N auf. Dann vereinfacht sich Gleichung (15.3) zu

$$\Delta l = \frac{N \cdot l}{E\,A}.$$ (15.4)

Mit Gleichung (15.4) ersparen wir uns die Integration. Sie lässt sich allerdings nur dann anwenden, wenn A und N konstant sind. Letzteres bedeutet, dass das Eigengewicht des Stabes vernachlässigt werden muss, denn andernfalls wäre $N(x)$ veränderlich.

Aus den Gleichungen (15.1) für die Spannungsberechnung und (15.3) bzw. (15.4) für die Verformungsberechnung lässt sich übrigens erkennen, welchem roten Faden sowohl Spannungs- als auch Verformungsberechnungen im Allgemeinen folgen. In die Gleichungen geht jeweils ein Schnittgrößenverlauf – hier $N(x)$ – ein. Deswegen sind in

- Schritt 1 zunächst die Lagerreaktionen zu berechnen, damit dann in
- Schritt 2 der Schnittgrößenverlauf $N(x)$ berechnet werden kann, aus dem schließlich in
- Schritt 3 der Spannungsverlauf $\sigma(x)$ bzw. die Stabverformung Δl berechnet werden kann.

Die Grundlage aller Rechnerei in diesem und den folgenden Kapiteln ist also die Berechnung von Lagerreaktionen und Schnittgrößen, und entsprechend sicher sollte dies alles sitzen. Und nun zu zwei Beispielen für die Berechnung von zug- oder druckbelasteten Stäben.

Beispiel 15.1: Zwei Personen mit jeweils 900 N Körpergewicht klettern in einer Turnhalle an einem Klettertau hinauf (Abb. 15.3). Zum betrachteten Zeitpunkt befinden sich die obere Person 3 m und die untere Person 5 m unterhalb der Tauaufhängung. Das Eigengewicht des Taus kann vernachlässigt werden. Behandeln Sie das Tau wie einen Zugstab mit der konstanten Querschnittsfläche $A = 600\,\mathrm{mm}^2$ und dem Elastizitätsmodul $E = 1.200\,\mathrm{N/mm}^2$. Berechnen Sie

a) die Spannungen im Tau und
b) die Verlängerung des Taus.

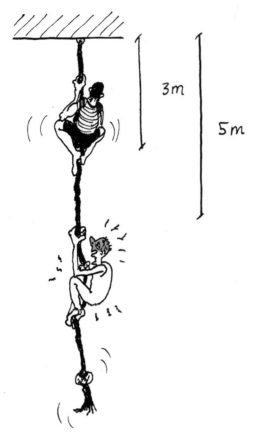

Abb. 15.3

Zunächst zur einzigen Schnittgröße, dem Normalkraftverlauf: Dieser beträgt, wie man auch ohne Freikörperbild und große Rechnerei leicht erkennt, oberhalb der oberen Person (Abschnitt I) $N_I = 1.800\,\text{N}$ und zwischen den beiden Personen (Abschnitt II) $N_{II} = 900\,\text{N}$.

Hieraus berechnen wir als Spannungen

$$\sigma_I = \frac{1.800\,\text{N}}{600\,\text{mm}^2} = 3\,\frac{\text{N}}{\text{mm}^2} \text{ und } \sigma_{II} = \frac{900\,\text{N}}{600\,\text{mm}^2} = 1,5\,\frac{\text{N}}{\text{mm}^2}\ .$$

Zur Berechnung der Tauverlängerung wenden wir, da innerhalb der Abschnitte I und II die Querschnittsfläche A und der Normalkraftverlauf $N(x)$ jeweils konstant sind, Gleichung (15.4) an und erhalten

$$\Delta l = \frac{N_I l_I}{E\,A} + \frac{N_{II} l_{II}}{E\,A} = \frac{1.800\,\text{N} \cdot 3\,\text{m} + 900\,\text{N} \cdot 2\,\text{m}}{1.200\,\dfrac{\text{N}}{\text{mm}^2}\,600\,\text{mm}^2} = 10\,\text{mm}\ .$$

Beispiel 15.2: Eine senkrechte, $l = 20$ m hohe Betonsäule (Querschnitt $A = 100.000$ mm^2, Elastizitätsmodul $E = 30.000$ N/mm^2, spezifisches Gewicht $\gamma = 27.000$ N/m^3) wird durch ihr Eigengewicht belastet (Abb. 15.4, links). Wie groß sind die Spannungen in der Säule und die Stauchung Δl der Säule?

Zunächst der Normalkraftverlauf: Wir schneiden an einer beliebigen Stelle z im Träger frei (Abb. 15.4, rechts) und erhalten

$$N(z) = -\gamma A (l - z) \, .$$

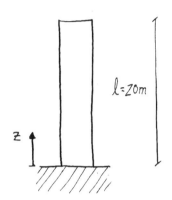
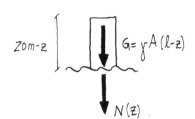

Abb. 15.4 Betonsäule unter Eigengewicht (links) und Freikörperbild zur Ermittlung des Normalkraftverlaufs (rechts).

Hieraus berechnen wir den Spannungsverlauf

$$\sigma(z) = \frac{N(z)}{A} = -\gamma (l - z) \, .$$

Die maximale Spannung tritt im Fußpunkt der Säule mit

$$\sigma_{max} = -\gamma \, l = -27.000 \, \frac{N}{m^3} \cdot 20 \text{ m} = -540.000 \, \frac{N}{m^2} = -0,54 \, \frac{N}{mm^2}$$

auf. Zur Berechnung der Stauchung müssen wir Gleichung (15.3) anwenden und integrieren, da die Normalkraft entlang der Säule veränderlich ist. Es ergibt sich

$$\Delta l = \int_{z=0}^{l} \frac{N(z)}{E \, A(z)} \, dz = \frac{1}{E} \int_{z=0}^{l} \left[-\gamma (l - z) \right] dz = \frac{1}{E} \left[\frac{1}{2} \gamma (l - z)^2 \right]_{0}^{l} = \frac{-\gamma \, l^2}{2E} = \ldots = -0,18 \text{ mm}$$

15.3 Tipps und Tricks

- Rechnen Sie nicht blindlings los, wenn die Verlängerung Δl eines Zug- oder Druckstabes zu bestimmen ist. Überprüfen Sie erst, ob Normalkraft, Querschnittsfläche und Elastizitätsmodul des Stabes veränderlich oder konstant sind. Sind alle drei Größen konstant, können Sie Gleichung (15.4) anwenden und sich die Integration ersparen.

15.4 Kleiner Exkurs: Kräfte in einer Schraubenverbindung

Schrauben begegnen uns allerorten; und in den meisten aus mechanischer Sicht kniff-ligen Fällen haben sie Zugkräfte zu übertragen. Auf die Frage, wie groß dabei die durch die äußere Belastung hervorgerufene Schraubenkraft ist, wird man intuitiv antworten, dass diese selbstverständlich der äußeren Belastung entspreche, bzw. bei mehreren Schrauben der äußeren Belastung geteilt durch die Anzahl der Schrauben. Doch mit dieser Antwort liegt man falsch, die tatsächliche Betriebskraft einer Schraube ist meist deutlich kleiner.

Nehmen wir als Beispiel die mit vier Schrauben verschraubte Flanschplatte eines Hakens, der eine Kraft der Größe F trage (Abb. 15.5). Die durch die äußere Kraft F be-wirkte Schraubenkraft F_{SA} beträgt nicht etwa $F/4$, sie ist vielmehr deutlich kleiner und wird in den meisten Fällen bei weniger als einem Drittel dieses Wertes liegen. Wie groß die Schraubenkraft F_{SA} im konkreten Fall nun tatsächlich ist, ist eine Frage der Mecha-nik von zug- und druckbelasteten Stäben, der wir uns nun widmen werden.

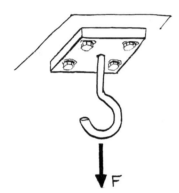

Abb. 15.5

Des Pudels Kern ist letztlich, dass eine Schraubenverbindung zuerst kräftig angezogen wird, wodurch die verspannten Platten gegeneinander gepresst werden. Wirkt dann auf die Schraube die Betriebslast F_A, so wird diese nicht allein durch die Schraubenkraft F_{SA} aufgefangen. Zwar wird F_{SA} zunehmen, aber gleichzeitig wird auch die Flächenpres-sung zwischen den verspannten Platten abnehmen. Und je stärker die Flächenpressung abnimmt, desto weniger Kraft muss von der Schraube aufgenommen werden.

Die entsprechenden Freikörperbilder (Abb. 15.6) illustrieren diesen Zusammen-hang. Abbildung 15.6 zeigt oben schematisch eine mit einer Betriebslast F_A belastete Schraubenverbindung. Nehmen wir die Spannungen in der Schraube und den ver-spannten Platten einmal genauer unter die Lupe und zeichnen die Freikörperbilder, die sich bei einem Freischnitt durch die verspannten Platten ergeben.

Als Erstes, noch bevor die Betriebslast F_A angreift, wird die Schraube fest angezogen. Hierdurch entstehen Zugspannungen in der Schraube und Druckspannungen in den gegeneinander gepressten Platten (Abb. 15.6 Mitte). Da noch keine äußere Kraft wirkt, stehen diese Kräfte miteinander im Gleichgewicht und die Zugkraft in der Schraube (die so genannte Vorspannkraft F_V) ist genau so groß wie die Druckkraft in den Platten (Die *Spannungen* in Schraube und Platten sind natürlich unterschiedlich groß, da sich die Querschnittsflächen unterscheiden.).

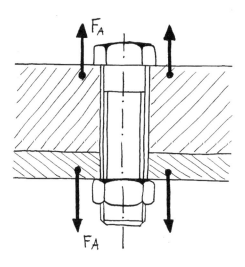

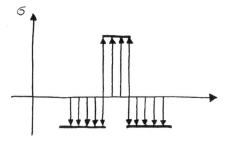

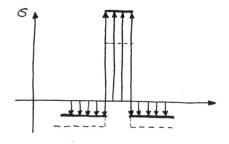

Abb. 15.6 Schematisch dargestellte Schrauben-verbindung (oben) und die Freikörperbilder nach dem Anziehen der Schraube (Mitte) und dem Aufbringen der Betriebslast F_A (unten).

Greift nun die Betriebslast F_A an, so erhöhen sich die Zugspannungen in der Schraube, und es vermindern sich die Druckspannungen in den verspannten Platten (Abb. 15.6, unten). F_A steht mit diesen beiden Spannungsänderungen im Gleichgewicht, es gilt also

$$F_A = F_{SA} + F_{PA} \, , \tag{15.5}$$

wobei F_{SA} der von der Schraube und F_{PA} der von der Platte zu tragende Anteil der Betriebslast sind.

Gemäß Gleichung (15.5) fällt der Anstieg der Schraubenkraft umso geringer aus, je größer der Abfall der Plattenkraft ist. Wie lässt sich das quantitativ beschreiben? Nun, die Verlängerungen von Schraube und Platten sind stets gleich groß,

$$\Delta l_{\text{Schraube}} = \Delta l_{\text{Platte}} \, . \tag{15.6}$$

Betrachten wir der Einfachheit halber Schraube und Platten als Zug- bzw. Druckstäbe der jeweils konstanten Querschnittsflächen A_S und A_P. Aus den Gleichungen (15.4) und (15.6) folgt

$$\frac{F_{SA} l_K}{E_S A_S} = \frac{F_{PA} l_K}{E_P A_P} \, . \tag{15.7}$$

Hierin sind l_K die Klemmlänge der Schraubenverbindung, E_S und E_P die Elastizitätsmoduln und A_S und A_P die (wirksamen) Querschnittsflächen von jeweils Schraube und Platten.

Mit Gleichung (15.5) lässt sich hierin F_{PA} eliminieren und wir erhalten

$$F_{SA} \left(\frac{1}{E_S A_S} + \frac{1}{E_P A_P} \right) = \frac{F_A}{E_P A_P} \, .$$

Die folgenden Gleichungen werden übersichtlicher, wenn wir gemäß

$$\delta_S = \frac{1}{E_S A_S} \text{ und } \delta_P = \frac{1}{E_P A_P} \tag{15.8}$$

die Nachgiebigkeiten von Schraube und Platten, δ_S und δ_P, einführen. Damit erhalten wir

$$F_{SA} = \frac{\delta_P}{\delta_S + \delta_P} F_A \text{ und } F_{PA} = \frac{\delta_S}{\delta_S + \delta_P} F_A \, . \tag{15.9}$$

Der Term $\delta_P/(\delta_S + \delta_P)$ wird als Kraftverhältnis Φ_K bezeichnet; er gibt an, welcher Anteil der Betriebslast letztlich von der Schraube aufgenommen wird.

Die Kräfteverhältnisse in einer Schraubenverbindung lassen sich im so genannten Verspannungsdreieck sehr schön grafisch darstellen (Abb. 15.7). Eingezeichnet wird das Verspannungsdreieck in ein Diagramm mit der Schrauben- bzw. Plattenverlängerung als Abszisse („x-Achse") und der Kraft als Ordinate („y-Achse").

Das Zeichnen des Verspannungsdreiecks beginnen wir mit dem Anziehen der Schraube. Bei diesem verlängert sich die Schraube, während sich die Platte um den gleichen Betrag verkürzt. Nach Gleichung (15.4) entspricht die Schraubenverlängerung einer Geraden der positiven Steigung

$$\frac{\Delta F}{\Delta l} = \frac{E_S A_S}{l_K} = \frac{1}{\delta_S l_K}$$

und die Stauchung der Platte einer Geraden der negativen Steigung

$$-\frac{E_P A_P}{l_K} = -\frac{1}{\delta_P l_K} \, .$$

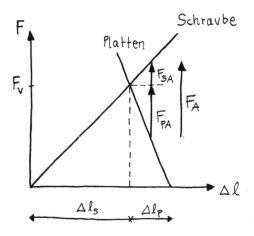

Abb. 15.7 Das Verspannungsdreieck.

Da ohne äußere Last die Beträge von Schrauben- und Plattenkraft gleich groß sind, kreuzen sich beide Geraden in eben dieser Kraft, der Vorspannkraft F_V. Auf der Abszisse können wir die sich beim Anziehen der Schraubenverbindung einstellende Verlängerung Δl_S der Schraube und die Stauchung Δl_P der Platten ablesen.

Die Betriebskraft F_A teilt sich nun in einen von der Schraube getragenen Anteil F_{SA} und einen von den Platten getragenen Anteil F_{PA} auf, wobei F_{SA} und F_{PA} nach Gleichung (15.9) von den Nachgiebigkeiten von Schraube und Platten abhängen. Gleichung (15.9) lässt sich grafisch leicht umsetzen (Abb. 15.7). Im Verspannungsdreieck passen wir den Kraftpfeil der Betriebskraft F_A zwischen die Schrauben- und die Plattengerade ein und teilen F_A sodann durch eine horizontale Linie auf Höhe von F_V in den Schraubenanteil F_{SA} und den Plattenanteil F_{PA} auf.

Beispiel 15.3: Die abgebildete Schraubenverbindung (Abb. 15.8) soll die Betriebskraft $F_A = 20\,\text{kN}$ übertragen. Betrachten Sie die Schraube als einen zylindrischen Stab des Durchmessers 16 mm und die Platten als Hohlzylinder mit dem Innendurchmesser

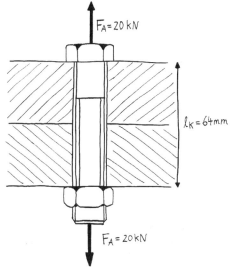

Abb. 15.8

18 mm und dem effektiven Außendurchmesser 32 mm. Schraube und Platten bestehen aus Stahl ($E = 205.000\,\text{N/mm}^2$). Berechnen Sie die auf die Schraube wirkende Kraft F_{SA} und zeichnen Sie für eine Vorspannkraft von $F_V = 35\,\text{kN}$ das Verspannungsdreieck.

Lösung: Die Nachgiebigkeiten von Schraube und Platten betragen

$$\delta_S = \frac{1}{E_S A_S} = \frac{1}{205.000\,\dfrac{\text{N}}{\text{mm}^2} \cdot \pi \cdot (8\,\text{mm})^2} = 2,43 \cdot 10^{-8}\,\text{N}^{-1} \quad \text{und}$$

$$\delta_P = \frac{1}{E_P A_P} = \frac{1}{205.000\,\dfrac{\text{N}}{\text{mm}^2} \cdot \pi \cdot \left[(16\,\text{mm})^2 - (9\,\text{mm})^2\right]} = 8,87 \cdot 10^{-9}\,\text{N}^{-1}.$$

Daraus ermitteln wir für F_{SA}

$$F_{SA} = \frac{\delta_P}{\delta_S + \delta_P} F_A = \frac{8,87 \cdot 10^{-9}}{8,87 \cdot 10^{-9} + 2,43 \cdot 10^{-8}} \cdot 20\,\text{kN} = 5,35\,\text{kN}.$$

Zum Zeichnen des Verspannungsdreiecks sind Δl_S und Δl_P zu ermitteln:

$$\Delta l_S = \frac{F_V l_K}{E_S A_S} = l_K \delta_S F_V = 64\,\text{mm} \cdot 2,43 \cdot 10^{-8}\,\text{N}^{-1} \cdot 35.000\,\text{N} = 54\,\mu\text{m} \quad \text{und}$$

$$\Delta l_P = \frac{F_V l_K}{E_P A_P} = l_K \delta_P F_V = 64\,\text{mm} \cdot 8,87 \cdot 10^{-9}\,\text{N}^{-1} \cdot 35.000\,\text{N} = 20\,\mu\text{m}.$$

Hieraus können wir nun das Verspannungsdreieck zeichnen (Abb. 15.9).

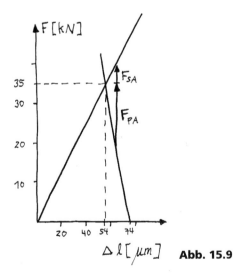

Abb. 15.9

Schlussbemerkung: Durch die Aufteilung der Betriebskraft in die Schrauben- und Plattenanteile F_{SA} und F_{PA} wird die Betriebsbeanspruchung der Schraube vermindert, was für die Schraube gut ist. Aber diese Kraftverminderung hat ihren Preis, denn sie funktioniert nur, solange sich die Platten unter Druckvorspannung befinden, und dafür muss die Schraube zusätzlich zur Betriebskraft F_A die Vorspannkraft F_V aushalten. Am Verspannungsdreieck kann man sich überzeugen, dass die gesamte Schraubenkraft, bestehend aus der Summe von F_{SA} und F_V, *größer* als die Betriebskraft ist. Macht das dann überhaupt noch Sinn?

Es macht. Der Grund hierfür ist, dass es sich bei der Vorspannkraft um eine statische, bei der Betriebskraft aber in der Regel um eine dynamische Beanspruchung handelt. Schrauben halten statische Lasten sehr viel besser aus als dynamische Lasten. Und so „erkauft" sich die Schraube durch den verkraftbaren Nachteil der insgesamt höheren statischen Beanspruchung eine geringere dynamische Beanspruchung mit entsprechend besserer Dauerhaltbarkeit.

15.5 Aufgaben

Aufgabe 15.1

Ein Bergsteiger wird an einem 300 m langen Seil in die Tiefe abgeseilt. Die Gewichtskraft des Bergsteigers betrage 800 N. Das Seil habe ein spezifisches Gewicht von $\gamma = 0{,}7\,\text{N/m}$ (Kraft pro Seillänge). Zur Ermittlung der Strukturstiefigkeit $E \cdot A$ wurde zuvor im Labor ein Zugversuch durchgeführt. Bei einer Belastung von 1.000 N dehnt sich das Seil um 2 %.

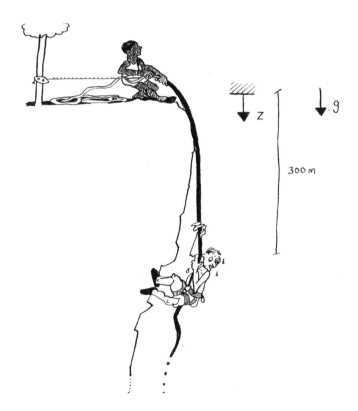

Abb. 15.10

a) Bestimmen Sie den Verlauf der Normalkraft N(z) im Seil.
b) Bestimmen Sie aus dem Ergebnis des Laborversuchs die Struktursteifigkeit EA des Seils.
c) Bestimmen Sie Längenänderung des den Bergsteiger haltenden Seils.

Aufgabe 15.2

Die Cheops-Pyramide in Gizeh ist mit einer Höhe von 145 m und einer quadratischen Grundfläche der Abmessungen 229 m × 229 m die höchste Pyramide der Welt. Betrachten Sie die Pyramide in dieser Aufgabe bitte grob vereinfachend als einen homogenen Druckstab mit veränderlichem Querschnitt, der durch sein Eigengewicht belastet wird.

Materialparameter: Elastizitätsmodul $E = 20.000\,\text{N/mm}^2$,
spezifisches Gewicht $\gamma = 22.000\,\text{N/m}^3$.

Abb. 15.11

a) Berechnen Sie den Verlauf der Normalkraft $N(z)$ in der Pyramide.
b) Berechnen Sie den Verlauf der durch das Eigengewicht der Pyramide verursachten Normalspannung $\sigma(z)$ in der Pyramide. An welcher Stelle ist $\sigma(z)$ maximal? Wie groß ist der Maximalwert?
c) Um wie viele Millimeter wird die Pyramide allein durch die von ihrem Eigengewicht bewirkte Normalspannung gestaucht?

Zwei Hinweise:

- Beachten Sie, dass die Koordinate z ihren Ursprung in der Spitze der Pyramide hat.
- Die Berechnungsformel für das Volumen V einer Pyramide lautet

$$V = \frac{1}{3}\cdot\text{Höhe}\cdot\text{Grundfläche}\,.$$

Aufgabe 15.3

Eine Zugprobe bestehe aus einem zylindrischen Kern aus Stahl des Durchmessers 10 mm und einer 1 mm starken Beschichtung aus Emaille. Die Länge der Probe betrage 100 mm.

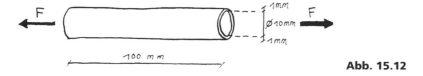

Abb. 15.12

Berechnen Sie

a) die Spannungen in Stahlkern und Emailleschicht sowie
b) die Verformung Δl der Probe,

wenn die Zugkraft auf die Probe $F = 15$ kN beträgt.

Materialparameter: $E_{\text{Stahl}} = 205.000 \,\text{N/mm}^2$,
$E_{\text{Emaille}} = 70.000 \,\text{N/mm}^2$.

Aufgabe 15.4

Wir betrachten erneut das Beispiel der Schraubenverbindung von Abschnitt 15.4. Die verspannten Platten sollen nun aber nicht aus Stahl, sondern aus einer Aluminiumlegierung mit dem Elastizitätsmodul $E_P = 70.000 \,\text{N/mm}^2$ bestehen. Abmessungen und äußere Kraft bleiben gleich.

a) Berechnen Sie die auf die Schraube wirkende Kraft F_{SA}.
b) Zeichnen Sie für eine Vorspannkraft von $F_V = 35$ kN das Verspannungsdreieck.

16 Biegung

Unter Biegebeanspruchung biegt sich ein Balken durch, und es entstehen Spannungen in Balkenrichtung. Betrachten wir exemplarisch den in Abbildung 16.1 skizzierten Balken: An seiner Oberkante herrschen Druckspannungen, da sich hier die Fasern des Balkens verkürzen, und an seiner Unterkante verlängern sich die Fasern des Balkens, sodass dort Zugspannungen herrschen. Irgendwo dazwischen gibt es eine Faser, die ihre Länge nicht ändert. Man bezeichnet sie als neutrale Faser. Diese ist, weil ohne Dehnung, spannungsfrei.

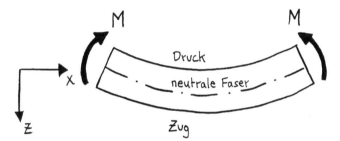

Abb. 16.1 Ein Balken unter Biegebeanspruchung.

Wir werden uns in diesem Kapitel näher mit den Gesetzmäßigkeiten von Biegespannungen und Durchbiegung befassen. Dabei gehen wir von der Bernoulli'schen Annahme aus, dass die Querschnittsflächen eines biegebeanspruchten Trägers eben bleiben und senkrecht zur neutralen Faser stehen.

Es ist üblich, für die Berechnung von Biegeträgern ein Koordinatensystem mit in Balkenrichtung weisender x-Achse, nach unten weisender z-Achse und aus der Zeichenebene nach vorne weisender y-Achse zu verwenden.

16.1 Spannungsverteilung

Wie sieht nun die Spannungsverteilung im Balkenquerschnitt genau aus? Betrachten wir hierzu zwei nah beieinander liegende Querschnitte eines Biegebalkens.

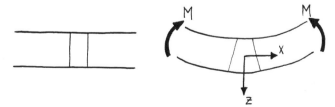

Abb. 16.2 Zur Herleitung der Spannungsverteilung.

Im unbelasteten Zustand (Abb. 16.2, links) sind beide Querschnitte parallel. Unter Biegebeanspruchung (Abb. 16.2, rechts) nähern sich die Querschnitte an der Druckseite aneinander an, während sie sich auf der Zugseite voneinander entfernen. Da jeder Querschnitt gerade bleibt, ändert sich der Abstand der Querschnitte linear mit der Balkenhöhe z. Wenn wir den Koordinatenursprung in die spannungsfreie neutrale Faser legen, liegt eine Spannungsverteilung der Form

$$\sigma(z) = m \cdot z \tag{16.1}$$

Vor. In Gleichung (16.1) ist

$$m = \frac{\sigma_{\max}}{|z|_{\max}} \tag{16.2}$$

die Steigung der linearen Spannungsverteilung, wobei $\sigma_{\max}$ die maximale Biegespannung im Balkenquerschnitt und $|z|_{\max}$ der Randfaserabstand (der Abstand zwischen neutraler Faser und der von ihr am weitesten entfernten Faser) sind. Um Gleichung (16.1) sinnvoll anwenden zu können, müssen wir wissen, (i) wo die neutrale Faser liegt und (ii) wie groß die maximale Biegespannung $\sigma_{\max}$ ist.

Schneiden wir hierzu einen Biegebalken frei, und tragen wir im Schnittufer die auftretenden Biegespannungen ein (Abb. 16.3).

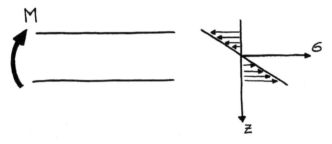

Abb. 16.3 Spannungsverteilung in einem Biegebalken.

Das Kräftegleichgewicht in x-Richtung ergibt

$$\rightarrow \sum F_{ix} = \int_{(A)} \sigma(z)\,\mathrm{d}A = \int_{(A)} m \cdot z\,\mathrm{d}A = m \int_{(A)} z\,\mathrm{d}A = 0,$$

woraus, da die Steigung m der Spannungsverteilung ungleich null ist,

$$\int_{(A)} z\,\mathrm{d}A = 0 \tag{16.3}$$

folgt. Erinnern Sie sich an dieses Integral? Es kam schon beim Flächenschwerpunkt vor. Nehmen wir also die Bestimmungsgleichung für den Flächenschwerpunkt –Gleichung (8.3) – noch einmal zur Hand und setzen wir Gleichung (16.3) dort ein. Es ergibt sich

$$z_S = \frac{1}{A} \int_{(A)} z\,\mathrm{d}A = \frac{1}{A} \cdot 0 = 0. \tag{16.4}$$

Das besagt, dass der Schwerpunkt des Balkenquerschnitts genau im von uns gewählten Koordinatenursprung liegt. Und da wir diesen in die neutrale Faser gelegt haben, gilt:

> Die neutrale Faser der Biegung liegt im Schwerpunkt des Balkenquerschnitts.

Und nun zur maximalen Spannung: Das Momentengleichgewicht zu Abbildung 16.3 lautet

$$\circlearrowright \sum M_i^{(\text{Schnittufer})} = M - \int_{(A)} \sigma(z) \cdot z \, dA = 0$$

$$\Rightarrow M = \int_{(A)} m \, z^2 \, dA = \frac{\sigma_{max}}{|z|_{max}} \int_{(A)} z^2 \, dA. \tag{16.5}$$

Hierin bezeichnet man das Flächenintegral von z^2 als axiales Flächenträgheitsmoment – oft auch einfach nur als Flächenträgheitsmoment – I_y. Für das axiale Flächenträgheitsmoment für Biegung um die z-Achse, I_z, sowie das so genannte Deviationsmoment I_{yz} gelten nach analoger Herleitung ähnliche Zusammenhänge:

$$\begin{aligned} I_y &= \int_{(A)} z^2 \, dA, \\ I_z &= \int_{(A)} y^2 \, dA, \\ I_{yz} &= \int_{(A)} y \, z \, dA. \end{aligned} \tag{16.6}$$

Axiale Flächenträgheitsmomente haben Einheiten von Länge hoch 4, üblicherweise mm^4 oder cm^4. Für einfache Querschnittsgeometrien (Rechteck, Kreis) gibt es handliche Formeln zur Bestimmung von I_y (siehe Abschnitt 16.2); bei komplizierteren Geometrien helfen Tabellenbücher oder der Satz von Steiner (siehe Abschnitt 16.3) weiter.

Aus den Gleichungen (16.1), (16.2) und (16.6) erhalten wir die Spannungsverteilung an einer beliebigen Stelle des Balkenquerschnitts als

$$\sigma(z) = \frac{M(x)}{I_y} z. \tag{16.7}$$

und daraus weiter die maximale Spannung als

$$\sigma_{max} = \frac{M(x) |z|_{max}}{I_y}. \tag{16.8}$$

Es ist üblich, die maximale Biegespannung über das so genannte Widerstandmoment W auszudrücken. Dieses ist definiert als

$$W = \frac{I_y}{|z|_{max}}, \tag{16.9}$$

sodass sich Gleichung (16.8) zu

$$\sigma_{max} = \frac{M(x)}{W}$$

(16.10)

vereinfacht.

16.2 Das axiale Flächenträgheitsmoment

Bei der Berechnung des Flächenträgheitsmomentes müssen wir wie schon im Kapitel 8 (Schwerpunkt) über eine Fläche integrieren. Wieder besteht die Kunst darin, das kleine Flächenelement dA lückenlos den Querschnitt bestreichen zu lassen und dabei den Integranden – hier die Funktion z^2 – aufzusummieren.

Beispiel 16.1, Rechteckquerschnitt: Betrachten wir ein Rechteck der Breite b und Höhe h (Abb. 16.4). Das Flächenelement dA lassen wir derart das Rechteck bestreichen, dass es zunächst zeilenweise entlang der y-Achse vom linken bis zum rechten Rand des Rechtecks wandert (inneres Integral) und anschließend entlang der z-Achse alle Zeilen vom unteren bis zum oberen Rand aufsummiert werden (äußeres Integral).

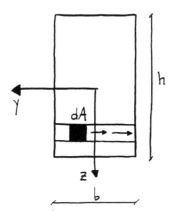

Abb. 16.4 Zur Berechnung des axialen Flächenträgheits-momentes eines Rechteckquerschnitts.

So erhalten wir

$$I_y = \int_{(A)} z^2 \, dA = \int_{z=-\frac{h}{2}}^{\frac{h}{2}} \left(\int_{y=-\frac{b}{2}}^{\frac{b}{2}} z^2 \, dy \right) dz = \int_{z=-\frac{h}{2}}^{\frac{h}{2}} b \, z^2 \, dz = \frac{1}{3} \left[b \, z^3 \right]_{-\frac{h}{2}}^{\frac{h}{2}} = \frac{b \, h^3}{12} \, .$$

(16.11)

Beispiel 16.2, Kreisquerschnitt: Wir integrieren in Polarkoordinaten, indem wir dA zunächst entlang eines Ringes von $\varphi = 0$ bis 2π wandern lassen und dann alle Kreisringe von ganz innen ($r = 0$) bis ganz außen ($r = R$) aufintegrieren (Abb. 16.5).

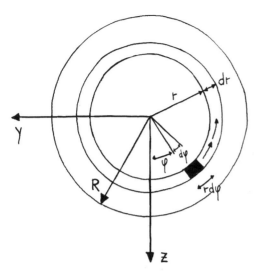

Abb. 16.5 Zur Berechnung des axialen Flächenträgheitsmomentes eines Kreisquerschnitts.

Es ergibt sich

$$
\begin{aligned}
I_y &= \int\limits_{(A)} z^2 \, \mathrm{d}A = \int\limits_{r=0}^{R} \left(\int\limits_{\varphi=0}^{2\pi} \left(r \sin \varphi \right)^2 r \, \mathrm{d}\varphi \right) \mathrm{d}r \\
&= \int\limits_{r=0}^{R} r^3 \left[\frac{1}{2} \left(\varphi - \sin \varphi \cos \varphi \right) \right]_0^{2\pi} \mathrm{d}r = \int\limits_{r=0}^{R} r^3 \pi \, \mathrm{d}r = \frac{\pi}{4} R^4.
\end{aligned}
\tag{16.12}
$$

In Tabelle 16.1 sind diese und einige weitere wichtige Flächenträgheits- und Widerstandsmomente aufgelistet.

Tab. 16.1 Flächenträgheitsmomente.

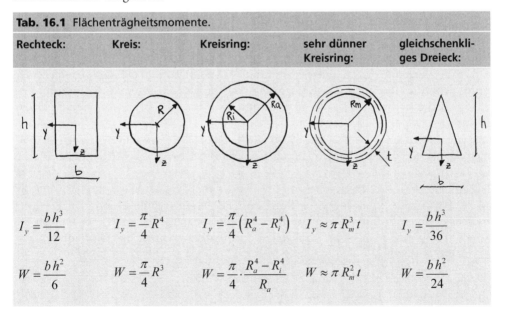

Rechteck:	Kreis:	Kreisring:	sehr dünner Kreisring:	gleichschenkliges Dreieck:
$I_y = \dfrac{b\,h^3}{12}$	$I_y = \dfrac{\pi}{4} R^4$	$I_y = \dfrac{\pi}{4}\left(R_a^4 - R_i^4\right)$	$I_y \approx \pi R_m^3 t$	$I_y = \dfrac{b\,h^3}{36}$
$W = \dfrac{b\,h^2}{6}$	$W = \dfrac{\pi}{4} R^3$	$W = \dfrac{\pi}{4} \cdot \dfrac{R_a^4 - R_i^4}{R_a}$	$W \approx \pi R_m^2 t$	$W = \dfrac{b\,h^2}{24}$

Beachten Sie, dass die in Tabelle 16.1 aufgeführten Gleichungen für I_y nur gelten, wenn die y-Achse (die neutrale Faser) im Schwerpunkt des Querschnitts liegt. Verschiebt oder dreht man das Koordinatensystem, so ändert sich das Flächenträgheitsmoment. Die entsprechenden Gesetzmäßigkeiten werden wir im Folgenden behandeln.

16.3 Zusammengesetzte Querschnitte, Satz von Steiner

Komplizierte Balkenquerschnitte kann man sich oft als aus mehreren geometrisch einfachen Querschnitten zusammengesetzt vorstellen. So besteht z. B. der in Abbildung 16.6 gezeigte Doppel-T-Träger aus drei Rechteckprofilen.

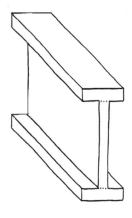

Abb. 16.6 Einen Doppel-T-Träger kann man als aus drei Rechteckquerschnitten zusammengesetzt ansehen.

Gerade so, wie sich die Flächeninhalte der drei Teilquerschnitte zum Flächeninhalt des Gesamtquerschnitts addieren, addieren sich auch die Flächenträgheitsmomente der Teilquerschnitte zum Flächenträgheitsmoment des Gesamtquerschnitts. Es gilt also

$$I_{y.\text{ges}} = \sum_i I_{y,\text{i}} \, . \tag{16.13}$$

Also ganz einfach für jeden Teilquerschnitt $bh^3/12$ ansetzen und aufsummieren? Leider nicht, denn die Gleichung $I_y = bh^3/12$ gilt nur, wenn der Schwerpunkt der betrachteten Fläche in der neutralen Faser liegt. Und dies ist beim oberen und unteren Teilquerschnitt des Doppel-T-Trägers erkennbar nicht der Fall. Bevor wir Gleichung (16.13) ansetzen, müssen wir also klären, wie groß das Flächenträgheitsmoment bezüglich einer parallel verschobenen, nicht durch den Flächenschwerpunkt verlaufenden Achse ist.

Betrachten wir hierfür eine beliebige Querschnittsfläche des Flächeninhalts A (Abb. 16.7). Ein y,z-Koordinatensystem liege im Flächenschwerpunkt und das Flächenträgheitsmoment I_y bezüglich dieses Koordinatensystems sei bekannt. Für ein um die Strecken $\bar{y}_s$ und $\bar{z}_s$ parallel verschobenes Koordinatensystem ist das Flächenträgheitsmoment I_y gesucht.

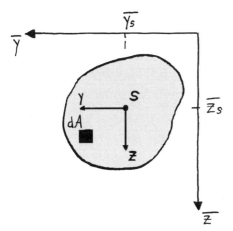

Abb. 16.7 Zur Herleitung des Satzes von Steiner.

Wir gehen von der Definition des axialen Flächenträgheitsmomentes,

$$I_{\bar{y}} = \int\limits_{(A)} \bar{z}^2 \mathrm{d}A \,,$$

aus. $\bar{z}_s$ lässt sich durch

$$\bar{z} = z + \bar{z}_S$$

ersetzen und wir erhalten

$$I_{\bar{y}} = \int\limits_{(A)} \left(z + \bar{z}_S \right)^2 \mathrm{d}A = \int\limits_{(A)} z^2 \mathrm{d}A + 2 \int\limits_{(A)} z \,\bar{z}_S \, \mathrm{d}A + \int\limits_{(A)} \bar{z}_S^2 \mathrm{d}A$$

$$= \int\limits_{(A)} z^2 \mathrm{d}A + 2 \bar{z}_S \int\limits_{(A)} z \,\mathrm{d}A + \bar{z}_S^2 \int\limits_{(A)} \mathrm{d}A \,.$$

Die drei Integrale auf der rechten Seite der Gleichung lassen sich wie folgt ersetzen:

- $\int\limits_{(A)} z^2 \mathrm{d}A = I_y$, denn so ist I_y definiert.

- $\int\limits_{(A)} z \,\mathrm{d}A = 0$, denn dieses Integral verschwindet für im Schwerpunkt liegende Koordinatensysteme, vgl. Gleichung (16.3), und schließlich

- $\int\limits_{(A)} \mathrm{d}A = A$.

Der gesuchte Zusammenhang lautet somit

$$\boxed{\begin{array}{l} I_{\bar{y}} = I_y + \bar{z}_S^2 A \\ \text{und für } I_{\bar{z}} \text{ entsprechend } I_{\bar{z}} = I_z + \bar{y}_S^2 A \,. \end{array}} \qquad (16.14)$$

Für die Deviationsmomente (vgl. Abschnitt 16.4) gilt

$$I_{\bar{y}\bar{z}} = I_{yz} - \bar{y}_S \bar{z}_S A \,.$$

Gleichung (16.14) wird als Satz von Steiner bezeichnet (nach Jacob Steiner, 1796–1863). Beachten Sie, dass die Steineranteile $\bar{z}_s^2 A$ und $\bar{y}_s^2 A$ der axialen Flächenträgheitsmomente immer positiv sind. Daher gilt, dass die axialen Flächenträgheitsmomente für durch den Schwerpunkt verlaufende Achsen am kleinsten sind.

Beispiel 16.3: Berechnen Sie das Flächenträgheitsmoment I_y des in Abbildung 16.8 dargestellten Querschnitts.

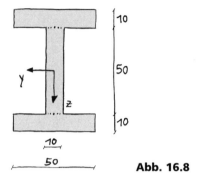

Abb. 16.8

Zunächst teilen wir den Flächenquerschnitt in drei Teilprofile ein (Teilprofil 1 oben, Teilprofil 2 in der Mitte und Teilprofil 3 unten). Die Flächenträgheitsmomente der drei Teilprofile um ihre jeweiligen Schwerpunkte berechnen sich nach der Merkregel $bh^3/12$ und betragen

$$I_{y1} = I_{y3} = \frac{(50\,\text{mm}) \cdot (10\,\text{mm})^3}{12} = 4.167\,\text{mm}^4 \quad \text{und}$$

$$I_{y2} = \frac{(10\,\text{mm}) \cdot (50\,\text{mm})^3}{12} = 104.167\,\text{mm}^4.$$

Die Steineranteile betragen für die Teilflächen 1 und 3 jeweils

$$\bar{z}_s^2 A = (30\,\text{mm})^2 \cdot 500\,\text{mm}^2 = 450.000\,\text{mm}^4.$$

Das Teilprofil 2 weist, da lokaler und globaler Schwerpunkt übereinstimmen, keinen Steineranteil auf.

Wir summieren alles auf und erhalten

$$I_{y.\text{ges}} = 2\left(4.167\,\text{mm}^4 + 450.000\,\text{mm}^4\right) + 104.167\,\text{mm}^4 = 1,01 \cdot 10^6\,\text{mm}^4.$$

Das ist rund 9-mal so viel wie die Summe der drei Flächenträgheitsmomente um ihre jeweiligen lokalen Schwerpunkte. Ein Doppel-T-Träger besitzt also – solange er nur um seine y-Achse gebogen wird – eine besonders biegesteife Geometrie.

Aber auch rein anschaulich lässt sich gut erklären, warum Doppel-T-Träger so biegesteif sind. Bei ihnen befindet sich besonders viel Material weit weg von der neutralen Faser, also genau da, wo sich anständige Biegespannungen bilden können, die dem angreifenden Biegemoment wirkungsvoll Paroli bieten.

16.4 Drehung des Koordinatensystems

Der Satz von Steiner beschreibt, wie sich die Flächenträgheitsmomente bei einer Parallelverschiebung des Koordinatensystems ändern. Wir betrachten nun eine Drehung des Koordinatensystems.

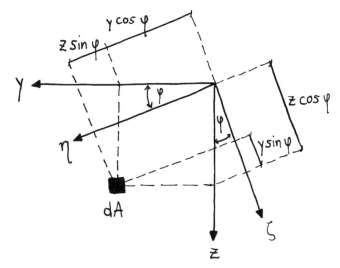

Abb. 16.9 Zur Drehung des Koordinatensystems.

Bezüglich des im Schwerpunkt liegenden y,z-Koordinatensystems seien die Flächenträgheitsmomente I_y, I_z und I_{yz} bekannt. Gesucht sind die Flächenträgheitsmomente I_η, I_ζ und $I_{\eta\zeta}$ bezüglich eines um den Winkel φ gedrehten η,ζ-Koordinatensystems.

Wie bei der Herleitung des Satzes von Steiner gehen wir von den Definitionen der Flächenträgheitsmomente,

$$I_\eta = \int\limits_{(A)} \zeta^2 \mathrm{d}A, \ I_\zeta = \int\limits_{(A)} \eta^2 \mathrm{d}A \ \text{und} \ I_{\eta\zeta} = \int\limits_{(A)} \eta\zeta \mathrm{d}A,$$

aus und ersetzen η und ζ durch

$$\eta = y\cos\varphi + z\sin\varphi \ \text{ und } \ \zeta = -y\sin\varphi + z\cos\varphi$$

(Abb. 16.9). Mit etwas Rechnerei erhalten wir

$$
\begin{aligned}
I_\eta &= \frac{1}{2}\left(I_y + I_z\right) + \frac{1}{2}\left(I_y - I_z\right)\cos 2\varphi + I_{yz}\sin 2\varphi, \\[2mm]
I_\zeta &= \frac{1}{2}\left(I_y + I_z\right) - \frac{1}{2}\left(I_y - I_z\right)\cos 2\varphi - I_{yz}\sin 2\varphi \\[2mm]
&\text{und } I_{\eta\zeta} = -\frac{1}{2}\left(I_y - I_z\right)\sin 2\varphi + I_{yz}\cos 2\varphi.
\end{aligned}
$$

(16.15)

Diese Gleichungen hatten wir schon in ganz ähnlicher Form bei den Mohr'schen Spannungs- und Verzerrungskreisen. In der Tat ist es so, dass die Flächenträgheitsmomente und die Komponenten des Spannungstensors in gleicher Weise auf eine Drehung des Koordinatensystems reagieren. Dementsprechend kann das Prinzip des Mohr'schen Kreises auch für Flächenträgheitsmomente angewendet werden – man spricht dann vom Mohr'schen Trägheitskreis –, wobei dann die axialen Flächenträgheitsmomente die Rolle der Normalspannungen und die Deviationsmomente die Rolle der Schubspannungen übernehmen.

Als Hauptträgheitsmomente bezeichnet man in Analogie zu den Hauptspannungen des Spannungstensors die axialen Flächenträgheitsmomente desjenigen Koordinatensystems, in dem die Deviationsmomente verschwinden. Besitzt ein Flächenquerschnitt eine Symmetrieachse, so bilden die Symmetrieachse sowie die dazu rechtwinklige Achse ein Hauptachsensystem dieser Fläche.

16.5 Berechnung der Durchbiegung

Die Berechnung der Durchbiegung fußt auf der Differentialgleichung der Biegelinie

$$w''(x) = -\frac{M(x)}{E\,I_y}\,, \tag{16.16}$$

die wir hier zwar nicht herleiten, aber doch plausibel machen wollen. $w(x)$ ist die Durchbiegung eines Balkens (etwa in Millimetern), und so entsprechen die 1. Ableitung $w'(x)$ der Neigung und die 2. Ableitung $w''(x)$ der Krümmung des Balkens. Aus der Anschauung ist klar, dass sich ein Balken besonders stark krümmt, wenn

- die Beanspruchung $M(x)$ groß ist,
- der Werkstoff weich ist (kleiner Elastizitätsmodul E) und
- die Geometrie des Balkenquerschnitts schwach ist (kleines Flächenträgheitsmoment I_y).

Und genau das besagt Gleichung (16.16).

Um aus Gleichung (16.16) die Durchbiegung zu ermitteln, ist sie zweimal unbestimmt zu integrieren. Dabei ist es entscheidend, die Integrationskonstanten richtig an die Randbedingungen anzupassen. Wie das geschieht, sehen wir am besten an einem Beispiel.

Beispiel 16.4: Ein Kragträger der Länge l wird an seinem freien Ende durch die Kraft F belastet (Abb. 16.10). Das Flächenträgheitsmoment I_y des Balkenquerschnitts und der Elastizitätsmodul E des Werkstoffs seien bekannt. Wie lauten

a) die Biegelinie $w(x)$ und
b) die maximale Durchbiegung w_{max}?

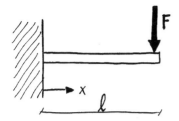

Abb. 16.10 Beispiel zur Berechnung der Durchbiegung.

Zuerst berechnen wir $M(x)$ und erhalten $M(x)=-F(l-x)$. Wir setzen dies in die Differentialgleichung der Biegelinie ein und erhalten

$$w''(x) = \frac{F}{E\,I_y}(l-x)\quad.$$

Wir integrieren einmal,

$$w'(x) = \int w''(x)\,\mathrm{d}x = \frac{F}{E\,I_y}\int (l-x)\,\mathrm{d}x = \frac{F}{E\,I_y}\left(-\frac{1}{2}x^2 + l\,x + C_1\right),$$

und ein weiteres Mal, und erhalten so für die Durchbiegung

$$w(x) = \int w'(x)\,\mathrm{d}x = \frac{F}{E\,I_y}\left(-\frac{1}{6}x^3 + \frac{1}{2}l\,x^2 + C_1 x + C_2\right).$$

Dies ist eine Gleichung mit zwei unbekannten Konstanten C_1 und C_2. Als Lösung kann sie nur dann richtig sein, wenn C_1 und C_2 auch tatsächlich zur betrachteten Struktur, und hier insbesondere zu seiner Einspannung, passen. Die feste Einspannung bewirkt zweierlei:

- An ihr kann sich der Balken nicht absenken und
- der Balken ragt mit waagerechter Tangente aus der Wand.

Die Randbedingungen lauten folglich

$$w(0) = 0 \text{ und } w'(0)=0.$$

Wir setzen die Randbedingungen in die Gleichungen für $w(x)$ und $w'(x)$ ein und erhalten

$$w(0) = \frac{F}{E\,I_y}C_2 = 0 \Rightarrow C_2 = 0 \text{ sowie } w'(0) = \frac{F}{E\,I_y}C_1 = 0 \Rightarrow C_1 = 0.$$

Somit lautet die Gleichung der Biegelinie

$$w(x) = \frac{F}{E\,I_y}\left(-\frac{1}{6}x^3 + \frac{1}{2}l\,x^2\right).$$

Ihr Maximum nimmt $w(x)$ am freien Balkenende ($x=l$) ein mit

$$w_{\max} = w(l) = \frac{F\,l^3}{3\,E\,I_y}\quad.$$

Für einige gängige Biegefälle sind die Ergebnisse für $w(x)$ und w_{max} in Tabelle 16.2 aufgeführt, was uns für diese das Lösen der Differentialgleichung der Biegelinie erspart.

Tab. 16.2 Biegelinien einiger statisch bestimmt gelagerter Träger.

Belastungsfall	$w(x)$ und w_{max}
1	$0 \leq x \leq \dfrac{l}{2}$: $w(x) = \dfrac{Fl^3}{48EI_y}\left[3\dfrac{x}{l} - 4\left(\dfrac{x}{l}\right)^3\right]$, $w_{max} = \dfrac{Fl^3}{48EI_y}$
2	$w(x) = \dfrac{q_0 l^4}{24EI_y}\left[\dfrac{x}{l} - 2\left(\dfrac{x}{l}\right)^3 + \left(\dfrac{x}{l}\right)^4\right]$, $w_{max} = \dfrac{5}{384}\dfrac{q_0 l^4}{EI_y}$
3	$w(x) = \dfrac{q_{max} l^4}{360 EI_y}\left[7\dfrac{x}{l} - 10\left(\dfrac{x}{l}\right)^3 + 3\left(\dfrac{x}{l}\right)^5\right]$, $w_{max} = \dfrac{q_{max} l^4}{153{,}3\, EI_y}$
4	$w(x) = \dfrac{Fl^3}{6EI_y}\left[2 - 3\dfrac{x}{l} + \left(\dfrac{x}{l}\right)^3\right]$, $w_{max} = \dfrac{Fl^3}{3EI_y}$
5	$w(x) = \dfrac{Ml^2}{2EI_y}\left[1 - 2\dfrac{x}{l} + \left(\dfrac{x}{l}\right)^2\right]$, $w_{max} = \dfrac{Ml^2}{EI_y}$

Tab. 16.2 Biegelinien einiger statisch bestimmt gelagerter Träger. (Fortsetzung)

	Belastungsfall	$w(x)$ und w_{max}

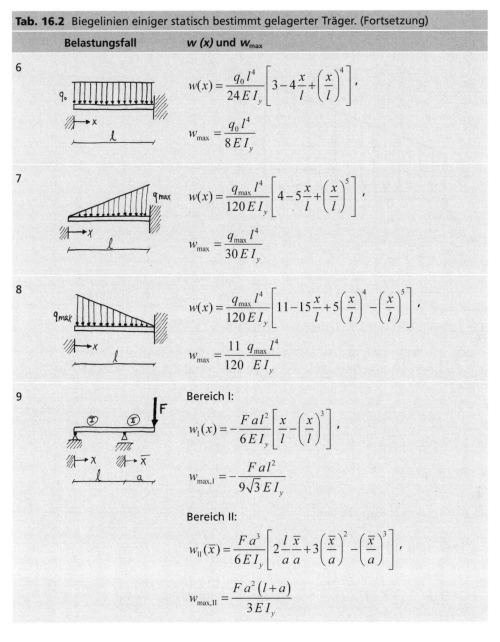

6

$$w(x) = \frac{q_0 l^4}{24 E I_y}\left[3 - 4\frac{x}{l} + \left(\frac{x}{l}\right)^4\right],$$

$$w_{max} = \frac{q_0 l^4}{8 E I_y}$$

7

$$w(x) = \frac{q_{max} l^4}{120 E I_y}\left[4 - 5\frac{x}{l} + \left(\frac{x}{l}\right)^5\right],$$

$$w_{max} = \frac{q_{max} l^4}{30 E I_y}$$

8

$$w(x) = \frac{q_{max} l^4}{120 E I_y}\left[11 - 15\frac{x}{l} + 5\left(\frac{x}{l}\right)^4 - \left(\frac{x}{l}\right)^5\right],$$

$$w_{max} = \frac{11}{120}\frac{q_{max} l^4}{E I_y}$$

9

Bereich I:

$$w_I(x) = -\frac{F a l^2}{6 E I_y}\left[\frac{x}{l} - \left(\frac{x}{l}\right)^3\right],$$

$$w_{max,I} = -\frac{F a l^2}{9\sqrt{3} E I_y}$$

Bereich II:

$$w_{II}(\bar{x}) = \frac{F a^3}{6 E I_y}\left[2\frac{l}{a}\frac{\bar{x}}{a} + 3\left(\frac{\bar{x}}{a}\right)^2 - \left(\frac{\bar{x}}{a}\right)^3\right],$$

$$w_{max,II} = \frac{F a^2 (l + a)}{3 E I_y}$$

Die Tabelle 16.2 hilft uns auch weiter, wenn der betrachtete Lastfall eine Überlagerung zweier in der Tabelle aufgeführter Lastfälle ist. Die Ergebnisse für $M(x)$ und $w(x)$ ergeben sich dann als Überlagerung der Einzelergebnisse. Für w_{max} können die in Tabelle 16.1 aufgeführten Einzelergebnisse allerdings nur dann addiert werden, wenn sie an der gleichen Stelle im Balken auftreten. Hierzu ein Beispiel.

Beispiel 16.5: Ein Träger mit gegebener Länge l und Biegesteifigkeit EI wird wie skizziert durch eine trapezförmige Streckenlast $q(x)$ belastet. Gesucht sind $w(x)$, w_{max} sowie diejenige Stelle x_0, an der w_{max} auftritt.

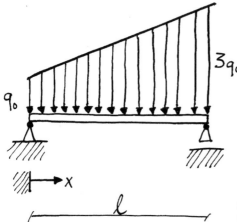

Abb. 16.11 Beispiel für die Überlagerung zweier Biegelinien aus Tabelle 16.2.

Wir zerlegen $q(x)$ in zwei elementare Lastfälle aus Tabelle 16.2,

- eine konstante Streckenlast der Größe q_0 (Lastfall 2 in Tabelle 16.2) und
- eine dreieckförmige Streckenlast des Maximalwertes $q_{max} = 2\,q_0$ (Lastfall 3 in Tabelle 16.2).

Wir entnehmen der Tabelle 16.2 die jeweiligen Ergebnisse für $w(x)$ und überlagern diese zu

$$w(x) = \frac{q_0 l^4}{24 E I_y}\left[\frac{x}{l} - 2\left(\frac{x}{l}\right)^3 + \left(\frac{x}{l}\right)^4\right] + \frac{2 q_0 l^4}{360 E I_y}\left[7\frac{x}{l} - 10\left(\frac{x}{l}\right)^3 + 3\left(\frac{x}{l}\right)^5\right]$$

$$\Rightarrow w(x) = \frac{q_0 l^4}{360 E I_y}\left[29\frac{x}{l} - 50\left(\frac{x}{l}\right)^3 + 15\left(\frac{x}{l}\right)^4 + 6\left(\frac{x}{l}\right)^5\right].$$

Zur Ermittlung der maximalen Durchbiegung dürfen wir die Einzelergebnisse für w_{max} aber nicht addieren, da die maximalen Durchbiegungen an unterschiedlichen Stellen im Träger auftreten: bei der konstanten Streckenlast genau in Balkenmitte, bei der dreieckförmigen Streckenlast aber etwas rechts der Mitte. Eine kleine Kurvendiskussion bleibt uns somit nicht erspart.

Wir leiten $w(x)$ einmal ab und setzen $w'(x_0) = 0$:

$$w'(x_0) = \frac{q_0 l^4}{360 E I_y}\left[29 - 150\left(\frac{x}{l}\right)^2 + 60\left(\frac{x}{l}\right)^3 + 30\left(\frac{x}{l}\right)^4\right] = 0\,,$$

woraus wir als Stelle der größten Durchbiegung

$$x_0 = 0{,}51\,l$$

erhalten. Dies in $w(x)$ eingesetzt ergibt schließlich

$$w_{max} = w(0,51\,l) = 0,026\,\frac{q_0\,l^4}{E\,I_y}\,.$$

Zwei- und Mehrfeldbalken: Zwei- bzw. Mehrfeldbalken sind Balken mit zwei oder mehr Bereichen für die Schnittgrößenverläufe (vgl. Kapitel 6). Wir beschränken uns im Folgenden der Einfachheit halber auf Zweifeldbalken. Dreifeldbalken oder Balken mit noch mehr Bereichen würden nach demselben Schema behandelt werden.

Bei Zweifeldbalken integrieren wir die Differentialgleichung der Biegelinie für *jeden* Bereich zweimal unbestimmt und erhalten somit vier statt zwei Integrationskonstanten. Diese bestimmen wir aus den Randbedingungen und den beiden Übergangsbedingungen an der Bereichsgrenze (im Folgenden als $x_{I/II}$ bezeichnet). Diese lauten

$$w_I(x_{I/II}) = w_{II}(x_{I/II}) \quad \text{und} \quad w_I'(x_{I/II}) = w_{II}'(x_{I/II})\,. \tag{16.17}$$

Anschaulich bedeuten diese Gleichungen, dass der Träger an der Bereichsgrenze zusammenhängt – deshalb sind die Durchbiegungen gleich – und dort keinen scharfen Knick aufweist – deshalb sind die Ableitungen der Durchbiegungen gleich.

Beispiel 16.6: Ein Träger der Länge $4l$ mit gegebener Biegesteifigkeit EI wird wie skizziert durch eine Kraft der Größe $4F$ belastet (Abb. 16.12). Gesucht ist der Verlauf der Durchbiegung $w(x)$.

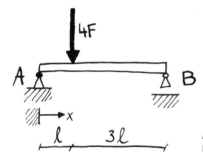

Abb. 16.12 Beispiel für die Berechnung der Durchbiegung in einem Zweifeldbalken.

Zunächst bestimmen wir die Lagerreaktionen sowie die Biegemomentverläufe in den Bereichen I und II.

Diese betragen

$$A_x = 0\,, \ A_y = 3F \ \text{und} \ B_y = F$$

für die Lagerreaktionen sowie

$$M_I(x) = 3\,F\,x \ \text{und} \ M_{II}(x) = F\,(4\,l - x)$$

für das Biegemoment. Zweifaches unbestimmtes Integrieren der Differentialgleichung der Biegelinie führt für den Bereich I auf

$$w_{\mathrm{I}}'(x) = -\int \frac{M_{\mathrm{I}}}{E\,I}\,\mathrm{d}x = -\frac{3F}{E\,I}\int x\,\mathrm{d}x = -\frac{3F}{E\,I}\left(\frac{1}{2}x^2 + C_{\mathrm{I}}\right) \quad \text{und}$$

$$w_{\mathrm{I}}(x) = -\frac{3F}{E\,I}\int\left(\frac{1}{2}x^2 + C_{\mathrm{I}}\right)\mathrm{d}x = -\frac{3F}{E\,I}\left(\frac{1}{6}x^3 + C_{\mathrm{I}}x + C_2\right)$$

und im Bereich II auf

$$w_{\mathrm{II}}'(x) = -\int \frac{M_{\mathrm{II}}}{E\,I}\,\mathrm{d}x = \frac{F}{E\,I}\int (x-4l)\,\mathrm{d}x = \frac{F}{E\,I}\left[\frac{1}{2}(x-4l)^2 + C_3\right] \quad \text{und}$$

$$w_{\mathrm{II}}(x) = \frac{F}{E\,I}\int\left(\frac{1}{2}(x-4l)^2 + C_3\right)\mathrm{d}x = \frac{F}{E\,I}\left[\frac{1}{6}(x-4l)^3 + C_3 x + C_4\right].$$

Zur Bestimmung der Integrationskonstanten stehen uns die folgenden Rand- und Übergangsbedingungen zur Verfügung:

- $w_{\mathrm{I}}(0) = 0 \Rightarrow C_2 = 0$,

- $w_{\mathrm{II}}(4l) = 0 \Rightarrow \dfrac{F}{E\,I}\left(4l\,C_3 + C_4\right) = 0$,

- $w_{\mathrm{I}}(l) = w_{\mathrm{II}}(l) \Rightarrow -3\left(\dfrac{1}{6}l^3 + l\,C_{\mathrm{I}} + C_2\right) = \dfrac{1}{6}(-3l)^3 + l\,C_3 + C_4$ und

- $w_{\mathrm{I}}'(l) = w_{\mathrm{II}}'(l) \Rightarrow -\dfrac{3F}{E\,I}\left(\dfrac{1}{2}l^2 + C_{\mathrm{I}}\right) = \dfrac{F}{E\,I}\left[\dfrac{1}{2}(-3l)^2 + C_3\right]$

Das sind vier Gleichungen für vier Unbekannte. Als Ergebnisse erhalten wir

$$C_{\mathrm{I}} = -\tfrac{7}{6}l^2, \quad C_2 = 0, \quad C_3 = -\tfrac{5}{2}l^2 \quad \text{und} \quad C_4 = 10\,l^3.$$

Damit lautet der gesuchte Verlauf der Durchbiegung

$$w(x) = \begin{cases} -\dfrac{3F}{E\,I}\left(\dfrac{1}{6}x^3 - \dfrac{7}{6}l^2 x\right) & \text{für } 0 \leq x \leq l \\[3ex] \dfrac{F}{E\,I}\left[\dfrac{1}{6}(x-4l)^3 - \dfrac{5}{2}l^2 x + 10\,l^3\right] & \text{für } l \leq x \leq 4l. \end{cases}$$

16.6 Schiefe Biegung

Von schiefer Biegung spricht man, wenn das Biegemoment nicht in Richtung der Hauptträgheitsachsen des Trägerquerschnitts angreift. Dies ist beispielsweise bei dem in Abbildung 16.13 dargestellten Kragträger der Fall, dessen rechteckiger Flächenquerschnitt um den Winkel φ zur Lastrichtung gedreht ist.

Bei schiefer Biegung zerlegt man das Schnittmoment im Träger in die Anteile entlang der beiden Hauptachsen und berechnet Spannungen und Durchbiegungen aus der Überlagerung dieser beiden Lastfälle.

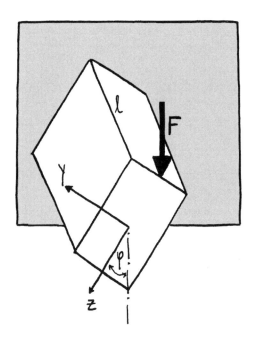

Abb. 16.13 Beispiel für schiefe Biegung.

Beispiel 16.7: Für den in Abbildung 16.13 gezeigten Kragträger sind die Spannungsverteilung an der Einspannung und die Durchbiegung des freien Trägerendes gesucht. Zahlenwerte: $F = 800\,\text{N}$, $l = 1\,\text{m}$, $b = 20\,\text{mm}$, $h = 50\,\text{mm}$, $\varphi = 30°$, $E = 205.000\,\text{N/mm}^2$.

Wir zerlegen die äußere Kraft F in ihre Komponenten entlang der Hauptachsen des Trägerquerschnitts, $F_y = -F\sin\varphi$ und $F_z = F\cos\varphi$. Die in der Einspannung wirkenden Schnittmomente betragen $M_y = -Fl\cos\varphi$ (um die y-Achse drehend) und $M_z = Fl\sin\varphi$ (um die z-Achse drehend). Die Spannungen in der Einspannung ergeben sich aus der Überlagerung dieser beiden Lastfälle und betragen

$$\sigma = -\frac{12\,Fl\cos\varphi}{b\,h^3}\cdot z + \frac{12\,Fl\sin\varphi}{h\,b^3}\cdot y\,.$$

Die Lage der Spannungsnulllinie ergibt sich aus der Bedingung $\sigma(y,z) = 0$,

$$\frac{12\,Fl\cos\varphi}{b\,h^3}\cdot z = \frac{12\,Fl\sin\varphi}{h\,b^3}\cdot y \quad\Rightarrow\quad z = \left(\frac{h}{b}\right)^2 \tan\varphi\cdot y\,,$$

und wird mit den konkreten Zahlenwerten für h, b und φ zu

$$z = \left(\frac{5}{2}\right)^2 \tan 30° \cdot y = 3{,}61\,y\,.$$

In Abbildung 16.14 ist die Lage der Spannungsnulllinie in den Querschnitt eingezeichnet. Man erkennt, dass die Punkte B und D den größten Abstand zur Spannungsnulllinie aufweisen, sodass hier die größten Biegespannungen herrschen. Diese betragen im Punkt B ($y = -b/2$, $z = h/2$)

$$\sigma = -\frac{12\,F\,l\cos\varphi}{b\,h^3}\cdot\frac{h}{2} - \frac{12\,F\,l\sin\varphi}{h\,b^3}\cdot\frac{b}{2} = -\frac{12\,F\,l}{b\,h}\left(\frac{\cos\varphi}{h}+\frac{\sin\varphi}{b}\right)$$

$$= -\frac{12\cdot800\,\mathrm{N}\cdot1.000\,\mathrm{mm}}{20\,\mathrm{mm}\cdot50\,\mathrm{mm}}\left(\frac{\cos30°}{50\,\mathrm{mm}}+\frac{\sin30°}{20\,\mathrm{mm}}\right) = -406\,\frac{\mathrm{N}}{\mathrm{mm}^2}$$

und im Punkt D $(y=b/2,\ z=-h/2)$

$$\sigma = 406\,\frac{\mathrm{N}}{\mathrm{mm}^2}\ .$$

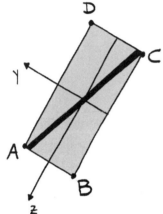

Abb. 16.14 Lage der Spannungsnulllinie.

Zur Durchbiegung des Trägerendes: Die Durchbiegungen $v_{\max}$ in y-Richtung und $w_{\max}$ in z-Richtung betragen mit Tabelle 16.2, Lastfall 4

$$v_{\max} = \frac{F_y\,l^3}{3\,E\,I_z}\quad\text{mit}\quad I_z = \frac{h\,b^3}{12}\quad\text{und}\quad F_y = -F\sin\varphi$$

$$\Rightarrow\ v_{\max} = -\frac{4\,F\sin\varphi\,l^3}{E\,h\,b^3} = -\frac{4\cdot800\,\mathrm{N}\sin30°\,(1.000\,\mathrm{mm})^3}{205.000\,\dfrac{\mathrm{N}}{\mathrm{mm}^2}\cdot50\,\mathrm{mm}\cdot(20\,\mathrm{mm})^3} = -19,5\,\mathrm{mm}\quad\text{sowie}$$

$$w_{\max} = \frac{F_z\,l^3}{3\,E\,I_y}\quad\text{mit}\quad I_y = \frac{b\,h^3}{12}\quad\text{und}\quad F_z = F\cos\varphi$$

$$\Rightarrow\ w_{\max} = \frac{4\,F\cos\varphi\,l^3}{E\,b\,h^3} = \frac{4\cdot800\,\mathrm{N}\cos30°\,(1.000\,\mathrm{mm})^3}{205.000\,\dfrac{\mathrm{N}}{\mathrm{mm}^2}\cdot20\,\mathrm{mm}\cdot(50\,\mathrm{mm})^3} = 5,4\,\mathrm{mm}\ .$$

Trotz vertikal orientierter äußerer Last verbiegt sich der Träger also auch horizontal, daher die Bezeichnung schiefe Biegung, wenn die Biegebeanspruchung nicht entlang der Hauptträgheitsachsen des Trägerquerschnitts orientiert ist.

Schlussbemerkung: Das Beispiel 16.7 zeigt einen Fall von schiefer Biegung, bei der die Orientierung der Hauptträgheitsachsen des Trägerquerschnitts bekannt ist. Wäre die Lage der Hauptträgheitsachsen nicht bekannt, wie das z. B. bei unsymmetrischen Trägerquerschnitten der Fall ist, müsste man die Lage der Hauptträgheitsachsen zunächst in einer Voraufgabe ermitteln, beispielsweise mithilfe des Mohr'schen Trägheitskreises. Einen derartigen Fall finden Sie in Aufgabe 16.7.

16.7 Tipps und Tricks

- Manche Gleichungen zur Biegung kommen in vielen Disziplinen des Ingenieurwesens – z. B. Technische Mechanik, Konstruktionstechnik und Werkstoffkunde – ausgesprochen oft vor. Es lohnt sich, folgende Gleichungen auswendig zu lernen:

$$\sigma(z) = \frac{M(x)}{I_y} z, \quad \sigma_{\max} = \frac{M(x)\,|z|_{\max}}{I_y}, \quad \sigma_{\max} = \frac{M(x)}{W},$$

$$I_y = \frac{b\,h^3}{12} \text{ (für Rechteckquerschnitte)}, \quad W = \frac{b\,h^2}{6} \text{ (für Rechteckquerschnitte)}$$

und $I_{\bar y} = I_y + \bar z_S^2 A$

- Aufgaben zur Steiner'schen Ergänzung sind meist gar nicht so schwer, man darf nur nicht mit den vielen Abmessungen durcheinander kommen. Eine saubere Skizze mit übersichtlich eingetragenen Bemaßungen hilft sehr, Fehler zu vermeiden.

16.8 Kleiner Exkurs: Leichtbaueignung von Werkstoffen

Unter den unzähligen Eigenschaften, mit denen man Werkstoffe charakterisieren kann, gewinnt die Leichtbaueignung aus wirtschaftlichen und ökologischen Gründen zunehmend an Bedeutung. So sparen leichtere Fahrzeuge Kraftstoff, bieten zudem mehr Reserven für eine größere Nutzlast und schonen die Umwelt. Wie also ermittelt man die Leichtbaueignung eines Werkstoffs?

Auf den ersten Blick ist dies eine rein werkstoffkundliche Fragestellung. Soll man doch aus den einschlägigen Datenblättern Festigkeit und Dichte eines Werkstoffs entnehmen. Je höher der Quotient aus Festigkeit durch Dichte ist, desto besser wird die Leichtbaueignung des Werkstoffs sein.

Aber ganz so einfach ist es nicht. Wie wir sehen werden, führt an einer genaueren Betrachtung der Mechanik kein Weg vorbei. Und da im Leichtbau vor allem dünne und schlanke Strukturen eingesetzt werden, die empfindlich auf Biegung reagieren, haben wir es hier sehr oft mit einer Fragestellung der Balkenbiegung zu tun. Am besten, wir betrachten gleich ein konkretes Beispiel:

Beispiel 16.8: Ein Kragträger der vorgegebenen Länge l hat eine ebenfalls vorgegebene Streckenlast q_0 zu tragen, ohne dass dabei die zulässige Spannung des Trägerwerkstoffs σ_{zul} überschritten werden darf (Abb. 16.15). Der Trägerquerschnitt ist rechteckig, wobei die Breite b fest vorgegeben und die Höhe h variabel sei. Variabel bedeutet, dass sie an die zulässige Spannung des Werkstoffs anzupassen ist: Je mehr der Werkstoff aushält, desto kleiner darf die Trägerhöhe sein.

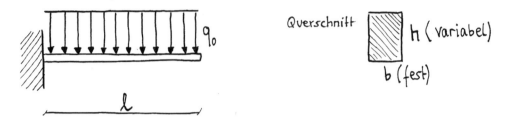

Abb. 16.15 Beispiel zur Berechnung der Leichtbaukennzahl.

Für einen beliebigen Werkstoff rechnen wir nun diejenige Masse aus, die zu verbauen ist, damit der Träger die vorgegebene Belastung gerade eben aushält. Die hierfür wichtigen Werkstoffparameter sind die Dichte ρ und die zulässige Spannung σ_{zul} des Werkstoffs.

Die Gleichung für die zu verbauende Masse lautet

$$m - \rho \cdot V = \rho l b h. \tag{16.18}$$

Die Biegespannungs-Gleichung – Gleichung (16.8) – beschreibt die maximale Spannung im Träger. Diese tritt an der Einspannstelle auf und beträgt

$$\sigma_{max} = \frac{M_{max}}{W_y} = \frac{\frac{1}{2} q_0 l^2}{\frac{1}{6} b h^2} = \frac{3 q_0 l^2}{b h^2}.$$

Wird die Tragfähigkeit des Trägers voll ausgenutzt, so erreicht σ_{max} die zulässige Spannung σ_{zul}, sodass

$$\sigma_{zul} = \frac{3 q_0 l^2}{b h^2} \tag{16.19}$$

gilt. Die Gleichungen (16.18) und (16.19) enthalten die zwei Unbekannten m und h (alle anderen Größen sind fest). Wir lösen Gleichung (16.19) nach h auf, setzen sie in Gleichung (16.18) ein, und erhalten für die zu verbauende Masse

$$m = \rho l^2 \sqrt{\frac{3 q_0 b}{\sigma_{zul}}}. \tag{16.20}$$

Zur Beschreibung der Leichtbaueignung ist die Einführung einer Leichtbaukennzahl M üblich (aus dem Englischen von *material index*). Hierzu wird zunächst der Kehrwert der zu verbauenden Masse gebildet – je besser die Leichtbaueignung, desto größer ist dann die Leichtbaukennzahl – und daraus alles gestrichen, was keine Werkstoffeigenschaft ist, in unserem Falle alles außer der Dichte und der zulässigen Spannung. Wir erhalten

$$M = \frac{\sqrt{\sigma_{zul}}}{\rho} \tag{16.21}$$

als Leichtbaukennzahl für den betrachteten Kragträger. Und das ist durchaus ein anderer Zusammenhang als der „intuitive" Quotient σ_{zul}/ρ.

Wie wenden wir Leichtbaukennzahlen an? Sind verschiedene Werkstoffe hinsichtlich ihrer Leichtbaueignung für den in Abbildung 16.15 dargestellten Kragträger zu beurteilen, so suchen wir für jeden dieser Werkstoffe die zulässige Spannung σ_{zul} und die Dichte ρ heraus und bilden daraus M. Der Werkstoff mit der größten Leichtbaukennzahl M ist der für den Leichtbau dieses Trägers geeigneteste.

Abschließende Bemerkung: Die Leichtbaueignung von Werkstoffen ist eine kompliziertere Angelegenheit als es auf den ersten Blick erscheinen mag. Die Leichtbaukennzahl M hängt nämlich sehr genau von den Vorgaben der Aufgabenstellung ab. Verändert man die Aufgabenstellung nur ein klein wenig, z.B. indem der Balkenquerschnitt als quadratisch vorgegeben ist, so ergibt sich ein anderes Ergebnis für M (vgl. Aufgabe 16.8). Und schließlich sind für leichte und zuverlässige Konstruktionen auch noch gänzlich andere technische Kriterien, wie die bei den verschiedenen Werkstoffen möglichen Gestaltungsprinzipien, Bauweisen und Fertigungsverfahren, von sehr großer Wichtigkeit.

16.9 Aufgaben

Aufgabe 16.1

Gegeben ist der folgende spiegelsymmetrische Flächenquerschnitt (alle Abmessungen in mm):

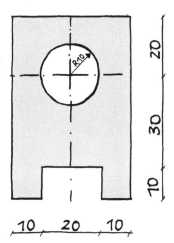

Abb. 16.16

a) Berechnen Sie die Koordinaten des Flächenschwerpunktes.
b) Die y-Achse sei nun diejenige horizontale Achse, die durch den soeben berechneten Schwerpunkt geht. Berechnen Sie das Flächenträgheitsmoment I_y.

Aufgabe 16.2

Ein Kragträger aus Stahl ($\rho = 8.000\,\text{kg/m}^3$) der Länge l des abgebildeten T-förmigen Querschnitts wird durch sein Eigengewicht belastet.

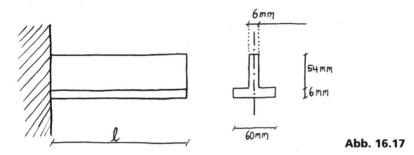

Abb. 16.17

Es geht um die maximal zulässige Länge des Trägers l_{max}, bei der an der Einspannstelle gerade die zulässige Spannung von $200\,\text{N/mm}^2$ erreicht wird.

a) Bestimmen Sie das für die Durchbiegung des Trägers maßgebliche Flächenträgheitsmoment I_y des T-Profils.
b) Wie groß ist die sich aus Dichte, Querschnitt und Erdbeschleunigung ergebende konstante Streckenlast q_0, die den Träger belastet? Setzen Sie die Erdbeschleunigung mit $9{,}81\,\text{m/s}^2$ an.
c) Wie groß ist l_{max}?

Aufgabe 16.3

Ein im Punkt A los- und im Punkt B festgelagerter Träger der Länge l wird durch eine dreieckförmige Streckenlast sowie in Trägermitte durch eine Einzelkraft F belastet.

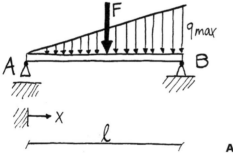

Abb. 16.18

a) Berechnen Sie den Verlauf der Schnittgrößen $N(x)$, $Q(x)$ und $M(x)$.
b) Bestimmen Sie mit Tabelle 16.2 den Verlauf der Durchbiegung $v(x)$.
c) Es gelten nun für Geometrie und Belastung die unten aufgeführten konkreten Werte. Wie groß ist die Randfaserspannung in Trägermitte?

Zahlenwerte: Länge $l = 1\,\text{m}$, Trägerquerschnitt: $30\,\text{mm}$ Höhe und $20\,\text{mm}$ Breite, $F = 500\,\text{N}$, $q_{max} = 600\,\text{N/m}$.

Aufgabe 16.4

Abb. 16.19

Wie jedes Jahr zu Pfingsten nutzen Sie die leider viel zu kurzen Feiertage für ein Zeltlager im Kreise Ihrer Jugendfreunde. Leider ist Ihnen diesmal das Mittagessen nicht so recht gelungen, und so drängelt sich alsbald alles auf dem Donnerbalken. In der meditativ-duftenden Atmosphäre auf dem Balken abstrahieren Sie aus Ihrem vollbesetzten Bauwerk das folgende mechanische Modell (Abb. 16.20) und machen sich Gedanken zu Spannungsverteilung und Durchbiegung des Donnerbalkens.

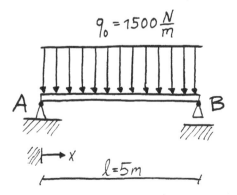

Abb. 16.20 Mechanisches Modell des Donnerbalkens.

Zahlenangaben: Elastizitätsmodul: $E = 12.000\,\text{N/mm}^2$ (Holz), Querschnitt $b \times h = 200\,\text{mm} \times 150\,\text{mm}$

a) Berechnen Sie den Verlauf des Biegemomentes $M(x)$ im Donnerbalken. An welcher Stelle des Balkens tritt der maximale Wert von $M(x)$ auf, und wie groß ist dieser?
b) Wie groß ist die maximale Biegespannung σ_{max} in der Balkenmitte?
c) Berechnen Sie durch zweifache Integration der Differentialgleichung der elastischen Linie die Durchbiegung $w(x)$ des Trägers. Wie groß ist die Durchbiegung in der Balkenmitte?

Aufgabe 16.5

Zur Ermittlung von Festigkeit und Elastizitätsmodul eines spröden Werkstoffs wird eine Probe rechteckigen Querschnitts in einem 3-Punkt-Biegeversuch bis zum Bruch belastet. Eine Skizze des Versuchs und das im Versuch gemessene Kraft-Verformungs-Diagramm (F: Belastung der Probe; w: Durchbiegung der Probe in der Probenmitte) ist Ihnen in Abbildung 16.21 gegeben.

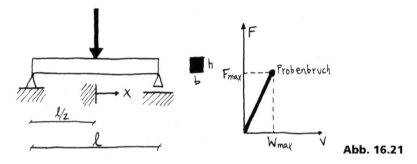

Abb. 16.21

a) Berechnen Sie den Verlauf des Biegemomentes $M(x)$ in der Probe. Wie groß ist das Biegemoment in der Probenmitte ($x=0$)?
b) Wie lautet der Zusammenhang zwischen der maximalen Kraft F_{max} und der Festigkeit σ_{max} des Werkstoffs.
c) Berechnen Sie durch zweifache Integration der Differentialgleichung der elastischen Linie die Durchbiegung $w(x)$ des Trägers.
d) Wie lautet der Zusammenhang zwischen der maximalen Kraft F_{max} und der Durchbiegung w_{max} in der Probenmitte?

Die ersten drei Aufgabenteile beziehen sich auf beliebige Werte für l, b, h, F_{max} und w_{max}. Im Folgenden sei nun $l=60\,\text{mm}$, $b=5\,\text{mm}$, $h=10\,\text{mm}$, $F_{\text{max}}=2{,}2\,\text{kN}$ und $w_{\text{max}}=0{,}085\,\text{mm}$.

e) Wie groß sind Festigkeit σ_{max} und Elastizitätsmodul E des Probenwerkstoffs?

Aufgabe 16.6

Ein statisch überbestimmt gelagerter Träger wird durch eine konstante Streckenlast q_0 belastet. Vorgegeben seien q_0 sowie die Länge l.
  Berechnen Sie die Lagerreaktionen.

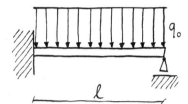

Abb. 16.22

Hinweis: Ersetzen Sie das Loslager durch seine Lagerreaktion und zerlegen Sie sodann den Lastfall in zwei Einzellastfälle, die Streckenlast q_0 und die Punktlast der Lagerreaktion, deren Durchbiegungen sich an der Stelle des Loslagers zu null überlagern müssen.

Aufgabe 16.7

Ein 1 m langer Kragträger des Normprofils Z60 (Höhe 60 mm, Breite 85 mm) wird an seinem freien Ende durch die Kraft $F = 1\,\text{kN}$ belastet.

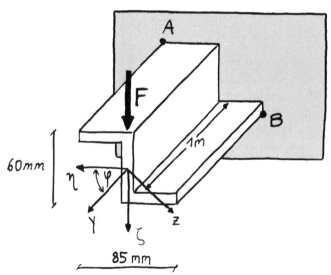

Abb. 16.23

Der DIN 1027 entnehmen Sie die folgenden Flächenträgheitsmomente:
$I_\eta = 44{,}7 \text{ cm}^4$, $I_\zeta = 30{,}1 \text{ cm}^4$ und $I_{\eta\zeta} = 28{,}8 \text{ cm}^4$.

a) Bestimmen Sie mit dem Mohr'schen Trägheitskreis die Hauptträgheitsmomente I_y und I_z und die Lage der Hauptträgheitsachsen.
b) Bestimmen Sie die Spannungen in den Punkten A und B.

Aufgabe 16.8

Ein Kragträger der vorgegebenen Länge l hat eine vorgegebene Streckenlast q_0 zu tragen, ohne dass dabei die zulässige Spannung des Trägerwerkstoffs σ_{zul} überschritten wird (Abb. 16.24). Der Trägerquerschnitt ist quadratisch (Kantenlänge a). Berechnen Sie die Leichtbaukennzahl M.

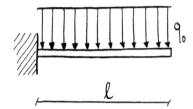

Abb. 16.24

17 Schub durch Querkraft

Ist in einem Träger der Biegemomentverlauf $M(x)$ veränderlich, so existiert gemäß dem in Kapitel 6 hergeleiteten Zusammenhang $dM(x)/dx = Q(x)$ auch eine Querkraft im Träger, und es treten nicht nur Biege-, sondern auch Schubspannungen auf.

Machen wir uns zunächst an einem kleinen Gedankenexperiment anschaulich klar, dass es tatsächlich Schubspannungen sind, die bei Querkräften entstehen. Aus einem Stapel aufeinander liegender Bretter soll ein Kragträger hergestellt werden. Wir überlegen uns, was bei Belastung passiert, wenn die Bretter lose und unverleimt aufeinander aufliegen (Abb. 17.1, links) oder aber fest miteinander verleimt sind (Abb. 17.1, rechts).

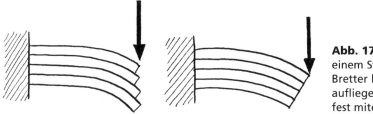

Abb. 17.1 Kragträger aus einem Stapel Bretter. Links: Bretter lose aufeinander aufliegend. Rechts: Bretter fest miteinander verleimt.

Ohne die Verleimung gleiten die Bretter aufeinander ab, und der Träger wird nur eine geringe Tragfähigkeit aufweisen. Erst bei vernünftiger Verleimung bilden die Bretter einen fest zusammenhängenden, tragfähigen Verbund. Was bewirken die Verleimungen in mechanischer Hinsicht? Sie übertragen Spannungen, die im vorliegenden Beispiel die Bretter in der oberen Trägerhälfte dehnen und die Bretter in der unteren Trägerhälfte stauchen. Die von der Verleimung übertragenen Spannungen wirken auf der verleimten Fläche (Flächennormale z) in Trägerrichtung x, es handelt sich also um Schubspannungen τ_{xz}, welche wir im Folgenden der Einfachheit halber aber nur als τ bezeichnen werden.

17.1 Schubspannungsverteilung in Vollquerschnitten

Um die Größe der Schubspannungen zu ermitteln, schneiden wir aus einem biege- und schubbelasteten Träger wie in Abbildung 17.2 (links) gezeigt ein kleines Trägerelement der Länge dx und einer von der Koordinate z bis zur Trägerunterkante reichenden Höhe aus.

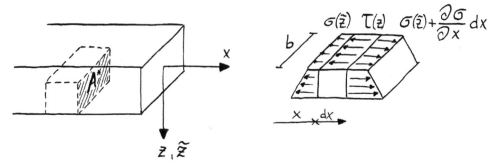

Abb. 17.2 Herleitung der Schubspannungsverteilung.

Die am Trägerelement angreifenden Spannungen tragen wir in das Freikörperbild (Abb. 17.2, rechts) ein. Dies sind

- an der linken Seite die Biegespannungen $\sigma(\tilde{z})$[1],
- an der rechten Seite $(x+\mathrm{d}x)$ die Biegespannungen $\sigma(\tilde{z}) + \dfrac{\partial\sigma}{\partial x}\mathrm{d}x$ und
- an der Oberseite die Schubspannungen τ.

Das Kräftegleichgewicht in x-Richtung lautet

$$\rightarrow \sum F_{ix} = -\int_{A^*}\sigma(\tilde{z})\mathrm{d}A + \int_{A^*}\left(\sigma(\tilde{z}) + \frac{\partial\sigma}{\partial x}\mathrm{d}x\right)\mathrm{d}A - \tau(z)\cdot b(z)\,\mathrm{d}x$$

$$\Rightarrow \quad \tau(z)\cdot b(z) = \int_{A^*}\frac{\partial\sigma}{\partial x}\mathrm{d}A.$$

Mit $\dfrac{\partial\sigma}{\partial x} = \dfrac{\tilde{z}}{I_y}\dfrac{\partial M(\tilde{z})}{\partial x} = \dfrac{\tilde{z}}{I_y}Q(x)$

folgt $\tau(z) = \dfrac{Q(x)}{b(z)I_y}\cdot\displaystyle\int_{A^*}\tilde{z}\,\mathrm{d}A.$

Das Integral auf der rechten Seite dieser Gleichung wird als statisches Moment S_y des abgeschnittenen Flächenstücks A^* bezüglich der y-Achse bezeichnet. Damit erhalten wir für die Schubspannungsverteilung

$$\tau = \frac{Q(x)\,S_y(z)}{I_y\,b(z)} \tag{17.1}$$

$$\text{mit } S_y(z) = \int_{A^*}\tilde{z}\,\mathrm{d}A. \tag{17.2}$$

---

[1] Im vorliegenden Kapitel treten Koordinaten als Integralgrenzen auf. Um Verwechselungen zwischen den Integralgrenzen und der Integrationsvariablen zu vermeiden, wird letztere mit einer Tilde gekennzeichnet, hier $\tilde{z}$.

Nach Gleichung (17.1) gehen in die Ermittlung der Schubspannungen $Q(x)$, $S_y(z)$, I_y und $b(z)$ ein. Da die Querschnittsform $b(z)$ im Allgemeinen gegeben ist und wir in der Berechnung von Schnittgrößen – hier $Q(x)$ – und Flächenträgheitsmomenten mittlerweile recht geübt sein sollten, liegt der Knackpunkt in der Berechnung des statischen Momentes $S_y(z)$. Hierzu als Beispiel die Schubspannungsverteilung in einem Träger mit rechteckigem Querschnitt.

Beispiel 17.1: Für einen Rechteckquerschnitt der allgemeinen Abmessungen $b \times h$ beträgt $S_y(z)$ (Abb. 17.3)

$$S_y = \int_z^{h/2} \tilde{z}\,\mathrm{d}A = \int_z^{h/2} \tilde{z}\,\mathrm{b}\,\mathrm{d}\tilde{z} = \frac{1}{2}\mathrm{b}\left[\tilde{z}^2\right]_z^{h/2} = b\left(\frac{h^2}{8} - \frac{z^2}{2}\right)$$

und wir erhalten für die Schubspannungsverteilung

$$\tau(z) = \frac{6\,Q(x)}{b\,h^3}\left(\frac{h^2}{4} - z^2\right).$$

Es liegt also eine parabolische Schubspannungsverteilung vor, bei der die Schubspannungen an der Oberseite ($z=-h/2$) und der Unterseite ($z=h/2$) des Trägers verschwinden und in der Querschnittmitte ($z=0$) den Maximalwert $1{,}5\,Q/A$ einnehmen.

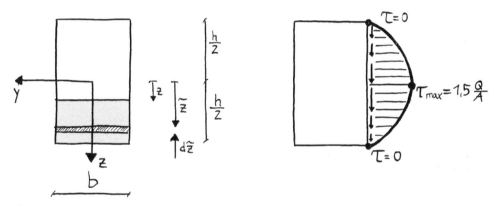

Abb. 17.3 Das statische Moment $S_y(z)$ in einem Träger mit rechteckigem Querschnitt.

Eine kurze Plausibilitätsbetrachtung bestätigt dieses Ergebnis: Der Quotient Q/A ist die mittlere Schubspannung im Trägerquerschnitt. Da die Ober- und Unterseite des Trägers freie Oberflächen sind, muss dort die Schubspannung verschwinden und folglich an anderer Stelle im Träger oberhalb des Mittelwertes liegen.

Wenn sowohl Schubspannungen als auch Biegespannungen in einem Träger herrschen: Welche Art Spannung dominiert? Vergleichen wir hierzu exemplarisch die Biege- und Schubspannungen in dem in Abbildung 17.4 dargestellten Kragträger der Länge l und der rechteckigen Querschnittsfläche $b \times h$.

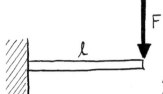

Abb. 17.4 Vergleich von Schub- und Biegespannungen in einem schlanken Träger.

Die maximalen Biegespannungen treten in den Randfasern auf Höhe der Einspannung auf und betragen

$$\sigma_{max} = \frac{6\,F\,l}{b\,h^2} \; .$$

Die Schubspannungsverteilung ist in jedem Trägerquerschnitt gleich und weist einen in der Querschnittmitte liegenden Maximalwert von

$$\tau_{max} = 1,5 \frac{F}{b\,h}$$

auf. Damit beträgt das Verhältnis von Biege- zu Schubspannungen

$$\frac{\sigma_{max}}{\tau_{max}} = 4\frac{l}{h} \; .$$

Für große Werte von l/h sind die Schubspannungen also sehr viel kleiner als die Biegespannungen. In der Regel dürfen Schubspannungen durch Querkraft deswegen in schlanken Trägern vernachlässigt werden. Nur in sehr kurzen Trägern, wie z.B. Niet- oder Bolzenverbindungen, spielen sie eine entscheidende Rolle.

17.2 Offene dünnwandige Profile

In offenen dünnwandigen Profilen folgen die Schubspannungen dem Querschnittverlauf. Dieser sei charakterisiert durch die Wandstärke t in Abhängigkeit der Bogenlänge s (Abb. 17.5, links). In Analogie zum Vollquerschnitt schneiden wir aus dem Träger ein kleines Element der Länge dx ab, das von der Position s bis zum Ende des dünnwandigen Trägerquerschnitts (Position l^{*}) reicht. In das Freikörperbild tragen wir alle angreifenden Spannungen ein (Abb. 17.5, rechts).

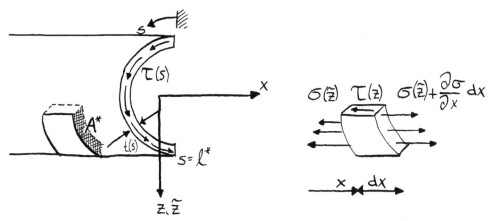

Abb. 17.5 Herleitung der Schubspannungsverteilung.

Das Kräftegleichgewicht in x-Richtung,

$$\rightarrow \sum F_{ix} = -\int\limits_{A^*} \sigma(\tilde{z}) \mathrm{d}A + \int\limits_{A^*} \left(\sigma(\tilde{z}) + \frac{\partial \sigma(\tilde{z})}{\partial x} \mathrm{d}x \right) \mathrm{d}A - \tau(z) \cdot b(z) \,\mathrm{d}x$$

führt auf

$$\tau(s) = \frac{Q(x)}{t(s) I_y} S_y(s) \tag{17.3}$$

$$\text{mit } S_y(z) = \int\limits_{A^*} \tilde{z} \,\mathrm{d}A = \int\limits_{s}^{l^*} \tilde{z} \, t \,\mathrm{d}\tilde{s} \,. \tag{17.4}$$

Wir erhalten also ein zur Schubspannungsverteilung in Vollquerschnitten analoges Ergebnis.

17.3 Der Schubmittelpunkt

Betrachten wir erneut Abbildung 17.5 (links). Ganz offensichtlich übt der in dieser Abbildung in etwa entlang einer Halbkreislinie verlaufende Schubfluss auf den Träger ein Moment um die Träger-Längsachse aus, er verdrillt ihn (Näheres dazu in Kapitel 18, Torsion).

Torsionsmomente können in offenen dünnwandigen Profilen erhebliche Spannungen hervorrufen (siehe Abschnitt 18.4). Man kann aber das Torsionsmoment kompensieren, indem die Wirkungslinie der Querkraft so platziert wird, dass die Momentenwirkung der Querkraft bei entgegengesetztem Drehsinn genauso groß ist wie das Torsionsmoment durch die Schubspannungen. Hierzu muss die Querkraft – am Beispiel des in Abbildung 17.5 skizzierten Profils – um eine Strecke y_M links des Schwerpunktes wirken (Abb. 17.6).

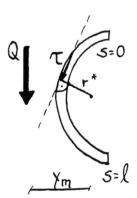

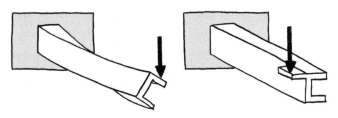

Abb. 17.6 Zur Ermittlung des Schubmittelpunktes.

Aus dem Momentengleichgewicht um die Trägerachse ergibt sich

$$Q \cdot y_M = \int_0^{l^*} t\,\tau\,r^* \mathrm{d}s\,,$$

woraus wir mit $t\tau$ nach Gleichung (17.3)

$$y_M = \frac{1}{I_y} \int_0^{l^*} S_y(s)\,r^* \mathrm{d}s \qquad\qquad (17.5)$$

erhalten. Dieser um die Strecke y_M vom Schwerpunkt des Trägerquerschnitts versetzte Punkt M wird als Schubmittelpunkt bezeichnet. Bei offenen dünnwandigen Trägern müssen die Wirkungslinien äußerer senkrechter Kräfte durch den Schubmittelpunkt verlaufen, damit sich der Träger nicht verdrillt (Abb. 17.7). Ist ein Trägerquerschnitt symmetrisch, liegt der Schubmittelpunkt auf der Symmetrieachse.

Abb. 17.7 Offene dünnwandige Träger tordieren bei Beanspruchung durch Querkraft nur dann nicht, wenn die Querkraft im Schubmittelpunkt angreift.

Beispiel 17.2: Ermitteln Sie für das in Abbildung 17.8 skizzierte offene dünnwandige Profil (a) die Lage des Flächenschwerpunktes, (b) die Schubspannungsverteilung und (c) die Lage des Schubmittelpunktes. Nehmen Sie an, dass $t \ll a$ ist.

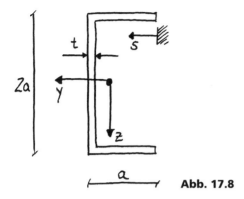

Abb. 17.8

Zu (a), der Lage des Flächenschwerpunktes: Dieser liegt nach den Gleichungen für zusammengesetzte Flächen um $a/4$ rechts des mittleren Steges.

Zu den Schubspannungen (b): In die Verteilung der Schubspannungen gehen I_y und S_y ein. I_y berechnen wir mit der Steiner'schen Ergänzung als

$$I_y = \frac{t(2a)^3}{12} + 2\frac{at^3}{12} + 2a^2 at \approx \frac{2ta^3}{3} + 2a^3 t = \frac{8}{3}ta^3 \quad \text{(für } t \ll a\text{)}.$$

S_y ist für die drei Abschnitte des Trägerprofils – Obergurt (der obere horizontale Teil des QuerschnittsAbbildung 17.9), mittlerer Steg (der mittlere vertikale Teil des Querschnitts) und Untergurt (der untere horizontale Teil des Querschnitts) – separat zu berechnen.

Für den Obergurt erhalten wir (Abb. 17.9)

$$S_y = \int_s^{l^*} zt\,d\tilde{s} = t\cdot(-a)\int_s^a d\tilde{s} + t\cdot\int_a^{3a}(\tilde{s}-2a)\,d\tilde{s} + ta\int_{3a}^{4a} d\tilde{s}$$

$$= -ta(a-s) + t\left[\frac{\tilde{s}^2}{2} - 2a\tilde{s}\right]_a^{3a} + ta(4a-3a) = ats.$$

Für den mittleren Steg erhalten wir

$$S_y = \int_s^{l^*} zt\,d\tilde{s} = t\cdot\int_s^{3a}(\tilde{s}-2a)\,d\tilde{s} + ta\int_{3a}^{4a} d\tilde{s}$$

$$= t\left[\frac{\tilde{s}^2}{2} - 2a\tilde{s}\right]_s^{3a} + ta^2 = \frac{t}{2}\left(4as - a^2 - s^2\right).$$

Und im Untergurt erhalten wir schließlich

$$S_y = \int_s^{l^*} zt\,d\tilde{s} = ta\int_s^{4a} d\tilde{s} = ta(4a-s).$$

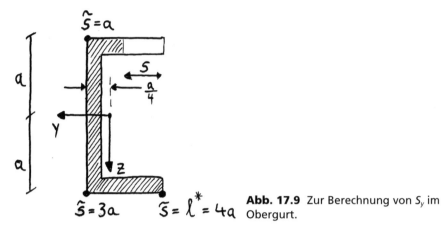

Abb. 17.9 Zur Berechnung von S_y im Obergurt.

Hieraus ergeben sich die folgenden Spannungsverläufe:

Im Obergurt $\tau(s) = \dfrac{Q(x)}{t \cdot \frac{8}{3}t a^3} a\,t\,s = \dfrac{3}{8}Q(x)\dfrac{s}{t a^2}$,

im mittleren Steg $\tau(s) = \dfrac{Q(x)}{t \cdot \frac{8}{3}t a^3}\dfrac{t}{2}\left(4as - a^2 - s^2\right) = \dfrac{3}{16}Q(x)\dfrac{4as - a^2 - s^2}{t a^3}$

und im Untergurt $\tau(s) = \dfrac{Q(x)}{t \cdot \frac{8}{3}t a^3} t a(4a - s) = \dfrac{3}{8}Q(x)\dfrac{4a - s}{t a^2}$.

Zur Berechnung des Schubmittelpunktes (c): Hier gehen wir nicht vom Schwerpunkt, sondern von der Stegmitte aus. In den Gurten beträgt der Abstand r^* des Schubspannungsflusses vom Bezugspunkt jeweils a, im Steg verschwindet er.
Wir erhalten

$$y_{M,\text{bzgl. Stegmitte}} = \frac{1}{I_y}\int_0^{l^*} S_y(s) r^*\,\mathrm{d}s = \frac{1}{\frac{8}{3}t a^3}\left(\int_0^a a t s \cdot a\,\mathrm{d}s + \int_{3a}^{4a} a t (4a - s)\cdot a\,\mathrm{d}s\right)$$

$$= \frac{3}{8 t a^3}\left(\left[\frac{1}{2}a^2 t s^2\right]_0^a - \left[\frac{1}{2}a^2 t (4a - s)^2\right]_{3a}^{4a}\right) = \frac{3}{8}a.$$

17.4 Aufgaben

Aufgabe 17.1
Berechnen Sie die durch Querkraft hervorgerufenen Schubspannungen in einem Vollkreisquerschnitt des Radius R.
Hinweis: Flächeninhalt und Schwerpunktkoordinate eines Kreisabschnitts (Abb. 17.10) betragen

$$A^* = \frac{R^2}{2}(2\alpha - \sin 2\alpha) \quad \text{und} \quad z_S^* = \frac{1}{A^*}\int_{A^*}\tilde{z}\,\mathrm{d}A = \frac{4}{3}R\frac{\sin^3\alpha}{2\alpha - \sin 2\alpha}.$$

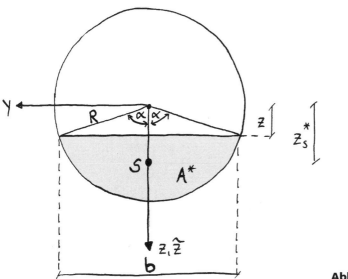

Abb. 17.10

Aufgabe 17.2

Gegeben ist das in Abbildung 17.11 skizzierte dünnwandige Halbkreisprofil (Radius R, Wandstärke t, $t \ll R$).

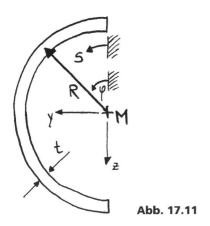

Abb. 17.11

a) Berechnen Sie die Verteilung der durch Querkraft hervorgerufenen Schubspannungen.

b) Berechnen Sie die Lage des Schubmittelpunktes.

18 Torsion

Torsion, die Verdrillung von Stäben, kennen wir alle aus unserer Kindheit – oft besser als es uns seinerzeit lieb war – denn die allseits gefürchtete „Brennnessel" ist nichts anderes als die schmerzhafte Torsion des Unterarms (Abb. 18.1). Auch die in technischen Fragestellungen der Torsion wichtigsten Größen finden in der kindlichen Brennnessel ihre Entsprechungen: das Torsionsmoment in der „Verdrehkraft" des angreifenden Kindes, die Torsionsspannungen in den Schmerzen im Unterarm des Opfers und der Verdrehwinkel in der Verdrehung der angreifenden Hände zueinander. Irgendwie waren wir also alle mal Experten im Ausüben und Erdulden von Torsion – gut zu wissen.

Abb. 18.1 Torsion kennen Sie aus Ihrer Kindheit: „Brennnessel" ist die Torsion des Unterarms.

Und noch etwas ist gut zu wissen: Torsionsspannungen kann man sich bildhaft vorstellen, sie lassen sich sozusagen sichtbar machen. Die Basis hierfür ist der hydrodynamische Vergleich. Er lautet:

Die Schubspannungslinien in tordierten Querschnitten verlaufen genauso wie die Stromlinien in einer stationären zirkulierenden Flüssigkeitsströmung, wenn der Querschnitt des tordierten Stabes dem Querschnitt des mit Flüssigkeit gefüllten Behälters gleicht und die Behälterwand keine Reibung auf die Flüssigkeitsströmung ausübt. Die Fließgeschwindigkeit der Flüssigkeitsströmung ist ein Maß für die Schubspannungen im tordierten Träger.

Wollen wir also Torsionsspannungen in einem Träger sichtbar machen, so müssen wir ein Gefäß mit der gleichen Querschnittsform nehmen, es mit Wasser füllen und dieses durch kräftiges Rühren in eine zirkulierende Strömung versetzen (Abb. 18.2). Das Strömungsprofil, das sich nach einer Weile einstellt (wenn der störende Einfluss des Rührens abgeklungen ist), entspricht der Spannungsverteilung im tordierten Träger: je größer die Strömungsgeschwindigkeit, desto größer die Torsionsspannung.

Abb. 18.2 Der hydrodynamische Vergleich besagt, dass die Stromlinien einer zirkulierenden Flüssigkeitsströmung den Schubspannungslinien in einem tordierten Träger entsprechen.

18.1 Das Torsionsmoment

Zunächst zu der Schnittgröße, die Torsion bewirkt, dem Torsionsmoment. Unter dem Torsionsmoment M_T versteht man ein um die Trägerachse drehendes Moment, in Freikörperbilder wird es durch einen in Trägerachse verlaufenden Pfeil mit doppelter Spitze dargestellt (Abb. 18.3). Pfeilrichtung und Drehwirkung des Torsionsmomentes sind über die Rechte-Hand-Regel miteinander gekoppelt. Wenn die Richtung des ausgestreckten rechten Daumens der Pfeilrichtung entspricht, dann entspricht der Drehsinn der übrigen vier Finger dem Drehsinn des Torsionsmomentes (vgl. Abb. 4.1). Torsionsmomente treten nur in dreidimensionalen Problemen auf.

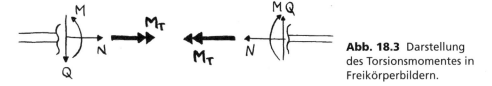

Abb. 18.3 Darstellung des Torsionsmomentes in Freikörperbildern.

Zur Berechnung von Torsionsmomenten ist als zusätzliche Gleichgewichtsbedingung das Gleichgewicht aller um die Trägerachse drehender Momente anzusetzen, wie im folgenden Beispiel gezeigt wird.

Beispiel 18.1: Berechnen Sie den Verlauf der Schnittgrößen $N(x)$, $Q(x)$, $M(x)$ und $M_T(x)$ im Bereich I des abgebildeten Winkelträgers (Abb. 18.4, links).

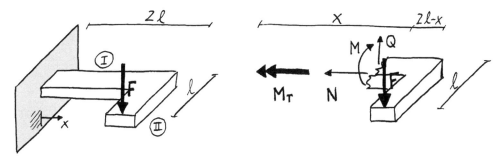

Abb. 18.4 Winkelträger (links) und Freikörperbild zur Bestimmung der Schnittgrößen im Bereich I (rechts).

Gleichgewichtsbedingungen und Ergebnisse lauten:

$$\rightarrow \sum F_{ix} = -N(x) = 0 \, ,$$

$$\uparrow \sum F_{iy} = Q(x) - F = 0 \quad \Rightarrow \quad Q(x) = F \, ,$$

$$\circlearrowright \sum M_i^{(SU)} = -F(2l-x) - M(x) = 0 \quad \Rightarrow \quad M(x) = -F(2l-x) \text{ und}$$

$$\rightarrow\!\!\!\!\rightarrow \sum M_{Ti}^{(SU)} = -M_T(x) + Fl = 0 \quad \Rightarrow \quad M_T(x) = Fl \, .$$

18.2 Torsion kreiszylindrischer Wellen

Torsion erzeugt, wie schon das Kinderspiel Brennnessel zeigt, Schubspannungen. Der tordierte Unterarm verlängert oder verkürzt sich nicht, er verdreht sich vielmehr und die Wirkung der Schubspannungen ist nach dem Hooke'schen Gesetz der Gleitwinkel der Verdrehung.

Wir befassen uns nun mit den Zusammenhängen zwischen Torsionsmoment und Schubspannungen sowie Torsionsmoment und Verdrehwinkel in zylindrischen Vollwellen. Hierzu betrachten wir eine zylindrische Welle (Länge l, Radius R), die an ihren Enden durch das Torsionsmoment M_T verdrillt wird.

Zunächst zu den Spannungen. Zur Ermittlung der Spannungsverteilung bemühen wir den hydrodynamischen Vergleich: Einen kreisrunden Topf mit Wasser füllen, kräftig umrühren, ein paar Papierschnipsel einstreuen und das Profil der Strömungsgeschwindigkeit beurteilen. Sie werden sehen: In der Mitte des Topfes ist die Strömungsgeschwindigkeit gleich null (In welche Richtung sollte das Wasser auch strömen?), am Rand fließt das Wasser am schnellsten und zwischendrin nimmt die Geschwindigkeit von der Mitte aus linear zum Rand hin zu. Letzteres lässt sich daran erkennen, dass die Papierschnipsel sich nicht überholen, sich also mit konstanter Winkelgeschwindigkeit bewegen.

Der Spannungsverlauf lautet somit

$$\tau(r) = \tau_{max} \frac{r}{R} \cdot \qquad (18.1)$$

Hierin sind τ_{max} die maximale Schubspannung am Rand des Trägers, r der Abstand zum Mittelpunkt des Kreisquerschnitts und R der Radius des Kreisquerschnitts.

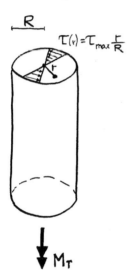

Abb. 18.5 Zur Berechnung von τ_{max}.

Wie groß ist τ_{max}? Aus dem Momentengleichgewicht um die Stabachse (vgl. Abb. 18.5),

$$\Uparrow \sum M_{Ti} = \int_A \tau(r) \cdot r \, dA - M_T = 0 \, ,$$

folgt mit Gleichung (18.1)

$$M_T = \int_A \tau_{max} \frac{r^2}{R} dA = \frac{\tau_{max}}{R} \int_A r^2 \, dA \, .$$

Das Flächenintegral auf der rechten Seite dieser Gleichung wird in Anlehnung an das sehr ähnlich definierte axiale Flächenträgheitsmoment der Biegung als Torsionsträgheitsmoment I_T bezeichnet. Es beträgt

$$I_T = \frac{\pi}{2} R^4 \quad \text{für Vollwellen und} \tag{18.2}$$

$$I_T = \frac{\pi}{2}\left(R_a^4 - R_i^4\right) \quad \text{für Hohlwellen.} \tag{18.3}$$

In Gleichung (18.3) sind R_a der Außen- und R_i der Innendurchmesser der Hohlwelle. Die maximale Torsionsspannung berechnet man somit über

$$\tau_{max} = \frac{M_T R}{I_T} \quad \text{bzw.} \tag{18.4}$$

$$\tau_{max} = \frac{M_T}{W_T} \tag{18.5}$$

mit dem Torsionswiderstandsmoment

$$W_T = \frac{I_T}{R} = \frac{\pi}{2} R^3 \quad \text{für Vollwellen bzw.} \tag{18.6}$$

$$W_T = \frac{I_T}{R_a} = \frac{\pi}{2 R_a}\left(R_a^4 - R_i^4\right) \quad \text{für Hohlwellen.} \tag{18.7}$$

Zur Verformungsberechnung: Wir betrachten ein infinitesimal kurzes Stück einer Welle der Abmessungen dx (Länge) und R (Radius), welches tordiert wird (Abb. 18.6). Eine im unbelasteten Zustand gerade, in Wellenrichtung verlaufende Mantellinie wird sich unter dem angreifenden Torsionsmoment um den Winkel γ zur Welle neigen und diese wie eine Spirale umschlängeln. Gesucht ist der Verdrehwinkel $d\vartheta$ des kleinen Stückchens Welle.

Nach dem Hooke'schen Gesetz gilt

$$\gamma = \frac{\tau}{G},$$

woraus mit Gleichung (18.4)

$$\gamma = \frac{M_T R}{G I_T} \tag{18.8}$$

folgt. Des Weiteren gelten die geometrischen Beziehungen $\gamma = ds/dx$ und $d\vartheta = ds/R$. Diese in Gleichung (18.8) eingesetzt führen zu

$$d\vartheta = \frac{M_T}{G I_T} dx.$$

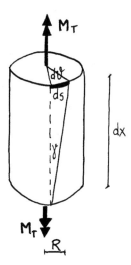

Abb. 18.6 Zur Verformungsberechnung.

Hat die betrachtete Welle die Gesamtlänge l, so beträgt der Verdrehwinkel ϑ der gesamten Welle

$$\vartheta = \int_0^l \frac{M_T}{G I_T}\,\mathrm{d}x.$$

(18.9)

Gleichung (18.9) gilt für Verdrehwinkel in kreiszylindrischen Wellen, in denen sich der Verlauf des Torsionsmomentes $M_T(x)$ und der Radius $R(x)$ entlang der Welle ändern dürfen. In den allermeisten Fällen wird dem aber nicht so sein – Radius und Torsionsmoment werden zumindest abschnittweise konstant sein –, sodass sich Gleichung (18.9) zu

$$\vartheta = \frac{M_T\,l}{G I_T}$$

(18.10)

vereinfacht.

Beispiel 18.1: Eine abgesetzte Welle aus Stahl (1. Abschnitt: Länge $l_1 = 200$ mm, Durchmesser $D_1 = 15$ mm, 2. Abschnitt: Länge $l_2 = 150$ mm, Durchmesser $D_2 = 10$ mm, Schubmodul $G = 80.000$ N/mm^2) ist an einem Ende fest eingespannt. Am anderen Ende wird sie durch ein Kräftepaar mit dem Hebelarm $a = 80$ mm belastet (Abb. 18.7). Die Torsionsspannung in der Welle darf den Grenzwert $\tau_{max} = 150$ N/mm^2 nicht überschreiten.

Berechnen Sie die maximal zulässige Kraft F_{zul} und den dabei vorliegenden Verdrehwinkel der Welle.

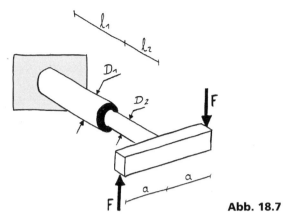

Abb. 18.7

Die Torsionsspannungen sind im Bereich des kleinsten Wellendurchmessers am größten und betragen dort

$$\tau_{max} = \frac{M_T}{W_T} = \frac{2\,M_T}{\pi\,R^3}, \text{ sodass sich für das zulässige Torsionsmoment}$$

$$M_{T.zul.} = \frac{\pi}{2}\tau_{zul.}\,R^3 = \frac{\pi}{2}150\,\frac{N}{mm^2}\left(5\,mm\right)^3 = 29,5\,Nm$$

ergibt. Der Torsionswinkel kann abschnittweise mit Gleichung (18.10) berechnet und zum gesamten Torsionswinkel addiert werden:

$$\vartheta = \frac{M_T\,l_1}{G\,I_{T1}} + \frac{M_T\,l_2}{G\,I_{T2}} = \frac{2\,M_T}{\pi\,G}\left(\frac{l_1}{R_1^4} + \frac{l_2}{R_2^4}\right)$$

$$= \frac{2 \cdot 29.452\,Nmm}{\pi \cdot 80.000\,\dfrac{N}{mm^2}}\left(\frac{200\,mm}{\left(7,5\,mm\right)^4} + \frac{150\,mm}{\left(5\,mm\right)^4}\right) = 0,071 = 4,1°$$

18.3 Torsion geschlossener dünnwandiger Hohlprofile

Zur Spannungsverteilung: Auch bei der Torsion geschlossener dünnwandiger Hohlprofile bemühen wir beim Thema Spannungsverteilung zunächst den hydrodynamischen Vergleich. Als Ersatz für ein beliebiges dünnwandiges Hohlprofil, bei dem sich die Wandstärke t entlang der Bogenlänge s ändert (Abb. 18.8), sehen wir also in Gedanken einen Kanal desselben Profils vor uns, in dem Wasser im Kreis fließt. Damit sich das Wasser an keiner Stelle des Kanals staut, muss es in engen Bereichen entsprechend schneller fließen als in breiten. In der Flüssigkeitsströmung ist deshalb das Produkt aus Strömungsgeschwindigkeit und Breite konstant, sodass im tordierten Träger aufgrund des hydrodynamischen Vergleichs das Produkt aus Schubspannung τ und Wandstärke t, der so genannte Schubfluss, konstant ist:

$$\boxed{\tau \cdot t = \text{konstant}\,.} \tag{18.11}$$

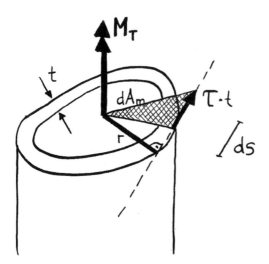

Abb. 18.8 Torsionsspannungsverteilung in einem geschlossenen dünnwandigen Hohlprofil.

Das Torsionsmoment, das die Schubspannung entlang eines kleinen Abschnitts mit der Bogenlänge ds ausübt, beträgt

$$dM_T = \text{Kraft} \times \text{Hebelarm} = (\tau\, t\, ds)\, r\,. \tag{18.12}$$

Um hieraus das gesamte Torsionsmoment des Profils zu ermitteln, müssen wir einmal geschlossen entlang der Bogenlänge integrieren. Man spricht dann von einem Umlauf-integral und zeigt dies durch einen Kreis im Integralzeichen an. Wir erhalten, unter Beachtung, dass der Schubfluss $\tau \cdot t$ konstant ist,

$$M_T = \oint \tau\, t\, r\, ds = \tau\, t \oint r\, ds\,, \tag{18.13}$$

wobei das Produkt von r und ds gerade doppelt so groß ist wie das in Abbildung 18.8 schraffierte kleine Dreieck der Fläche dA_m. Wir formen Gleichung (18.13) daher weiter zu

$$M_T = \tau\, t \oint 2\, dA_m = 2\, \tau\, t\, A_m$$

um und erhalten so für die Schubspannungen

$$\tau = \frac{M_T}{2t\, A_m}\,. \tag{18.14}$$

Gleichung (18.14) ist als 1. Bredt'sche Formel bekannt (nach Rudolf Bredt, 1842–1900). In ihr sind M_T das Torsions-Schnittmoment im betrachteten Querschnitt, t die Wandstärke und A_m die von der Profil-Mittellinie eingeschlossene Fläche. Die 1. Bredt'sche Formel bestätigt die Folgerung aus dem hydrodynamischen Vergleich, dass die Torsionsspannungen an der Stelle der geringsten Wandstärke maximal werden.

Wie bei der Torsion von Kreisprofilen lässt sich auch die 1. Bredt'sche Formel so darstellen, dass die maximale Spannung als Quotient von Torsionsmoment durch Widerstandsmoment dargestellt wird. Dann gilt

$$\tau_{\max} = \frac{M_T}{W_T} \text{ mit } W_T = 2 A_m t_{\min} . \tag{18.15}$$

Zur Berechnung der Verdrehung: Betrachten wir einen Träger der Länge l mit einem entlang der Trägerlänge konstanten Querschnitt.

Die äußere Arbeit, die ein angreifendes Torsionsmoment M_T beim Verdrillen des Stabes verrichtet, beträgt $0{,}5\,M_T\,\vartheta$ – in Analogie zur bekannten Merkregel $0{,}5\,Fs$ für die Energie einer gespannten Feder – und wird in der Verzerrungsenergie des tordierten Stabes gespeichert. Mit der im Träger gespeicherten Verzerrungsenergie,

$$W = \frac{1}{2} \int_V \tau\, \gamma\, dV = \frac{1}{2} \int_V \frac{\tau^2}{G} dV,$$

dem geometrischen Zusammenhang $dV = l\,t\,ds$ und der 1. Bredt'schen Formel erhalten wir

$$\frac{1}{2} M_T \vartheta = \frac{1}{2} \oint \frac{M_T^2\, l}{4 t\, A_m^2\, G} ds \ .$$

Hierin ziehen wir alle Konstanten vor das Integralzeichen – M_T, A_m, l und G – und lösen nach dem Verdrehwinkel ϑ auf. Wir erhalten die 2. Bredt'sche Formel,

$$\vartheta = \frac{M_T\, l}{4\, G\, A_m^2} \oint \frac{1}{t} ds , \tag{18.16}$$

welche sich in der gewohnten Form

$$\vartheta = \frac{M_T\, l}{G\, I_T}$$

darstellen lässt, wenn das Torsionsträgheitsmoment mit

$$I_T = \frac{4 A_m^2}{\oint \dfrac{1}{t} ds} \tag{18.17}$$

angesetzt wird.

Die 2. Bredt'sche Formel – Gleichung (18.16) – mag abschreckend wirken, man sieht Umlaufintegrale schließlich nicht alle Tage. Haben Sie aber bitte vor dem Umlaufintegral keine Angst. Für die allermeisten technisch relevanten Träger ist die Wandstärke zumindest abschnittsweise konstant, und aus dem ängstigenden Umlaufintegral wird dann der simple Quotient von Bogenlänge durch Wandstärke. Im folgenden Beispiel und in den Übungsaufgaben werden Sie dies bestätigt finden.

Beispiel 18.2: Dünnwandige Rohre kann man sowohl nach den Gleichungen für Kreisquerschnitte als auch nach denen für geschlossene dünnwandige Hohlprofile berechnen. Hierbei sind die Gleichungen für Kreisquerschnitte exakt und die für dünnwandige Hohlprofile Näherungslösungen, die erst im Grenzwert zu verschwindend kleinen Wandstärken gegen die exakte Lösung konvergieren. Berechnen Sie den Fehler, der durch die Verwendung der Gleichungen für geschlossene dünnwandige Hohlprofile beim skizzierten Profil (Abb. 18.9) auftritt.

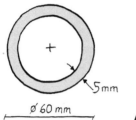

Abb. 18.9

Zunächst zur Spannungsberechnung: Die Widerstandsmomente betragen

$$W_{T,\text{Kreisprofil}} = \frac{\pi}{2}\frac{\left(R_a^4 - R_i^4\right)}{R_a} = \frac{\pi}{2}\frac{\left((30\,\text{mm})^4 - (25\,\text{mm})^4\right)}{30\,\text{mm}} = 21.958\,\text{mm}^4 \quad \text{und}$$

$$W_{T,\text{Hohlprofil}} = 2\,A_m\,t_{\min} = 2\,\pi\,(27{,}5\,\text{mm})^2 \cdot 5\,\text{mm} = 23.758\,\text{mm}^4.$$

Die Gleichungen für geschlossene dünnwandige Hohlprofile führen also zu einem um den Faktor 1,08 zu großen Widerstandsmoment und die so berechneten Spannungen sind folglich um eben diesen Faktor kleiner als der exakte Wert.

Zum Verdrehwinkel: Der nach den Gleichungen für kreiszylindrische Wellen berechnete exakte Wert des Torsionsträgheitsmomentes beträgt

$$I_{T,\text{Kreisprofil}} = \frac{\pi}{2}\left(R^4 - R_i^4\right) = \frac{\pi}{2}\left((30\,\text{mm})^4 - (25\,\text{mm})^4\right) = 658.753\,\text{mm}^4.$$

Nach den Gleichungen für geschlossene dünnwandige Profile wird I_T gemäß

$$I_{T,\text{Hohlprofil}} = \frac{4\,A_m^2}{\oint \frac{1}{t}\,\mathrm{d}s}$$

berechnet. Hierin ist A_m die von der Mittellinie des Profils umschlossene Fläche – $\pi(27{,}5\,\text{mm})^2$ – und über das Umlaufintegral hieß es, es sei einfacher zu berechnen, als man denkt. Das ist es tatsächlich, denn die Wandstärke t ist konstant und kann vor das Integral gezogen werden. Das verbleibende Integral über die Funktion 1 ist schlicht und einfach der mittlere Kreisumfang, $\pi 55\,\text{mm}$:

$$\oint \frac{1}{t}\,\mathrm{d}s = \frac{1}{t}\oint \mathrm{d}s = \frac{1}{5\,\text{mm}}\left(\pi \cdot 55\,\text{mm}\right).$$

Damit ergibt sich

$$I_{T,\text{Hohlprofil}} = \frac{4A_m^2}{\oint \frac{1}{t}\,ds} = \frac{4\cdot\left(\pi\cdot(27{,}5\,\text{mm})^2\right)^2}{\frac{1}{5\,\text{mm}}\left(\pi\cdot 55\,\text{mm}\right)} = 653.353\,\text{mm}^4.$$

Nach den Gleichungen für geschlossene dünnwandige Hohlprofile ergibt sich also ein um den Faktor 1,01 kleinerer als der exakte Wert, sodass der Verdrehwinkel um eben diesen Faktor unterhalb des exakten Wertes liegt.

Beispiel 18.3: Der skizzierte kastenförmige Träger wird durch das Torsionsmoment $M_T = 400\,\text{Nm}$ belastet (Abb. 18.10). Der Schubmodul des Werkstoffs beträgt 80.000 N/mm². Berechnen Sie die größten Spannungen im Träger und den Verdrehwinkel des Stabes.

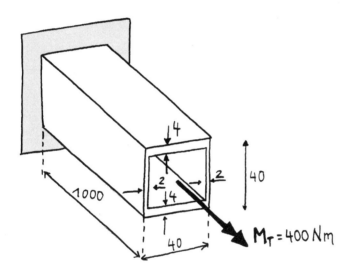

Abb. 18.10 Alle Maße in Millimetern (geraffte Darstellung).

Zu den Spannungen: Diese sind im Bereich der kleinsten Wandstärke maximal und betragen

$$\tau_{\max} = \frac{M_T}{W_T} = \frac{M_T}{2\,A_m\,t_{\min}} = \frac{400.000\,\text{Nmm}}{2\cdot 36\,\text{mm}\cdot 38\,\text{mm}\cdot 2\,\text{mm}} = 73\,\frac{\text{N}}{\text{mm}^2}\,.$$

Zum Verdrehwinkel: Das Umlaufintegral spalten wir in vier einzelne Integrale mit jeweils konstanter Wandstärke auf (linke, obere, rechte und untere Wand). Wir erhalten somit

$$\oint \frac{1}{t}\,ds = \frac{1}{2\,\text{mm}}\int_{\text{linke Wand}} ds + \frac{1}{4\,\text{mm}}\int_{\text{obere Wand}} ds + \frac{1}{2\,\text{mm}}\int_{\text{rechte Wand}} ds + \frac{1}{4\,\text{mm}}\int_{\text{untere Wand}} ds$$

$$= \frac{36\,\text{mm}}{2\,\text{mm}} + \frac{38\,\text{mm}}{4\,\text{mm}} + \frac{36\,\text{mm}}{2\,\text{mm}} + \frac{38\,\text{mm}}{4\,\text{mm}} = 55\,.$$

Wir setzen alles in die Bestimmungsgleichung für ϑ ein und erhalten

$$\vartheta = \frac{M_T\, l}{G\, I_T} = \frac{M_T\, l \oint \frac{1}{t}\, ds}{4\, G\, A_m^2} = \frac{400.000\,\text{Nmm} \cdot 1.000\,\text{mm} \cdot 55}{4 \cdot 80.000\,\dfrac{\text{N}}{\text{mm}^2} \cdot \left(36\,\text{mm} \cdot 38\,\text{mm}\right)^2} = 0,037 = 2,1°$$

18.4 Torsion offener dünnwandiger Profile

Betrachten wir zunächst einen Träger mit einem schmalen Rechteckprofil, dessen Breite t klein gegenüber der Höhe h sei. Im hydrodynamischen Vergleich – einen schmalen rechteckigen Trog mit Wasser füllen und umrühren – erkennen wir, dass die Flüssigkeit an den Außenwänden am schnellsten fließt, in der Profilmitte steht und dazwischen ihre Strömungsgeschwindigkeit linear ändert (Abb. 18.11).

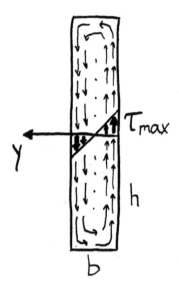

Abb. 18.11 Spannungsverteilung in einem schmalen Rechteckprofil.

Für die Schubspannungsverteilung gilt somit

$$\boxed{\tau(y) = \tau_{\max}\, \frac{y}{t/2}\, .} \tag{18.18}$$

Im hydrodynamischen Vergleich erkennen wir weiterhin, dass das Strömungsfeld aus lauter in sich geschlossenen Stromlinien besteht. Dementsprechend besteht auch das Schubspannungsfeld aus lauter geschlossenen Kraftflusslinien, und wir können uns den Trägerquerschnitt so vorstellen, als bestehe er aus lauter ineinander geschachtelten dünnwandigen Hohlprofilen.

Für jedes dieser einzelnen geschlossenen Hohlprofile beschreibt die 1. Bredt'sche Formel den Zusammenhang zwischen Torsionsmoment und Schubspannung. Für eine

Kraftflusslinie, die in einer beliebigen Entfernung y von der Profilmitte verläuft und die infinitesimal kleine Breite dy aufweist, lautet er

$$dM_T = 2\,\tau(y)\,A_m(y)\,dy\,.$$

Hierin setzen wir $A_m(y) = 2yh$ sowie für $\tau(y)$ Gleichung (18.18) ein und integrieren über alle Kraftflusslinien von ganz innen ($y=0$) bis außen an der Trägerwand ($y=t/2$). Wir erhalten

$$M_T = 2\int_0^{t/2}\tau_{\max}\frac{y}{t/2}2\,y\,h\,dy = 8\,\tau_{\max}\frac{h}{t}\int_0^{t/2}y^2 dy = \frac{1}{3}\tau_{\max}h\,t^2. \tag{18.19}$$

Nach $\tau_{\max}$ aufgelöst und als Quotient von Torsions- durch Widerstandsmoment ausgedrückt ergibt sich

$$\boxed{\tau_{\max} = \frac{M_T}{W_T} \ \text{mit}\ W_T = \frac{1}{3}h\,t^2.} \tag{18.20}$$

Auch für die Berechnung des Torsionsträgheitsmomentes I_T können wir uns den schmalen Rechteckquerschnitt als aus vielen ineinander geschachtelten dünnwandigen Hohlprofilen bestehend vorstellen. Wir erhalten

$$I_T = \int_{y=0}^{t/2}\frac{4\,A_m^2}{\oint\frac{1}{t}\,ds} \ \ \text{mit}\ t = dy,\ A_m = 2\,y\,h\ \text{und}\ \oint 1\,ds = 2\,h$$

$$\Rightarrow \ I_T = \int_{y=0}^{t/2}\frac{4\cdot 4\,y^2 h^2}{\oint ds}\,dy = \int_{y=0}^{t/2}8\,y^2 h\,dy$$

$$\boxed{\Rightarrow \ I_T = \frac{1}{3}h\,t^3.} \tag{18.21}$$

Abschließend – ohne Herleitung – noch zwei Erweiterungen dieser Gleichungen:

Ist ein Träger aus mehreren schlanken Rechteckprofilen zusammengesetzt, so berechnen sich I_T und W_T als

$$\boxed{I_T = \frac{1}{3}\sum h_i\,t_i^3} \tag{18.22}$$

und $\boxed{W_T = \frac{I_T}{t_{\max}}\,,}$ (18.23)

wobei die maximale Schubspannung im Profilabschnitt mit der größten Wandstärke auftritt.

Auch bei gekrümmten offenen dünnwandigen Profilen, wie z.B. bei einer Dachrinne, können wir die obigen Gleichungen anwenden. Wir betrachten diese Querschnitte als „verbogene" Rechteckquerschnitte und setzen die abgewickelte Länge des Profilquerschnitts als Trägerhöhe h an.

Beispiel 18.4: Für den skizzierten Träger (Abb. 18.12) sind I_T und W_T zu berechnen.

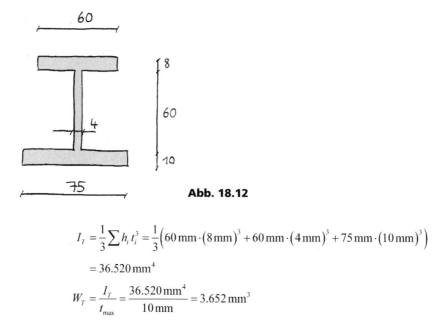

Abb. 18.12

$$I_T = \frac{1}{3}\sum h_i t_i^3 = \frac{1}{3}\left(60\,\text{mm}\cdot(8\,\text{mm})^3 + 60\,\text{mm}\cdot(4\,\text{mm})^3 + 75\,\text{mm}\cdot(10\,\text{mm})^3\right)$$

$$= 36.520\,\text{mm}^4$$

$$W_T = \frac{I_T}{t_{max}} = \frac{36.520\,\text{mm}^4}{10\,\text{mm}} = 3.652\,\text{mm}^3$$

18.5 Kleiner Exkurs: Das Slinky

Die Konstruktion ist noch immer dieselbe wie zu seiner Markteinführung in den 1940-er Jahren und seine Faszination als Spielzeug ungebrochen: Slinky, die Schraubenfeder aus Hollidaysburg in Pennsylvania (Abb. 18.13). Wunderschön gemächlich schwingt sie auf und ab, und wenn man sich geschickt anstellt – was dem Autor aber nur selten gelingt – kann sie auch ganz alleine, Schritt für Schritt eine Treppe hinab gehen. Weshalb kann Slinky das, andere Schraubenfedern aber nicht?

Wir wollen diese Frage zum Anlass nehmen, uns ein wenig mit der Mechanik von Schraubenfedern zu befassen und aus den dabei gewonnenen Erkenntnissen Slinkys Konstruktion verstehen.

Abb. 18.13 Das Slinky.

Offensichtlich kann Slinky das nur, weil es so schön langsam schwingt. Andere Schraubenfedern, beispielsweise die Federn eines Garagentors, schwingen um ein Vielfaches schneller – viel zu schnell, um ihnen geruhsam zuzuschauen oder selbstständig eine Treppe hinabzusteigen.

Aus der Schulphysik wissen wir, dass die Eigenfrequenz ν eines Feder-Masse-Systems gemäß

$$\nu = \frac{1}{2\pi}\sqrt{\frac{C}{m}}$$

von der Federsteifigkeit C und der angehängten Masse m abhängt. Die Eigenfrequenz einer Feder ist somit umso niedriger, je kleiner die Federkonstante und je größer die Dichte des Federwerkstoffs – und damit die Masse der Feder – sind. Die Federkonstante C ist definiert als der Quotient aus angreifender Kraft F und Auslenkung f,

$$C = \frac{F}{f} \, .$$

Um die Auslenkung f der Feder zu ermitteln, müssen wir uns zunächst einen Überblick über die Schnittgrößen im Federdraht verschaffen. Das Freikörperbild (Abb. 18.14) zeigt, dass im Federdraht die Querkraft $Q = F$ und das Torsionsmoment $M_T = F \cdot R$ wirken, wobei R der mittlere Wicklungsradius der Feder ist. Q und M_T sind an jeder Stelle des Federdrahtes gleich groß. Man kann zeigen, dass der Einfluss der Querkraft auf die Verformung deutlich kleiner ist als der Einfluss des Torsionsmomentes, sodass wir den Federdraht als rein torsionselastisch auffassen dürfen.

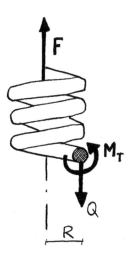

Abb. 18.14 Schnittgrößen in einer Schraubenfeder.

Wie lautet der Zusammenhang zwischen dem Torsionsmoment M_T im Federdraht und der Auslenkung f? Betrachten wir hierzu ein kleines Scheibchen Federdraht der Länge ds. Dieses Scheibchen kann sich an jeder beliebigen Stelle in der Feder befinden, wobei aber die Position unmittelbar am unteren Ende der Feder am anschaulichsten ist (Abb. 18.15).

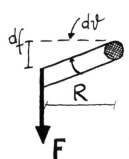

Abb. 18.15 Zur Herleitung des Zusammenhangs zwischen dem Torsionsmoment M_T im Federdraht und der Auslenkung f der Feder.

Unter Beanspruchung durch das Torsionsmoment im Federdraht verdrillt sich die betrachtete dünne Scheibe um den kleinen Winkel d$\vartheta = (M_T/GI_T)$ds, und das untere Ende der Feder senkt sich um d$f = R \cdot$dϑ ab. Nun steht aber nicht nur *ein* dünnes Scheibchen unter Torsionsbeanspruchung, sondern die gesamte Feder. Für flache Schraubenfedern beträgt die abgewickelte Länge des Federdrahtes

$$l = 2\pi R n$$

mit der Windungszahl n. Wir erhalten somit für die Verlängerung f der Feder

$$f = \int \mathrm{d}f = \int_0^{2\pi R n} \frac{F R^2}{G I_T} \, \mathrm{d}s = \frac{2\pi F R^3 n}{G I_T}$$

und mit $C = F/f$ für die Federsteifigkeit

$$C = \frac{G\,I_T}{2\pi\,R^3\,n}\,.$$

(18.24)

Können wir daraus Rückschlüsse ziehen, welche Drahtquerschnitte für Slinky geeignet sind? Nun, Slinky soll langsam schwingen und deshalb bei großer Masse m eine kleine Federsteifigkeit C aufweisen. In Gleichung (18.24) geht der Drahtquerschnitt allein über das Torsionsträgheitsmoment I_T ein. Günstig sind deshalb Querschnitte mit einem kleinen Torsionsträgheitsmoment bei großer Querschnittsfläche (im Interesse großer Masse), und dies ist am besten bei dünnwandigen offenen Profilen gegeben. Genau so ist Slinky auch tatsächlich aufgebaut. Im Gegensatz zu gewöhnlichen Schraubenfedern, die aus rundem Draht gewickelt sind, besitzt Slinky einen dünnen Rechteckquerschnitt.

18.6 Kleiner Exkurs: die Messung des Schubmoduls eines Metalldrahtes

Wie misst man den Schubmodul von Werkstoffen? Am naheliegendsten ist es sicherlich, in einem Versuch das Torsionsmoment über dem Verdrehwinkel aufzunehmen und den Schubmodul aus der Steigung der Hooke'schen Geraden zu bestimmen. Aber derartige Versuche können ungenau sein. Im Allgemeinen sind die auftretenden Verformungen im linearen Bereich recht klein und daher schwer zu messen, und auch die Nachgiebigkeit der Prüfmaschine kann das Messergebnis verfälschen. Genauere Ergebnisse erhält man über die Messung der Eigenfrequenz der Probe.

Die Messung des Schubmoduls aus der Eigenfrequenz eines drehschwingenden Stabes lässt sich mit sehr einfachen Mitteln selbst durchführen. Alles, was Sie dazu benötigen, sind ein knapp 1 m langer Metalldraht, wie er in Bastelgeschäften erhältlich ist, und zwei ca. 8 cm × 8 cm große und 1 cm starke Holzstücke.

Ein Ende des Drahtes kleben wir zwischen die beiden Holzstücke ein, das andere Ende spannen wir fest ein, beispielsweise mit einer Schraubzwinge, sodass der Draht mit den Holzstücken frei nach unten hängt (Abb. 18.16). Jetzt verdrehen wir die Holzstückchen um die Drahtachse, sodass der Draht tordiert wird.

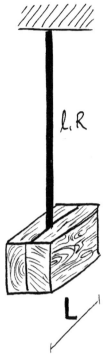

Abb. 18.16 Versuchsaufbau.

Sobald wir loslassen, vollführen Draht und Klötzchen Drehschwingungen (Abb. 18.17). Wie lässt sich aus der Frequenz dieser Drehschwingung der Schubmodul des Drahtes bestimmen?

Abb. 18.17 Werden die Holzklötze um die Drahtachse verdreht und losgelassen, so führen sie Drehschwingungen aus, deren Frequenz zu messen ist.

Aus mechanischer Sicht stellen der dünne Draht und die Holzstücke einen Feder-Masse-Schwinger dar, bestehend aus dem Draht als praktisch masseloser Drehfeder und dem Holzklötzchen als Masse. Die Eigenfrequenz v dieses Systems beträgt

$$v = \frac{1}{2\pi}\sqrt{\frac{C_T}{J}}, \tag{18.25}$$

wobei C_T die Drehfedersteifigkeit und J die Drehmasse des Holzklotzes ist. Die Drehfedersteifigkeit ist definiert als Quotient aus angreifendem Torsionsmoment M_T und Verdrehwinkel ϑ,

$$C_T = \frac{M_T}{\vartheta}. \tag{18.26}$$

Die Drehmasse einer dünnen Platte beträgt

$$J = \frac{1}{12} m L^2.$$

Wie groß die Drehfedersteifigkeit eines runden Stabes der Länge l und des Radius R ist, können wir mit Gleichung (18.10) berechnen. Es ergibt sich

$$C_T = \frac{M_T}{\vartheta} = \frac{G I_T}{l} \tag{18.27}$$

Wir lösen Gleichung (18.27) nach G auf, ersetzen C_T mit Gleichung (18.25) und erhalten

$$G = \frac{4\pi^2 J l}{I_T} \cdot v^2.$$

Mit $I_T = \pi/2\, R^4$ und $J = 1/12\, m L^2$ ergibt sich schließlich

$$G = \frac{2}{3} \frac{\pi m l L^2}{R^4} \cdot v^2 \tag{18.28}$$

als Gleichung für die Berechnung des Schubmoduls aus der gemessenen Eigenfrequenz v.

Aufgrund seiner einfachen Versuchsdurchführung eignet sich der Versuch gut als Vorführversuch, beispielsweise in einer Vorlesung. Bei seinem letzten Versuch hat der Autor einen Metalldraht der Länge $l = 78$ cm und des Durchmessers 0,65 mm sowie zwei Holzklötze mit einer Breite von $L = 94$ mm und einer Masse von zusammen $m = 62$ g verwendet. Als Eigenfrequenz hatten wir $v = 0{,}95$ Hz gemessen, woraus sich der Schubmodul zu

$$G = \frac{2}{3} \frac{\pi\, 0{,}062\ \text{kg} \cdot 0{,}78\ \text{m} \left(94\ \text{mm}\right)^2}{\left(0{,}325\ \text{mm}\right)^4} \cdot \left(0{,}95\ \text{s}^{-1}\right)^2 = 72.400\ \frac{\text{N}}{\text{mm}^2}$$

ergab. Im Vergleich zum Literaturwert für Stahl von $G \approx 80.000\ \text{N/mm}^2$ ist das für ein derart einfaches Experiment kein schlechtes Ergebnis.

18.7 Aufgaben

Aufgabe 18.1

Eine zylindrische Vollwelle des Durchmessers D soll hohl gebohrt werden (Bohrungsdurchmesser $D/2$, Abb. 18.18).

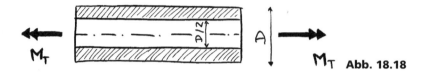

Abb. 18.18

a) Um wie viel Prozent verringert sich das Wellengewicht?
b) Um wie viel Prozent erhöhen sich die Torsionsspannungen?
c) Um wie viel Prozent erhöht sich der Verdrehwinkel?

Aufgabe 18.2

Bei gewöhnlichen Garagentoren sorgen zwei bei geschlossenem Tor gespannte Zugfedern dafür, dass sich die Tore trotz hohen Gewichts mit moderater Kraft öffnen und schließen lassen.

Es bestehe nun die Schraubenfeder eines Garagentors aus 7 mm starkem Stahldraht ($G = 80.000\,\mathrm{N/mm^2}$), der in 67 Windungen des mittleren Windungsdurchmessers $D = 52$ mm gewickelt ist. Bei geschlossenem Garagentor verlängern sich die Federn von 500 mm (entspannter Zustand) auf 800 mm.

Berechnen Sie die Federkonstante C, die Federkraft F bei geschlossenem Tor und die in der Feder bei geschlossenem Tor herrschenden Torsionsspannungen.

Aufgabe 18.3

Eine Hohlwelle sollte wie in Abbildung 18.19 (links) skizziert aus zwei miteinander verschweißten Halbkreisprofilen (Außendurchmesser: 80 mm, Wandstärke: 4 mm) hergestellt werden, um ein Torsionsmoment M_T zu übertragen. Berechnen Sie, um welchen Faktor sich die Torsionsspannungen und der Verdrehwinkel erhöhen, falls eine der beiden Schweißnähte fehlerhafterweise nicht gelegt wird (Abb. 18.19, rechts).

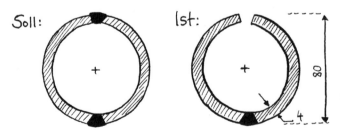

Abb. 18.19 Verschweißte Halbkreisprofile (alle Abmessungen in Millimetern).

Aufgabe 18.4

Eine konische Welle (Länge l, Radien an den Enden $2R$ und R, Abb. 18.20) soll ein Torsionsmoment M_T übertragen. Berechnen Sie den Verdrehwinkel ϑ.

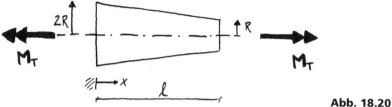

Abb. 18.20

Aufgabe 18.5

Die Eingangswelle eines einstufigen Getriebes (Teilkreisdurchmesser Zahnrad 1: 60 mm, Teilkreisdurchmesser Zahnrad 2: 180 mm) überträgt das Drehmoment $M_{T,ein} = 100$ Nm.

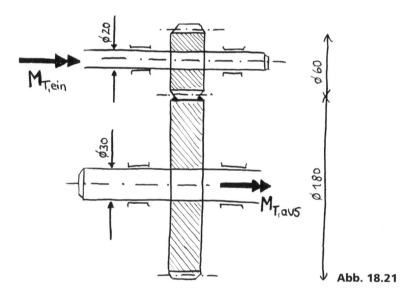

Abb. 18.21

a) Berechnen Sie das Drehmoment $M_{T,aus}$ in der Ausgangswelle des Getriebes.
b) Berechnen Sie die Torsionsspannungen in Ein- und Ausgangswelle.

19 Dünnwandige Behälter unter Innendruck

Beginnen wir mit einer kurzen Vorbetrachtung. Bei langen und dünnen Trägern ist bekannt, dass sie aufgrund der großen Hebelarme und des geringen axialen Flächenträgheitsmomentes sehr empfindlich auf Biegebeanspruchung reagieren.

Das gilt sinngemäß auch für dünnwandige Druckbehälter. Diese sollten tunlichst so konstruiert sein, dass sich ihre Behälterwand durch die Druckbelastung nicht verbiegt. Es gibt zwei technisch wichtige Behälterformen, die diese Anforderung erfüllen, den zylindrischen und den kugelförmigen Behälter.

19.1 Zylindrische Behälter

Es empfiehlt sich, die auftretenden Spannungen in Polarkoordinaten zu betrachten. In der Behälterwand liegen dann Radialspannungen σ_r, Umfangsspannungen σ_φ und Längsspannungen σ_l vor.

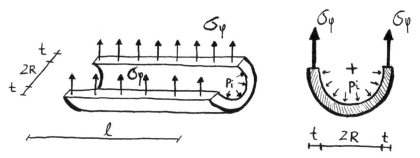

Abb. 19.1 Ermittlung der Umfangsspannung in einem dünnwandigen zylindrischen Behälter unter Innendruck.

Die Umfangsspannung σ_φ lässt sich aus dem Kräftegleichgewicht eines längs durchgeschnittenen Behälters ermitteln (Abb. 19.1).

Die Kraftwirkung des Innendrucks p_i berechnen wir per „Druck mal projizierte Fläche" und erhalten so für das Kräftegleichgewicht in vertikale Richtung

$$\uparrow \sum F_i = \sigma_\varphi \cdot 2tl - p_i \cdot 2Rl = 0$$

$$\Rightarrow \quad \sigma_\varphi = \frac{p_i R}{t} .$$

(19.1)

Hierin ist p_i der Innendruck im Behälter; R und t sind der Innenradius und die Wandstärke des Behälters.

Für die Längsspannung σ_l setzen wir das Kräftegleichgewicht in horizontale Richtung an (Abb. 19.2) und erhalten

$$\rightarrow \sum F_i = \sigma_l \cdot 2\pi R t - p_i \cdot \pi R^2 = 0$$

$$\Rightarrow \quad \sigma_l = \frac{p_i R}{2t} \qquad\qquad (19.2)$$

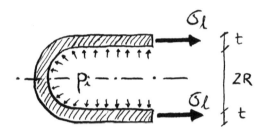

Abb. 19.2 Ermittlung der Längsspannung in einem dünnwandigen zylindrischen Behälter unter Innendruck.

Die Gleichungen (19.1) und (19.2) sind unter der Bezeichnung Kesselformeln bekannt.

Die Radialspannung entspricht an der Behälterinnenwand dem Innendruck $-p_i$ und verschwindet an der Behälteraußenwand (freie Oberfläche). Sie ist in dünnwandigen Behältern ($t \ll R$) sehr viel kleiner als die Radial- und Umfangsspannung und somit in aller Regel vernachlässigbar.

Nach den Kesselformeln ist die Umfangsspannung doppelt so groß wie die Längsspannung. Da sich Risse *quer* zu den größten Spannungen ausbreiten, bersten zylindrische Druckbehälter entlang ihrer Längsachse. Sie werden das bei Brühwürstchen vermutlich schon beobachtet haben, die, wenn sie zu stark erhitzt werden, ebenfalls in Längsrichtung aufplatzen.

19.2 Kugelbehälter

In der Wand eines Kugelbehälters unter Innendruck sind die Spannungen aus Symmetriegründen in alle Richtungen gleich groß. Man kann sich leicht davon überzeugen, dass die Kesselformel für die Längsspannung – Gleichung (19.2) – auch für Kugelbehälter gilt. Die Spannungen in einem dünnwandigen Kugelbehälter unter Innendruck betragen somit

$$\sigma = \frac{p_i R}{2t}. \qquad\qquad (19.3)$$

19.3 Aufgaben

Aufgabe 19.1

Ein zylindrischer Druckbehälter (Durchmesser: 2 m, Abb. 19.3) mit halbkugelförmigen Stirnseiten soll einen Innendruck von 30 bar aufnehmen. Welche Wandstärken sind
a) für den mittleren zylindrischen Teil des Druckbehälters und
b) für die halbkugelförmigen Stirnseiten

erforderlich, wenn die größte Hauptspannung jeweils den zulässigen Wert $\sigma_{zul} = 200\,\text{N/mm}^2$ nicht überschreiten darf?

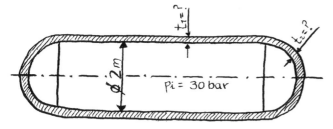

Abb. 19.3

Aufgabe 19.2

In einem in 10.000 m Höhe fliegenden Flugzeug herrscht bei einem Umgebungsdruck von 260 hPa ein Kabinendruck von 750 hPa (Abb. 19.4). Der Rumpf des Flugzeugs lässt sich – ein wenig vereinfacht – als dünnwandiger zylindrischer Druckbehälter auffassen.

Berechnen Sie

a) die Spannungen im Flugzeugrumpf sowie
b) die durch den Druckunterschied hervorgerufene Verformung des Flugzeugrumpfes.

Abb. 19.4

Daten: Rumpflänge: $l = 40$ m; Rumpfdurchmesser: $D = 4$ m; Wandstärke: $t = 1,6$ mm; Material: Aluminium ($E = 70.000\,\text{N/mm}^2$, $\nu = 0,3$).

20 Überlagerte Beanspruchung

Bei der Dimensionierung von Bauteilen geht es darum, berechnete Spannungen hinsichtlich ihrer Zulässigkeit zu beurteilen. Dabei kann die Mehrachsigkeit der Spannungen im Bauteil ein Problem sein.

Die Diskussion dieses Themas fällt einfacher, wenn wir zunächst die drei Arten der Spannungsmehrachsigkeit sauber definieren. Wir wissen (Kapitel 12), dass sich die Komponenten des Spannungstensors bei einer Drehung des Koordinatensystems ändern und dass sich jeder Spannungstensor in sein Hauptachsensystem drehen lässt, in welchem alle Schubspannungen zu null werden.

Ein-, zwei- und dreiachsige Spannungszustände sind wie folgt definiert:

Ein Spannungszustand mit

- genau einer von null verschiedenen Hauptspannung ist einachsig,
- zwei von null verschiedenen Hauptspannungen ist zweiachsig[1],
- drei von null verschiedenen Hauptspannungen ist dreiachsig.

Warum ist die Betrachtung der Mehrachsigkeit wichtig bei der Bauteildimensionierung? Nun, die gängigsten Werkstoffwiderstände wie Streckgrenze, Zug- oder Biegefestigkeit und Dauerfestigkeit werden an Proben gewonnen, in denen einachsige Spannungszustände herrschen (genau eine Normalspannung in Probenlängsrichtung); in realen Bauteilen sind die Spannungszustände dagegen oft mehrachsig.

Aber nur wenn im betrachteten Bauteil auch ein einachsiger Spannungszustand herrscht, kann die Dimensionierung des Bauteils der einfachen Grundregel folgen, dass die im Bauteil herrschende Spannung kleiner sein muss als die zulässige Spannung σ_{zul} des Werkstoffs. Einachsige Spannungszustände sind beispielsweise Zug/Druck-Beanspruchung, Biegebeanspruchung sowie überlagerte Zug/Druck- und Biegebeanspruchung, da in diesen Lastfällen jeweils als einzige Spannung eine Normalspannung in Trägerlängsrichtung herrscht.

Ist der Spannungszustand im Bauteil dagegen mehrachsig, wird es schwieriger. Das ist schon bei gewöhnlicher Torsion der Fall, denn Torsionsspannungen sind reine *Schub*spannungen. Im Hauptachsensystem treten *zwei* Hauptspannungen σ_1 und σ_2 auf, die im Betrag gleich groß sind, aber unterschiedliche Vorzeichen haben (Abb. 20.1).

---

[1] Zweiachsiger Spannungszustand und ebener Spannungszustand sind Synonyme.

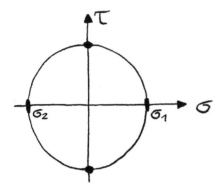

Abb. 20.1 Mohr'scher Spannungskreis für Torsion.

Noch schwieriger wird es, wenn mehrere Spannungen gleichzeitig vorliegen, beispielsweise wie in Abbildung 20.2 gezeigt bei Biegung und Torsion. Im Bereich I des Trägers herrschen Normalspannungen durch Biegung und Schubspannungen durch Torsion.

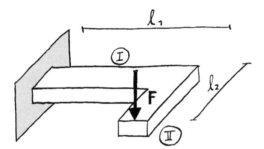

Abb. 20.2 Überlagerung von Biegung und Torsion.

Wie geht man nun vor, einfach die größere der beiden Spannungen mit σ_{zul} vergleichen? Oder erst beide Spannungen addieren? Am besten machen wir uns erst einmal einige grundlegende Gedanken zur Mechanik und Festigkeit von Werkstoffen.

Das Prinzip der nun vorgestellten Festigkeitshypothesen ist das Folgende:

Aus allen im Bauteil herrschenden Normal- und Schubspannungen wird ein einzelner Wert gebildet, die so genannte Vergleichsspannung σ_V. Wenn σ_V für sich alleine die gleiche Gefährlichkeit entfaltet wie die vorhandenen Normal- und Schubspannungen in ihrem Zusammenwirken, kann σ_V mit der zulässigen Spannung σ_{zul} verglichen werden:

$$\sigma_V = \sigma_{zul} \, . \tag{20.1}$$

Es gibt verschiedene Festigkeitshypothesen, die drei wichtigsten sind die Normalspannungs-, die Schubspannungs- und die Gestaltänderungsenergie-Hypothese, welche wir im Folgenden als N-, S- und GE-Hypothese abkürzen. Unsere Betrachtungen beziehen sich auf den ebenen Spannungszustand.

20.1 Normalspannungs-Hypothese

Spröde Werkstoffe reagieren besonders empfindlich auf Normalspannungen. An einem sehr einfachen Experiment mit einem spröden (und billigen) Werkstoff, gewöhnlicher Tafelkreide, lässt sich das schön zeigen. Zerbricht man ein Stück Kreide ganz gewöhnlich mit den Händen – das geschieht ganz automatisch in Biegung – so bricht es stumpf durch (Abb. 20.3, oben). In Torsion ist die Bruchfläche dagegen um 45° zur Stabrichtung geneigt (Abb. 20.3, unten). Welches Prinzip ist dahinter erkennbar? In Biegung zerbricht die Kreide ganz offensichtlich senkrecht zu den Biegespannungen, also senkrecht zur Richtung der größten Hauptspannung. Und in Torsion geschieht dies ebenfalls, denn in der tordierten Kreide herrschen Schubspannungen, zu denen die Hauptspannungen – wie wir das im Mohr'schen Spannungskreis gefunden hatten – stets im 45°-Winkel orientiert sind.

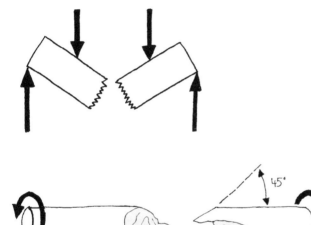

Abb. 20.3 Die Bruchfläche in einem Stück Tafelkreide ist je nach Beanspruchungsart (Biegung/Torsion) um 90° oder um 45° zur Stabrichtung geneigt.

Diesem experimentellen Befund entsprechend lautet die N-Hypothese:

Bei spröden Werkstoffen ist die größtmögliche Normalspannung σ_1 ausschlaggebend für das Werkstoffversagen. Es gilt

$$\sigma_V = \sigma_1 \, . \tag{20.2}$$

20.2 Schubspannungs-Hypothese

Im Gegensatz zu spröden Werkstoffen reagieren duktile (verformungsfähige) Werkstoffe anfällig auf Schubspannungen. Lassen Sie sich im werkstoffkundlichen Institut Ihrer Hochschule einmal die gerissene Zugprobe eines duktilen Metalls, etwa eines Baustahls, zeigen (Abb. 20.4). Bis auf einen kleinen Bereich in der Mitte der Bruchfläche ist der größte Teil der Bruchfläche um 45° zur Zugrichtung geneigt, verläuft also entlang der größten Schubspannungen. Auf mikrostruktureller Ebene findet diese Anfälligkeit auf Schubspannungen ihren Grund darin, dass plastische Verformung auf Versetzungsbewegung beruht und diese Bewegung vor allem ein Abgleiten von Gitterebenen ist, welches durch Schubspannungen vorangetrieben wird.

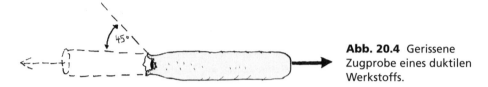

Abb. 20.4 Gerissene Zugprobe eines duktilen Werkstoffs.

Werkstoffversagen setzt also dann ein, wenn die maximale Schubspannung im Bauteil einen kritischen Wert erreicht.

Sehen wir uns, um daraus eine handliche Gleichung abzuleiten, den Mohr'schen Spannungskreis in einer Zugprobe an, die genau mit der zulässigen Spannung σ_{zul} belastet wird (Abb. 20.5). Die maximale Schubspannung in der Zugprobe beträgt

$$\tau_{max} = \frac{1}{2}\sigma_{zul} \, .$$

In anderen Worten: Die äußere Zugspannung ist doppelt so groß wie die in der Zugprobe herrschenden maximalen Schubspannungen. Dementsprechend erhalten wir als Definition der Vergleichsspannung nach der S-Hypothese

$$\sigma_V = 2\tau_{max} \, . \tag{20.3}$$

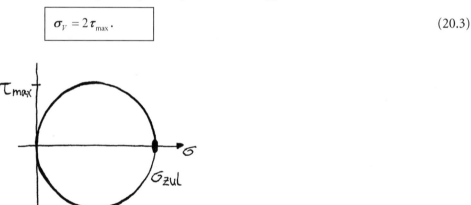

Abb. 20.5 Mohr'scher Spannungskreis für eine Zugprobe, wenn diese genau mit der zulässigen Spannung des Werkstoffs beansprucht wird.

20.3 Gestaltänderungsenergie-Hypothese

Ebenfalls auf duktile Werkstoffe anwendbar ist die GE-Hypothese. Sie lässt sich nicht im Mohr'schen Spannungskreis darstellen, und deswegen verzichten wir hier auf die nicht einfache Herleitung. Die GE-Hypothese lautet:

Bei zähen Werkstoffen setzt plastische Verformung dann ein, wenn die Gestaltände-
rungsarbeit pro Werkstoffvolumen einen kritischen Wert erreicht.

Die Vergleichsspannung nach der GE-Hypothese ist durch

$$\sigma_V = \frac{1}{\sqrt{2}}\sqrt{\left(\sigma_1 - \sigma_2\right)^2 + \sigma_1^2 + \sigma_2^2}$$

$$\text{bzw. } \sigma_V = \sqrt{\sigma_x^2 + \sigma_y^2 - \sigma_x \sigma_y + 3\tau_{xy}^2}$$

(20.4)

gegeben.

20.4 Ebener Spannungszustand mit nur einer Normalspannung

Die Gleichungen (20.2) bis (20.4) gelten für beliebige ebene Spannungszustände. Reale
Spannungszustände sind aber oft einfacher. Liegt, wie häufig der Fall, ein ebener Span-
nungszustand mit nur einer Normalspannung σ (statt zwei möglichen) sowie einer
Schubspannung τ vor, so lassen sich besonders handliche Formeln für σ_V herleiten.

Der Mohr'sche Spannungskreis eines derartigen Spannungszustandes ist in Abbildung 20.6 wiedergegeben.

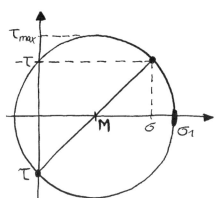

Abb. 20.6 Mohr'scher Spannungskreis für einen
ebenen Spannungszustand mit nur einer Normalspannung.

Für σ_1 und $\tau_{\max}$ gelten die Zusammenhänge

$$\sigma_1 = \text{Mittelpunkt} + \text{Radius} = \frac{1}{2}\sigma + \sqrt{\left(\frac{\sigma}{2}\right)^2 + \tau^2} = \frac{1}{2}\left(\sigma + \sqrt{\sigma^2 + 4\tau^2}\right) \text{ sowie}$$

$$\tau_{\max} = \text{Radius} = \sqrt{\left(\frac{\sigma}{2}\right)^2 + \tau^2} = \frac{1}{2}\sqrt{\sigma^2 + 4\tau^2}\ .$$

Die Vergleichsspannungen können folglich gemäß

$$\sigma_V = \frac{1}{2}\left(\sigma + \sqrt{\sigma^2 + 4\tau^2}\right) \quad \text{(N-Hypothese)},$$

$$\sigma_V = \sqrt{\sigma^2 + 4\tau^2} \qquad \text{(S-Hypothese) und} \qquad (20.5)$$

$$\sigma_V = \sqrt{\sigma^2 + 3\tau^2} \qquad \text{(GE-Hypothese)}$$

berechnet werden. Die Gleichungen für die GE-Hypothese ist hier ohne Herleitung der Vollständigkeit halber mit aufgenommen.

Bitte beachten Sie: Die Gleichungen (20.5) gelten nur für ebene Spannungszustände, bei denen eine der beiden Normalspannungen null ist.

Beispiel 20.1: Bei dem in Abbildung 20.2 gezeigten Träger betragen die geometrischen Abmessungen $l_1 = 800\,\text{mm}$ und $l_2 = 1.200\,\text{mm}$. Das Trägerprofil sei ein quadratisches Vierkantrohr der Kantenlänge 60 mm und der Wandstärke 5 mm (siehe Abb. 20.7). Die Kraft F betrage 2.300 N, die zulässige Spannung des Werkstoffs 200 N/mm². Überprüfen Sie anhand der N-, S- und GE-Hypothese, ob die Spannungen im höchstbeanspruchten Punkt des Trägers (an der Trägeroberseite an der Einspannung) im zulässigen Bereich liegen. Schubspannungen durch Querkraft dürfen vernachlässigt werden.

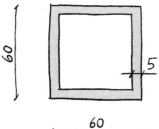

Abb. 20.7 Trägerquerschnitt (Träger und Belastung in Abb. 20.2).

Zunächst berechnen wir die Schnittgrößen im betrachteten Trägerquerschnitt. Bei Vernachlässigung der Querkraft sind dies das Biegemoment $M = Fl_1$ und das Torsionsmoment $M_T = Fl_2$.

Aus den Schnittgrößen berechnen wir die Biegespannung

$$\sigma = \frac{Fl_1}{I_y} \cdot \frac{h}{2} = \frac{2.300\,\text{N} \cdot 800\,\text{mm}}{\frac{1}{12}\left((60\,\text{mm})^4 - (50\,\text{mm})^4\right)} \cdot 30\,\text{mm} = 99\,\frac{\text{N}}{\text{mm}^2}$$

und die Torsionsspannung

$$\tau = \frac{M_T}{W} = \frac{Fl_2}{2\,A_m\,t_{\min}} = \frac{2.300\,\text{N} \cdot 1.200\,\text{mm}}{2 \cdot (55\,\text{mm})^2 \cdot 5\,\text{mm}} = 91\,\frac{\text{N}}{\text{mm}^2}\,.$$

Weitere Spannungen existieren im betrachteten Punkt nicht. Es liegt also ein ebener Spannungszustand vor, bei dem eine Normalspannung gleich null ist, und wir können die Gleichungen (20.5) anwenden. Aus ihnen berechnen wir

für die N-Hypothese

$$\sigma_V = \frac{1}{2}\left(\sigma + \sqrt{\sigma^2 + 4\tau^2}\right) = \frac{1}{2}\left(\left(99\,\frac{N}{mm^2}\right) + \sqrt{\left(99\,\frac{N}{mm^2}\right)^2 + 4\left(91\,\frac{N}{mm^2}\right)^2}\right) = 153\,\frac{N}{mm^2},$$

für die S-Hypothese

$$\sigma_V = \sqrt{\sigma^2 + 4\tau^2} = \sqrt{\left(99\,\frac{N}{mm^2}\right)^2 + 4\left(91\,\frac{N}{mm^2}\right)^2} = 207\,\frac{N}{mm^2}$$

und für die GE-Hypothese

$$\sigma_V = \sqrt{\sigma^2 + 3\tau^2} = \sqrt{\left(99\,\frac{N}{mm^2}\right)^2 + 3\left(91\,\frac{N}{mm^2}\right)^2} = 186\,\frac{N}{mm^2}.$$

Die Beanspruchung befindet sich nach der N- und GE-Hypothese also im zulässigen Bereich. Nach der S-Hypothese wäre der Balken hingegen an der Einspannstelle überbeansprucht.

Alternativ zu den Gleichungen (20.5) könnten wir auch den Mohr'schen Spannungskreis ansetzen. Aus ihm (Abb. 20.8) lesen wir $\sigma_1 = 153\,N/mm^2$, $\sigma_2 = -54\,N/mm^2$ und $\tau_{max} = 103{,}5\,N/mm^2$ ab und erhalten so für σ_V nach der N- und S-Hypothese dieselben Ergebnisse wie mit Gleichung (20.4).

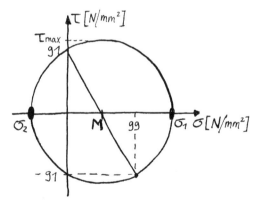

Abb. 20.8 Mohr'scher Spannungskreis.

Das vorliegende Beispiel zeigt, dass die verschiedenen Festigkeitshypothesen ein und denselben Spannungszustand unterschiedlich streng beurteilen. In nicht absolut allen, aber doch den weitaus meisten Fällen wird die Wirkung eines mehrachsigen Spannungszustandes durch die S-Hypothese am strengsten und die N-Hypothese am wenigsten streng beurteilt.

20.5 Abschließende Bemerkungen

Nach der S-Hypothese beträgt die Vergleichsspannung $\sigma_V = 2\tau_{max}$. In Kapitel 12 hatten wir gelernt, dass τ_{max} der Hauptspannungsdifferenz $\sigma_1 - \sigma_2$ entspricht. Aber Vorsicht, dies gilt nur für eine Drehung des Koordinatensystems in der Spannung führenden Ebene! Wenn wir auch Drehungen aus dieser Ebene heraus zulassen, kann τ_{max} größer als $\sigma_1 - \sigma_2$ sein.

Der Grund hierfür ist der Mohr'sche Spannungskreis für dreiachsige Spannungszustände. Dieser besteht – ohne tiefer ins Detail einzusteigen – aus drei ineinander geschachtelten Kreisen durch die drei Hauptspannungen.

Wir haben in diesem Kapitel ebene Spannungszustände betrachtet, also Spannungszustände, bei denen eine der Hauptspannungen gleich null ist. Dies kann entweder die kleinste Hauptspannung (Abb. 20.9, links), die mittlere Hauptspannung (Abb. 20.9, mittig) oder die größte Hauptspannung (Abb. 20.9, rechts) sein.

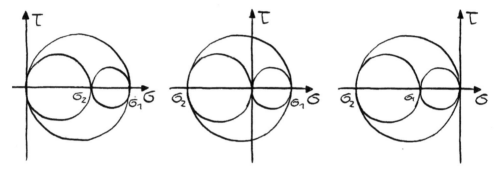

Abb. 20.9 Dreiachsige Mohr'sche Spannungskreise für ebene Spannungszustände.

Man erkennt, dass sich für jeden dieser drei Fälle eine andere Bestimmungsgleichung für τ_{max} ergibt. Es gilt

$$\tau_{max} = \frac{1}{2}\sigma_1 \text{ für } \sigma_2 > 0 \text{ und } \sigma_1 > 0,$$

$$\tau_{max} = \frac{1}{2}(\sigma_1 - \sigma_2) \text{ für } \sigma_2 < 0 \text{ und } \sigma_1 > 0 \text{ sowie}$$

$$\tau_{max} = \frac{1}{2}|\sigma_2| \text{ für } \sigma_2 < 0 \text{ und } \sigma_1 < 0.$$

(20.5)

20.6 Tipps und Tricks

Schwierigkeiten bereitet regelmäßig die Frage, welche Spannungen denn nun in einem bestimmten Balkenquerschnitt auftreten. Die einfache Antwort lautet: Jede Schnittgröße bewirkt *eine* Art von Spannung. Normalkräfte und Biegemomente bewirken Normalspannungen in Balkenrichtung, Querkräfte bewirken Schubspannungen, die in schlanken Trägern aber oft vernachlässigbar klein sind, und Torsionsmomente verursachen ebenfalls Schubspannungen.

20.7 Aufgaben

Aufgabe 20.1

Eine zylindrische Vollwelle des Radius $R = 10$ mm wird an beiden Seiten durch eine im Abstand $R/2$ zur Mittellinie angreifende Kraft $F = 20$ kN belastet. Die zulässige Spannung des Wellenwerkstoffs betrage $\sigma_{zul} = 200$ N/mm².

Abb. 20.10

a) Welche Spannungen herrschen in der Welle?
b) Wie sind diese Spannungen zu überlagern?
c) Liegt die Beanspruchung der Welle im zulässigen Bereich?

Aufgabe 20.2

Eine in den Punkten A und B gelagerte Getriebewelle trägt ein geradverzahntes Zahnrad (Teilkreisradius: 100 mm), an dem die Kräfte $F_r = 440$ N (Radialkraft) und $F_t = 1.200$ N (Tangentialkraft) angreifen.

Zu untersuchen sind die Spannungen in der Welle am Lager A. Der Radius der Getriebewelle betrage $R = 20$ mm. Schubspannungen durch Querkraft dürfen vernachlässigt werden.

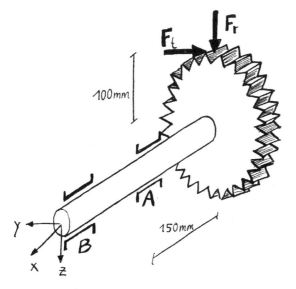

Abb. 20.11

a) Bestimmen Sie die Schnittgrößen auf Höhe des Lagers A.
b) Bestimmen Sie die maximale Biege- und Torsionsspannung auf Höhe des Lagers A.
c) Bestimmen Sie die Vergleichsspannungen nach der N-, S- und GE-Hypothese.

Aufgabe 20.3

Wie dem passionierten Weintrinker bekannt ist, lässt sich eine Weinflasche mit einem gewöhnlichen Korkenzieher einfacher entkorken, wenn der Korken beim Herausziehen etwas gedreht wird. Der Korkenzieher wird dann durch die den Korken herausziehende Kraft F_V und die beiden den Korken drehenden Kräfte F_T belastet.

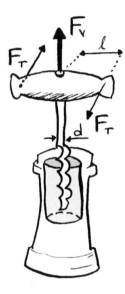

Abb. 20.12

Für $F_V = 100\,\text{N}$, $F_T = 7\,\text{N}$, $d = 3\,\text{mm}$ (Schaftdurchmesser des Korkenziehers) und $l = 30\,\text{mm}$ (Hebelarm der Verdrehkräfte) ist die Belastung im Schaft des Korkenziehers zu ermitteln. Gehen Sie dabei in den folgenden Schritten vor:

a) Bestimmen Sie die Schnittgrößen im Korkenzieherschaft.
b) Bestimmen Sie die an irgendeinem Punkt auf der Oberfläche des Korkenzieherschaftes herrschenden Spannungen.
c) Berechnen Sie die Vergleichsspannung in diesem Punkt nach der N-Hypothese, der S-Hypothese und der GE-Hypothese.

Aufgabe 20.4

Auf einem 1 m hohen Pfosten ist eine quadratische, 400 mm × 400 mm große Platte befestigt. An der Platte greifen die Kräfte $F_1 = 2.700\,\text{N}$ und $F_2 = 800\,\text{N}$ an. Der Pfosten bestehe aus einem kreisförmigen Rohr des Außendurchmessers $D_a = 80\,\text{mm}$ und des Innendurchmessers $D_i = 70\,\text{mm}$.

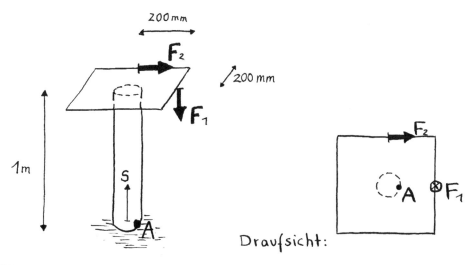

Abb. 20.13

a) Berechnen Sie den Verlauf der Schnittgrößen Normalkraft $N(s)$, Querkraft $Q(s)$, Biegemoment $M(s)$ und Torsionsmoment $M_T(s)$ im Pfosten.
b) Berechnen Sie die im Punkt A an der Einspannung des Pfostens herrschenden Spannungskomponenten. Der durch Querkraft erzeugte Schub ist dabei vernachlässigbar.
c) Wie groß sind die im Punkt A herrschenden Vergleichsspannungen nach N-, S- und GE-Hypothese?

21 Energetische Methoden

Mit dem Satz von Castigliano lernen wir eine auf dem Arbeitsprinzip beruhende Methode kennen, mit der sich die Verformung von Balkentragwerken punktweise berechnen lässt. In Verbindung mit den Gleichgewichtsbedingungen der Statik erlaubt der Satz von Castigliano darüber hinaus die Berechnung von Lagerreaktionen und Schnittgrößen in statisch überbestimmten Systemen.

21.1 Formänderungsarbeit äußerer Kräfte und Momente

Betrachten wir zunächst einen Zugstab. Wenn man diesen langsam mit einer von null bis zum Endwert F ansteigenden Kraft $\tilde{F}$ belastet, verformt sich der Stab um den Betrag Δl, und es wird die Arbeit

$$W = \int_0^{\Delta l} \tilde{F}\, d\tilde{u} \qquad (21.1)$$

geleistet. Für linear-elastisches Materialverhalten ist der Zusammenhang zwischen $\tilde{F}$ und $\tilde{u}$ linear, sodass das Kraft-Verformungs-Diagramm den in Abbildung 21.1 gezeichneten Verlauf hat.

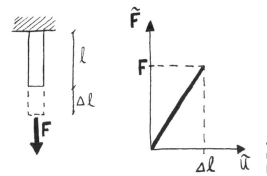

Abb. 21.1 Zugprobe und Kraft-Verformungs-Diagramm für linear-elastisches Material.

Die Formänderungsarbeit, Gleichung (21.1), entspricht der Fläche unter der Kraft-Verformungs-Kurve und beträgt

$$W = \frac{1}{2} F\, \Delta l \,. \qquad (21.2)$$

Mit Gleichung (15.4), der Beziehung zwischen F und Δl, wird daraus

$$W = \frac{1}{2} F \, \Delta l = \frac{1}{2} F \frac{F l}{E A} = \frac{1}{2} \cdot \frac{F^2 l}{E A} \, . \tag{21.3}$$

Gleichung (21.2) gilt sinngemäß auch für Träger unter Biege- oder Torsionsbeanspruchung.

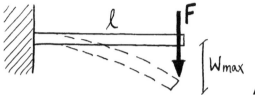

Abb. 21.2 Biegebalken.

Für den in Abbildung 21.2 dargestellten Biegebalken gilt

$$W = \frac{1}{2} F \, w_{\text{max}} \tag{21.4}$$

und wir erhalten mithilfe des Zusammenhangs zwischen äußerer Kraft F und der Durchbiegung w_{max} des Balkenendes (vgl. Tabelle 16.2)

$$W = \frac{1}{2} F \, w_{\text{max}} = \frac{1}{2} F \cdot \frac{F l^3}{3 E I_y} = \frac{1}{6} \frac{F^2 l^3}{E I_y} \, . \tag{21.5}$$

Für eine tordierte Welle (Abb. 21.3) gilt schließlich

$$W = \frac{1}{2} M_T \, \vartheta \, , \tag{21.6}$$

wobei ϑ der Verdrehwinkel der Welle ist, woraus sich mit Gleichung (18.10)

$$W = \frac{1}{2} M_T \, \vartheta = \frac{1}{2} \frac{M_T^2 l}{G I_T} \tag{21.7}$$

ergibt.

M_T ℓ M_T **Abb. 21.3** Tordierter Träger.

21.2 Formänderungsenergie der inneren Spannungen

Für linear-elastisches Werkstoffverhalten wird die gesamte von den äußeren Lasten geleistete Formänderungsarbeit als innere Energie in den Spannungen und Verzerrungen gespeichert. Man bezeichnet diese innere Energie als Formänderungs- oder Verzerrungsenergie W_i.

Da die Spannungen und Verzerrungen nur in seltenen Ausnahmefällen an jedem Ort des Bauteils gleich groß sind, macht es Sinn, zunächst die auf das Volumen bezogene spezifische Formänderungsenergie W_i^* *zu betrachten*.

Die durch *Normalspannungen* gespeicherte spezifische Formänderungsenergie W_i^* (Abb. 21.4, links) beträgt

$$W_i^* = \frac{1}{2}\frac{F\,\Delta l}{V} = \frac{1}{2}\frac{F}{A}\frac{\Delta l}{l} = \frac{1}{2}\sigma\,\varepsilon = \frac{1}{2}\frac{\sigma^2}{E}\,. \tag{21.8}$$

Bei *Schubspannungen* (Abb. 21.4, rechts) beträgt die spezifische Formänderungsenergie

$$W_i^* = \frac{1}{2}\frac{F\,\Delta l}{V} = \frac{1}{2}\frac{\tau\,A\cdot l\,\gamma}{V} = \frac{1}{2}\tau\,\gamma = \frac{1}{2}\frac{\tau^2}{G}\,. \tag{21.9}$$

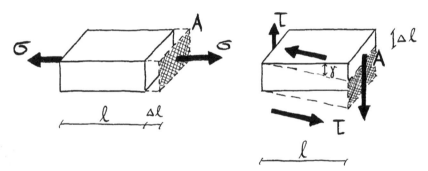

Abb. 21.4 Zur Herleitung der spezifischen Formänderungsenergie.

Aus den Gleichungen (21.8) und (21.9) lässt sich die in einem Bauteil insgesamt gespeicherte Formänderungsenergie durch die Integration über das Bauteilvolumen V ermitteln:

$$W_i = \int_V W_i^*\,\mathrm{d}V. \tag{21.10}$$

Für die elementaren Lastfälle Zug/Druck, Biegung und Torsion wollen wir diese Integration nun durchführen.

- Zug/Druck-Stab der Länge l: Wir setzen Gleichung (21.8) an und erhalten mithilfe von Gleichung (15.1)

$$W_i = \frac{1}{2}\int_V \frac{\sigma^2}{E}\,\mathrm{d}V = \frac{1}{2}\int_{x=0}^{l}\left(\int_A \frac{N(x)^2}{E\,A^2}\,\mathrm{d}A\right)\mathrm{d}x = \frac{1}{2}\int_{x=0}^{l}\left(\frac{N(x)^2}{E\,A^2}\int_A \mathrm{d}A\right)\mathrm{d}x$$

$$\Rightarrow \quad W_i = \frac{1}{2} \int_{x=0}^{l} \frac{N(x)^2}{E\,A}\,\mathrm{d}x\ . \tag{21.11}$$

- Biegebalken der Länge l: Wir setzen ebenfalls Gleichung (21.8) an und erhalten mithilfe der Spannungsverteilung in Biegung, Gleichung (16.7), und der Definition des axialen Flächenträgheitsmomentes, Gleichung (16.6),

$$W_i = \frac{1}{2}\int_V \frac{\sigma^2}{E}\,\mathrm{d}V = \frac{1}{2}\int_{x=0}^{l}\left(\int_A \frac{M(x)^2}{E\,I_y^2}z^2\,\mathrm{d}A\right)\mathrm{d}x = \frac{1}{2}\int_{x=0}^{l}\left(\frac{M(x)^2}{E\,I_y^2}\int_A z^2\,\mathrm{d}A\right)\mathrm{d}x$$

$$\Rightarrow \quad W_i = \frac{1}{2}\int_{x=0}^{l}\frac{M(x)^2}{E\,I_y}\,\mathrm{d}x\ . \tag{21.12}$$

- Tordierte kreiszylindrische Welle der Länge l und des Radius R: Wir setzen Gleichung (21.9) an und erhalten mithilfe der Schubspannungsverteilung, Gleichung (18.4), und der Definition des axialen Torsionsträgheitsmomentes, Gleichung (18.2),

$$W_i = \frac{1}{2}\int_V \frac{\tau^2}{G}\,\mathrm{d}V = \frac{1}{2}\int_{x=0}^{l}\left(\int_A \frac{M_T(x)^2}{G\,I_T^2}r^2\,\mathrm{d}A\right)\mathrm{d}x = \frac{1}{2}\int_{x=0}^{l}\left(\frac{M_T(x)^2}{G\,I_T^2}\int_A r^2\,\mathrm{d}A\right)\mathrm{d}x$$

$$\Rightarrow \quad W_i = \frac{1}{2}\int_{x=0}^{l}\frac{M_T(x)^2}{G\,I_T}\,\mathrm{d}x\ . \tag{21.13}$$

21.3 Sätze von Castigliano und Menabrea

Gehen wir kurz zu Abschnitt 21.1 zurück, und leiten wir die Gleichungen für die Formänderungsarbeit bei Zug-, Biege- und Torsionsbeanspruchung jeweils nach der äußeren Belastung ab. Wir erhalten

$$\frac{\partial W}{\partial F} = \frac{F\,l}{E\,A} = \Delta l \text{ für den Zugstab,}$$

$$\frac{\partial W}{\partial F} = \frac{F\,l^3}{3\,E\,I_y} = w_{\max} \text{ für den Biegebalken und}$$

$$\frac{\partial W}{\partial M_T} = \frac{M_T\,l}{G\,I_T} = \vartheta \text{ für die tordierte Welle.}$$

Die Ableitungen nach der äußeren Belastung ergeben also jeweils die Verformung des Kraftangriffspunktes (bzw. des Momentenangriffspunktes). Dieser Zusammenhang ist im Satz von Castigliano (nach Carlo A. P. Castigliano, 1847–1884) allgemein als

$$u_i = \frac{\partial W}{\partial F_i} \quad \text{bzw.} \quad \varphi_i = \frac{\partial W}{\partial M_i} \tag{21.14}$$

formuliert.

Hierin sind u_i die Verschiebung des Kraftangriffspunktes in Richtung der Kraft F_i und φ_i der Verdrehwinkel des Momentenangriffspunktes um die Drehachse des Momentes M_i. W ist die am Tragwerk geleistete Formänderungsenergie.

Da bei elastischem Materialverhalten die (äußere) Formänderungsarbeit der (inneren) Formänderungsenergie entspricht, können wir in Gleichung (21.14) W durch die in Abschnitt 21.2 hergeleiteten Ausdrücke für W_i ersetzen und erhalten

$$u_i = \frac{\partial W_i}{\partial F_i} = \int_{x=0}^{l} \left(\frac{N}{E\,A} \frac{\partial N}{\partial F_i} + \frac{M}{E\,I_y} \frac{\partial M}{\partial F_i} + \frac{M_T}{G\,I_T} \frac{\partial M_T}{\partial F_i} \right) dx \quad \text{bzw.}$$

$$\varphi_i = \frac{\partial W}{\partial M_i} = \int_{x=0}^{l} \left(\frac{N}{E\,A} \frac{\partial N}{\partial M_i} + \frac{M}{E\,I_y} \frac{\partial M}{\partial M_i} + \frac{M_T}{G\,I_T} \frac{\partial M_T}{\partial M_i} \right) dx . \tag{21.15}$$

Sollen mit dem Satz von Castigliano Verschiebungen an unbelasteten Punkten berechnet werden, führen wir eine Hilfskraft F_H ein (bzw. ein Hilfsmoment M_H, wenn Verdrehungen zu berechnen sind), leiten die Formänderungsabeit nach F_H (bzw. M_H) ab und setzen F_H (bzw. M_H) schließlich gleich null.

Beispiel 21.1: Ein Kragträger (l und EI_y gegeben, Abb. 21.5) wird mit einer konstanten Streckenlast q_0 belastet. Berechnen Sie mit dem Satz von Castigliano die Durchbiegung w des freien Trägerendes.

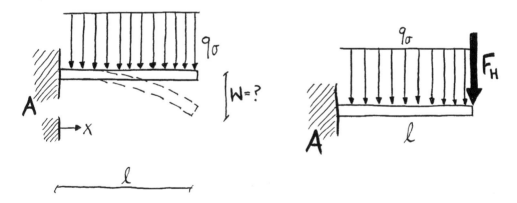

Abb. 21.5

Am freien Trägerende greift keine Kraft an, sodass hier eine Hilfskraft F_H anzusetzen ist (Abbildung 21.5, rechts).

Mit F_H beträgt der Verlauf des Biegemomentes

$$M(x) = -\frac{1}{2} q_0 (l-x)^2 - F_H (l-x)$$

und wir erhalten für die Durchbiegung an der Stelle l

$$w(l) = \frac{\partial W}{\partial F_H} = \int_0^l \frac{M}{E I_y} \frac{\partial M}{\partial F_H} \, dx = \frac{1}{E I_y} \int_0^l \left[\frac{1}{2} q_0 (l-x)^2 + F_H (l-x) \right] (l-x) \, dx \, .$$

Wir setzen nun $F_H = 0$ und erhalten

$$w(l) = \frac{1}{E I_y} \int_0^l \frac{1}{2} q_0 (l-x)^3 \, dx = -\frac{1}{E I_y} \left[\frac{1}{8} q_0 (l-x)^4 \right]_0^l = \frac{q_0 l^4}{8 E I_y} \, .$$

Lagerreaktionen leisten, da die Verformung in Richtung der Lagerreaktion eben aufgrund der Lagerung gleich null ist, keine Arbeit. Für sie gilt somit

$$\frac{\partial W}{\partial F_i} = 0 \ \text{ bzw. } \ \frac{\partial W}{\partial M_i} = 0 \, , \tag{21.16}$$

wobei F_i und M_i die Lagerreaktionskräfte bzw. -momente sind. Gleichung (21.16) ist als Satz von Menabrea (nach F. L. Conte Menabrea, Marquis of Valdora, 1809–1896) bekannt. Er lässt sich in energetischer Sicht dergestalt deuten, dass sich Lagerreaktionen stets so einstellen, dass die Formänderungsarbeit ein Minimum annimmt (Abb. 21.6).

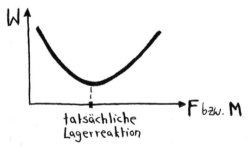

Abb. 21.6 Energetische Deutung des Satzes von Menabrea.

21.4 Berechnung von Lagerreaktionen statisch überbestimmter Syteme

In statisch überbestimmten Systemen übersteigt die Zahl der Lagerreaktionen die Zahl der Gleichgewichtsbedingungen, sodass sich nicht mehr alle Lagerreaktionen aus den Gleichgewichtsbedingungen berechnen lassen. Der Satz von Menabrea kann dann die zusätzlichen Gleichungen liefern, die zur Berechnung aller Lagerreaktionen erforderlich sind. Dies geht in den folgenden Schritten vor sich:

- Schritt 1: Eine Lagerwertigkeit wird durch seine als äußere Last angesetzte Lagerreaktion ersetzt. Man bezeichnet diese Lagerreaktion als „statische Unbestimmte".
- Schritt 2: Die verbleibenden Lagerreaktionen werden mit den Gleichgewichtsbedingungen der Statik als Funktion der äußeren Belastung und der statischen Unbestimmten berechnet.
- Schritt 3: Die relevanten Schnittgrößenverläufe werden berechnet.
- Schritt 4: Mit dem Satz von Menabrea wird die statische Unbestimmte berechnet.

Hierzu folgendes Beispiel:

Beispiel 21.2: Die Lagerreaktionen des abgebildeten Biegeträgers (Abb. 21.7) sind zu berechnen.

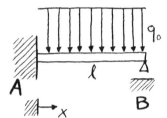

Abb. 21.7

Den drei Gleichgewichtsbedingungen der ebenen Statik stehen vier Unbekannte (A_x, A_y, M_A und B_y) gegenüber. Das System ist also statisch überbestimmt gelagert.

Schritt 1: Wir wählen ein Lager aus, hier das Lager B, und ersetzen es durch die äußere Kraft B_y. Damit erhalten wir das in skizzierte statisch bestimmte SystemAbb. 21.8.

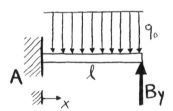

Abb. 21.8 Das Ersetzen des Lagers B durch seine Lagerreaktion B_y verschafft ein statisch bestimmtes System.

Schritt 2: Die verbleibenden Lagerreaktionen lauten in Abhängigkeit der statischen Unbestimmten B_y

$$A_y = q_0 l - B_y \quad \text{und} \quad M_A = \frac{1}{2} q_0 l^2 - B_y \cdot l \, .$$

Schritt 3: Der Biegemomentenverlauf ist

$$M(x) = B_y \left(l - x \right) - \frac{1}{2} q_0 \left(l - x \right)^2 \, .$$

Schritt 4: Wir setzen den Satz von Menabrea an und erhalten:

$$\frac{\partial W}{\partial B_y} = \int_0^l \frac{M}{EI_y} \frac{\partial M}{\partial B_y} dx = \frac{1}{EI_y} \int_0^l \left[B_y (l-x) - \frac{1}{2} q_0 (l-x)^2 \right] (l-x) dx$$

$$= \frac{1}{EI_y} \left[-\frac{1}{3} B_y (l-x)^3 + \frac{1}{8} q_0 (l-x)^4 \right]_0^l = \frac{1}{EI_y} \left[\frac{1}{3} B_y l^3 - \frac{1}{8} q_0 l^4 \right]_0^l = 0$$

$$\Rightarrow \frac{1}{3} B_y l^3 - \frac{1}{8} q_0 l^4 = 0 \quad \Rightarrow \quad B_y = \frac{3}{8} q_0 l$$

Hieraus folgen $A_y = \frac{5}{8} q_0 l$ und $M_A = \frac{1}{8} q_0 l^2$.

21.5 Aufgaben

Aufgabe 21.1

Für einen 3-Punkt-Biegeträger (Abb. 21.9), mit gegebenen l, EI_y und F sind die Durchbiegungen in den Punkten B und C zu berechnen. Der Einfluss der Querkraft kann vernachlässigt werden.

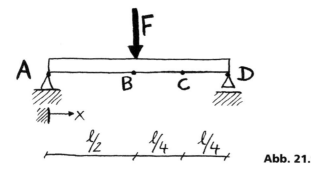

Abb. 21.9

Aufgabe 21.2

Ein Biegeträger (Länge l, Biegesteifigkeit EI_y) ist auf drei Lager abgestützt und trägt eine konstante Streckenlast q_0 (Abb. 21.10). Berechnen Sie die Lagerreaktionen.

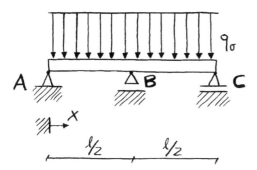

Abb. 21.10

22 Euler'sches Knicken

Lange und dünne Träger können unter Druckbelastung knicken. Mit Knicken ist nicht etwa das scharfe Abknicken eines Stabes an einer bestimmten Stelle gemeint, so wie man einen Strohhalm an einer Stelle „durchknicken" kann, sondern ein plötzliches Ausbiegen des *gesamten* Trägers. Wenn Sie beispielsweise einen dünnen Holzstab (ca. 1 m lang und 3 bis 5 mm im Durchmesser) zwischen beide Handflächen nehmen und langsam die Druckkraft auf den Stab steigern, dann geschieht erst einmal nichts Wesentliches, bis es plötzlich „plopp" macht und der Stab ausknickt (Abb. 22.1).

Abb. 22.1 Ausknicken eines schlanken Stabes zwischen zwei Händen.

In welche Richtung der Stab ausknickt, kann man dabei nicht vorhersagen. Ob nach vorne, hinten, oben oder unten: Bei schön symmetrischer Versuchsdurchführung sind alle Richtungen möglich. Rein theoretisch, bei wirklich absoluter Symmetrie, müsste der Stab gar nicht knicken – für welche Richtung sollte er sich auch entscheiden? – aber die Realität kennt keine absolute Symmetrie. Schon ein ganz kleiner Fluchtungsfehler oder eine minimale Erschütterung reichen aus, und Knicken setzt ein.

Letztlich ist dies das gleiche wie bei einem gut gespitzten Bleistift, der auf der Spitze stehen bleiben soll. Theoretisch könnte das gelingen, aber in der Praxis klappt es einfach nicht. Man spricht in derartigen Fällen von Instabilität, denn eine kleine Abweichung von der Ideallage reicht aus, um das ganze System schlagartig zu verändern.

Knicken ist gefährlich, denn es setzt schlagartig und ohne größere Vorankündigung ein, zudem verliert ein ausgeknickter Stab sofort einen Großteil seiner Tragfähigkeit. So kann das Knicken von tragenden Bauteilen spektakuläre Folgen haben. Der große Stromausfall im Münsterland vom November 2005, von dem 250.000 Menschen zum Teil mehrere Tage lang betroffen waren, wurde durch das Knicken von einzelnen Streben und dem darauf folgenden Kollaps von rund 50 Hochspannungsmasten verursacht. Extreme Vereisung der Leitungen ließ die von den Streben zu tragenden Lasten über ihre jeweiligen kritischen Knicklasten ansteigen.

22.1 Berechnung der kritischen Knicklast F_K

Knicken ist mit großen Verformungen verbunden, und so müssen wir das statische Gleichgewicht am verformten Stab aufstellen. Nehmen wir als Beispiel den zwischen zwei Handflächen genommenen Holzstab. Für den ausgeknickten Zustand ist das mechanische Modell dieses Stabes in Abbildung 22.2 dargestellt (gestrichelte Linie).

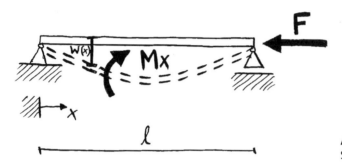

Abb. 22.2 Ausgeknickter Stab.

Das Biegemoment an einer beliebigen Position x im Stab beträgt

$$M(x) = F \cdot w(x),$$

wobei $w(x)$ die Durchbiegung des ausgeknickten Stabes ist. Des Weiteren gilt die Differentialgleichung der elastischen Linie,

$$w''(x) = -\frac{M(x)}{E I_y}.$$

Wir führen beide Gleichungen zu

$$w''(x) + \frac{F}{E I_y} w(x) = 0$$

zusammen, und erhalten somit eine homogene Differentialgleichung 2. Ordnung zur Bestimmung von $w(x)$ und F_K. Ihre Lösung lautet

$$w(x) = A \cdot \cos\left(\sqrt{\frac{F}{E I_y}} \cdot x\right) + B \cdot \sin\left(\sqrt{\frac{F}{E I_y}} \cdot x\right).$$

Hierin sind die Konstanten A und B an die Randbedingungen des betrachteten Stabes anzupassen. Aus der 1. Randbedingung, $w(0) = 0$, folgt

$$A = 0,$$

und aus der 2. Randbedingung, $w(l) = 0$, folgt

$$B \cdot \sin\left(\sqrt{\frac{F}{E\,I_y}} \cdot l\right) = 0 \,.$$

Die mögliche Lösung $B = 0$ scheidet aus, da dann in jedem Punkt des Stabes $w(x) = 0$ wäre und der Stab nicht ausgeknickt wäre. Es muss somit

$$\sin\left(\sqrt{\frac{F}{E\,I_y}} \cdot l\right) = 0$$

werden, woraus für die Knicklast die Bedingung

$$F = \frac{n^2\,\pi^2\,E\,I_y}{l^2} \ \text{ mit } \ n = 1, 2, 3, \ldots \tag{22.1}$$

folgt. Wir erhalten also unendlich viele Knicklasten. Welche Bedeutung haben diese? Angenommen, wir geben auf den in Abbildung 22.2 gezeigten Stab eine Druckbelastung auf, die wir bei null anfangend langsam steigern. Der Stab wird ausknicken, wenn die äußere Last die nach Gleichung (22.1) niedrigste Knicklast,

$$\boxed{F_\mathrm{K} = \frac{\pi^2\,E\,I_y}{l^2} \,,} \tag{22.2}$$

erreicht. Die weiteren nach Gleichung (22.1) möglichen Knicklasten (für $n = 2, 3, \ldots$) liegen oberhalb dieser Knicklast und sind technisch uninteressant.

Wenn ein Druckstab anders als in Abbildung 22.2 gelagert ist, so hat er auch eine andere Knicklast. Vier Lagerungen sind von besonderem technischen Interesse, die nach Leonhard Euler (1707–1783) als Eulerfälle bezeichnet werden. Für jeden Eulerfall lässt sich die Knicklast mit Gleichung (22.2) berechnen, wenn statt der tatsächlichen Länge l des Stabes eine effektive Länge, die so genannte Knicklänge l_K verwendet wird.

Tabelle 22.1 führt die vier Eulerfälle und ihre jeweiligen Knicklängen auf.

Zwischen den Eulerfällen 1, 2 und 4 lassen sich einfache geometrische Zusammenhänge erkennen:

- Beim Eulerfall 1 beschreibt der ausgeknickte Stab eine viertel Sinuswelle, beim Eulerfall 2 eine halbe Sinuswelle. Ein Stab im Eulerfall 1 knickt deswegen bei derselben Druckkraft wie ein doppelt so langer Stab im Eulerfall 2 ($l_\mathrm{K} = 2l$ für den Eulerfall 1).
- Beim Eulerfall 4 beschreibt der ausgeknickte Stab eine ganze Sinuswelle. Ein Stab im Eulerfall 4 knickt deswegen bei derselben Druckkraft wie ein halb so langer Stab im Eulerfall 2 ($l_\mathrm{K} = l/2$ für den Eulerfall 4).

Eine Knickstabberechnung beinhaltet somit zunächst die Identifizierung von Eulerfall und Knicklänge. Dann ist das Flächenträgheitsmoment I_y zu berechnen und zusammen mit E und l_K in Gleichung (22.2) einzusetzen, aus der sich F_K ergibt.

Tab. 22.1 Die vier Eulerfälle.

Eulerfall		l_K
1		$l_K = 2\,l$
2		$l_K = l$
3		$l_K = \dfrac{l}{\sqrt{2}}$
4		$l_K = \dfrac{l}{2}$

Eines darf dabei aber nicht vergessen werden. Gleichung (22.2) gilt nur für linear-elastisches Materialverhalten. Und hierin kann ein Problem liegen. Sollte die Streckgrenze vor dem Ausknicken des Stabes überschritten werden, so würde der Stab schon bei kleineren Lasten als F_K knicken. Man kann sich das in etwa so vorstellen: Nach Überschreiten der Streckgrenze flacht die σ-ε-Kurve ab, der Werkstoff hat gewissermaßen einen niedrigeren effektiven Elastizitätsmodul und der Druckstab folglich eine kleinere Knicklast als mit Gleichung (22.2) berechnet. Für die Gültigkeit von Gleichung (22.2) muss daher sichergestellt sein, dass die Spannungen im Druckstab auch tatsächlich unterhalb der Streckgrenze liegen.

Dies wird in der ingenieurtechnischen Praxis mithilfe des so genannten Schlankheitsgrades getan. Damit hat es Folgendes auf sich:

Für den vorliegenden Werkstoff wird zunächst eine zulässige Druckspannung σ_P gebildet, die sicherstellt, dass die Spannungen im Stab ausreichend weit unterhalb der Streckgrenze liegen. Eine häufig verwendete Gleichung zur Bildung von σ_P ist

$$\sigma_P = 0{,}8\,R_e, \tag{22.3}$$

wobei R_e die Streckgrenze ist. Unter der Kraft

$$F_P = \sigma_P \cdot A \tag{22.4}$$

würde im Druckstab die zulässige Druckspannung erreicht werden. Soll der Stab vorher knicken, muss

$$F_K < F_P \quad \Rightarrow \quad \frac{\pi^2 E I_y}{l_K^2} < \sigma_P A$$

gelten. Wir stellen diese Ungleichung um – Materialparameter auf die linke und Geometrieparameter auf die rechte Seite – und erhalten

$$\pi\sqrt{\frac{E}{\sigma_p}} < l_{\text{K}}\sqrt{\frac{A}{I_y}} \; .$$

(22.5)

Die linke Seite dieser Ungleichung wird als Grenzschlankheitsgrad λ_0, die rechte Seite als Schlankheitsgrad λ bezeichnet. Der Grenzschlankheitsgrad ist ein dimensionsloser Materialparameter, für den Baustahl S235 ($E = 205\,\text{GPa}$, $R_e = 235\,\text{MPa}$) beträgt er beispielsweise 104. Der ebenfalls dimensionslose Schlankheitsgrad λ ist ein reiner Geometrieparameter; je länger und dünner ein Stab ist, desto größer λ.

Zusammenfassend wird die kritische Knicklast eines Druckstabes wie folgt berechnet:

- Schritt 1: Eulerfall identifizieren. Hierzu kann es sehr hilfreich sein, die ausgeknickte Form des Stabes zu skizzieren.
- Schritt 2: Schlankheitsgrad λ und Grenzschlankheitsgrad λ_0 berechnen. Für $\lambda > \lambda_0$ versagt der Stab durch Knicken, für $\lambda < \lambda_0$ durch Erreichen der kritischen Druckspannung.
- Schritt 3: Kritische Last berechnen. Dies ist bei $\lambda > \lambda_0$ die Knicklast

$$F_{\text{K}} = \frac{\pi^2 E I_y}{l_{\text{K}}^{\,2}}$$

und für $\lambda < \lambda_0$ die Kraft, bei der die kritische Druckspannung erreicht wird,

$$F_{\text{p}} = \sigma_{\text{p}} \cdot A \; .$$

Beispiel 22.1: Eine rechteckige dünne Stahlstange (Länge $l = 1\,\text{m}$, Breite $b = 20\,\text{mm}$, Höhe $h = 10\,\text{mm}$, Elastizitätsmodul $E = 205.000\,\text{N/mm}^2$, Streckgrenze $R_e = 355\,\text{N/mm}^2$, Wärmeausdehnungskoeffizient $\alpha = 10^{-5}\,\text{K}^{-1}$) wird wie in Abbildung 22.3 dargestellt spannungsfrei zwischen zwei starre Betonwände gefügt.

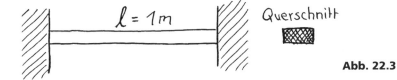

Abb. 22.3

Gesucht ist die Temperaturdifferenz ΔT_{K}, bei der der Stab knickt. Berechnen Sie hierfür zuerst die kritische Druckkraft F_{K}, die den Stab zum Knicken bringt, und anschließend die der Druckkraft F_{K} entsprechende Temperaturdifferenz ΔT_{K}.

Lösung:
Schritt 1: Eulerfall 4 liegt vor $\Rightarrow l_{\text{K}} = \dfrac{l}{2} = 500\,\text{mm}$.

Schritt 2: $\lambda = l_{\text{K}}\sqrt{\dfrac{A}{I_y}} = l_{\text{K}}\sqrt{\dfrac{b\,h}{\dfrac{b\,h^3}{12}}} = l_{\text{K}}\sqrt{\dfrac{12}{h^2}} = 500\,\text{mm}\sqrt{\dfrac{12}{(10\,\text{mm})^2}} = 173$,

$$\lambda_0 = \pi \sqrt{\frac{E}{\sigma_P}} \quad \text{mit} \quad \sigma_P = 0,8\,R_e \quad \Rightarrow \lambda_0 = \pi \sqrt{\frac{205.000}{0,8 \cdot 355}} = 84 < \lambda,$$

also Knicken vor plastischer Verformung.

Schritt 3:
$$F_K = \frac{E\,I_y\,\pi^2}{l_K^2} = \frac{205.000\,\dfrac{N}{mm^2} \cdot \dfrac{20\,mm\,(10\,mm)^3}{12} \cdot \pi^2}{(500\,mm)^2} = 13,5\,kN$$

Berechnung der kritischen Temperaturdifferenz:

$$\Delta T_K = \frac{F_K}{E\,A\,\alpha} = \frac{13.500\,N}{200\,mm^2 \cdot 205.000\,\dfrac{N}{mm^2} \cdot 10^{-5}\,K^{-1}} = 33\,K$$

22.2 Tipps und Tricks

● Wird dem Stab durch die Lagerung keine Vorzugsrichtung für das Ausknicken vorgegeben (sehr oft ist das so, ein Beispiel einer seltenen Ausnahme ist Aufgabe 22.3), so knickt er in die Richtung des kleinsten Flächenträgheitsmomentes aus. Für Rechteckquerschnitte bedeutet dies: Für die Berechnung des axialen Flächenträgheitsmomentes I_y ist als Breite b die größere und als Höhe h die kleinere Rechteckseite zu verwenden.

● Bei der korrekten Identifizierung des Eulerfalles kann es sehr hilfreich sein, den ausgeknickten Stab in die Aufgabenstellung mit einzuzeichnen und die Form des ausgeknickten Stabes mit Tabelle 22.1 zu vergleichen.

22.3 Aufgaben

Aufgabe 22.1

Ein Kran soll wie in Abbildung 22.4 dargestellt als ebenes Fachwerk mit Vierkantrohren des Querschnitts 50 mm × 50 mm × 4 mm (Höhe × Breite × Wandstärke) aus Stahl ($E = 205.000\,N/mm^2$, $R_e = 300\,N/mm^2$) gebaut werden. Zu berechnen ist die maximal zulässige Kraft F, bei der eine 4-fache Sicherheit gegen das Knicken von Stab 1 gewährleistet ist.

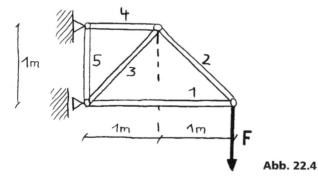

Abb. 22.4

a) Bestimmen Sie mithilfe eines Ritterschnitts die Kräfte in den Stäben 1, 3 und 4. Welche dieser drei Stäbe sind auf Zug, welche auf Druck belastet?
b) Berechnen Sie die für den Kran maximal zulässige Kraft $F_{\text{max,zul}}$, bei der in Stab 1 gerade 4-fache Sicherheit gegen Knicken vorliegt.

Aufgabe 22.2

Die abgebildete, in den Punkten A und C gelagerte Struktur wird durch die Streckenlast $q_0 = 2\,\text{N/mm}$ belastet (Abb. 22.5). Zu untersuchen ist die Beulgefährdung des Stützbalkens zwischen den Punkten B und C. Der Stützbalken habe den quadratischen Querschnitt $15\,\text{mm} \times 15\,\text{mm}$.

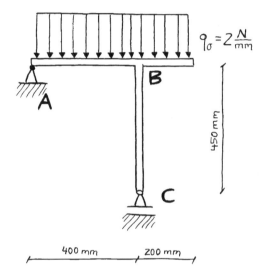

Abb. 22.5

An Materialparametern seien gegeben: $E = 205.000\,\text{N/mm}^2$ und $R_e = 355\,\text{N/mm}^2$.

a) Berechnen Sie die Lagerreaktionen. Wie groß ist die Druckkraft im Stützbalken B-C?
b) Berechnen Sie die vorliegende Sicherheit S gegen Knicken des Stützbalkens.

Aufgabe 22.3

Ein rechteckiger Balken (Querschnittsfläche $10\,\text{mm} \times 20\,\text{mm}$) aus Stahl ($E = 205.000\,\text{N/mm}^2$, $R_e = 355\,\text{N/mm}^2$) ist an einem Ende fest eingespannt. Am anderen Ende steckt er in einer eng anliegenden Führung. Diese ermöglicht es dem Balken, in y-Richtung frei auszuweichen, wohingegen ein Ausweichen in z-Richtung sowie die Winkelbeweglichkeit in der x,z-Ebene unterbunden werden. Der Balken wird durch eine Druckkraft F belastet.

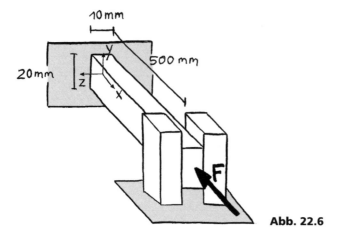

Abb. 22.6

a) Welche Eulerfälle liegen vor?
b) Wie groß darf die Kraft F maximal sein, ohne dass der Pfosten ausknickt?

Anhang A: Lösungen der Aufgaben

Aufgabe 2.1

a) Rechnerische Lösung, FKB Rolle:

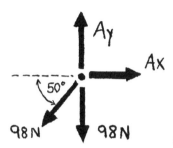

Abb. A.1 FKB der Rolle.

Gleichgewichtsbedingungen:

$$\rightarrow \sum F_{i,x} = A_x - 98\,\text{N} \cdot \cos 50° = 0 \quad \Rightarrow A_x = 63\,\text{N}$$

$$\uparrow \sum F_{i,y} = A_y - 98\,\text{N} - 98\,\text{N} \cdot \sin 50° = 0 \quad \Rightarrow A_y = 173\,\text{N}$$

b) Zeichnerische Lösung:

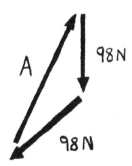

Abb. A.2 Kräfteplan.

Aufgabe 2.2

$$R_x = 21\,\text{kN} \cos 40° + 32\,\text{kN} \cos 25° = 45,1\,\text{kN}$$

$$R_y = 21\,\text{kN} \sin 40° - 32\,\text{kN} \sin 25° = 0\,\text{kN}$$

Aufgabe 2.3

a) Rechnerische Lösung:

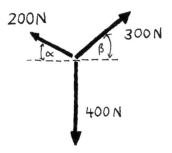

Abb. A.3 Freikörperbild (FKB) des mittleren Gewichts

$$\rightarrow \sum F_{i,x} = -200\,\text{N}\cos\alpha + 300\,\text{N}\cos\beta = 0$$

$$\uparrow \sum F_{i,y} = 200\,\text{N}\sin\alpha + 300\,\text{N}\sin\beta - 400\,\text{N} = 0$$

Nun die 1. Gleichung nach β auflösen und in 2. Gleichung einsetzen, es ergibt sich als Bestimmungsgleichung für α

$$2\sin\alpha + 3\sin\left(\arccos\left(\frac{2}{3}\cos\alpha\right)\right) - 4 = 0 \qquad .$$

Für diese Gleichung durch planvolles Ausprobieren (nach der Methode von Versuch und Irrtum) die Lösung $\alpha = 43°$ ermitteln und oben einsetzen.

Ergebnis: $\alpha = 43°$, $\beta = 61°$

b) Zeichnerische Lösung:

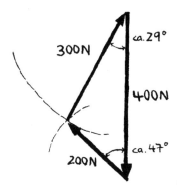

Abb. A.4 Kräfteplan.

Aufgabe 2.4

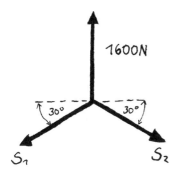

Abb. A.5 Freikörperbild des Kranhakens.

Gleichgewichtsbedingungen:

$$\rightarrow \sum F_{i,x} = -S_1 \cos 30° + S_2 \cos 30° = 0 \quad \Rightarrow S_1 = S_2$$

$$\uparrow \sum F_{i,y} = 1.600\,\text{N} - 2S_1 \sin 30° = 0 \quad \Rightarrow S_1 = 1.600\,\text{N}$$

Aufgabe 2.5

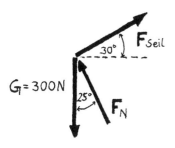

Abb. A.6 Freikörperbild des Schlittens.

Rechnerische Lösung:

$$\rightarrow \sum F_{i,x} = F_N \sin 25° + F_{\text{Seil}} \cos 30° = 0$$

$$\uparrow \sum F_{i,y} = -300\,\text{N} + F_N \cos 25° + F_{\text{Seil}} \sin 30° = 0$$

mit dem Ergebnis $F_{\text{Seil}} = 127\,\text{N}$.

Zeichnerische Lösung mit identischem (abgelesenem) Ergebnis.

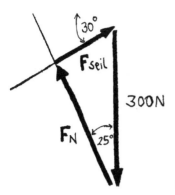

Abb. A.7 Kräfteplan.

Aufgabe 3.1

a) Lösungshinweis: In diesem Beispiel tut man sich mit den Hebelarmen leichter, wenn man die Gewichtskraft **G** in ihre x- und y-Komponente zerlegt.

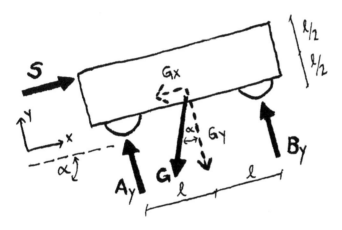

Abb. A.8 Freikörperbild.

Gleichgewichtsbedingungen und Ergebnisse:

$$\circlearrowright\sum M_i^{(\text{Schnittpunkt } S-A_y)} = -G\sin\alpha\cdot\frac{l}{2} - G\cos\alpha\cdot l + B_y\cdot 2l = 0$$

$$\Rightarrow B_y = \frac{G}{4}\left(\sin\alpha + 2\cos\alpha\right)$$

$$\rightarrow \sum F_{ix} = S - G\sin\alpha = 0 \quad \Rightarrow S = G\sin\alpha$$

$$\uparrow \sum F_{iy} = A_y + B_y - G\cos\alpha = 0 \quad \Rightarrow A_y = \frac{G}{4}\left(2\cos\alpha - \sin\alpha\right)$$

b) $\alpha_{max} = 37°$

Aufgabe 3.2

a) Ja, 3 Lagerreaktionen (A_x, A_y und B) und 3 Gleichgewichtsbedingungen.

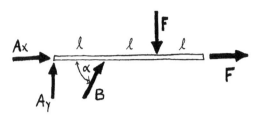

Abb. A.9 Freikörperbild zu Aufgabenteil b.

b) Gleichgewichtsbedingungen und Ergebnisse:

$$\circlearrowright \sum M_i^{(B)} = -A_y\, l - F\, l = 0 \quad \Rightarrow A_y = -F$$

$$\uparrow \sum F_{iy} = A_y + B \sin\alpha - F = 0 \quad \Rightarrow B = \frac{F - A_y}{\sin\alpha} = \frac{2F}{\sin\alpha}$$

$$\rightarrow \sum F_{ix} = A_x + B \cos\alpha + F = 0 \quad \Rightarrow A_x = -F - B\cos\alpha = -F - \frac{2F}{\tan\alpha}$$

Aufgabe 3.3

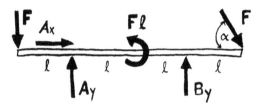

Abb. A.10 Freikörperbild.

Gleichgewichtsbedingungen und Ergebnisse:

$$\circlearrowright \sum M_i^{(A)} = F\,l + F\,l + B_y \cdot 2l - F \cdot 3l\sin\alpha = 0 \quad \Rightarrow B_y = 1{,}5\,F\sin\alpha - F$$

$$\rightarrow \sum F_{ix} = A_x + F\cos\alpha = 0 \quad \Rightarrow A_x = -F\cos\alpha$$

$$\uparrow \sum F_{iy} = -F + A_y + B_y - F\sin\alpha = 0 \quad \Rightarrow\Rightarrow A_y = 2F - \frac{1}{2}F\sin\alpha$$

Aufgabe 3.4

Die Seilkräfte S_1 und S_2 ermitteln wir durch einen Freischnitt um den Angriffspunkt der Gewichtskraft 1.400 N herum (eine Aufgabe zum Inhalt von Kapitel 1, Kräftegleichgewicht am Punkt), die Lagerreaktionen in den Punkten A und B durch Freischnitte der Bäume.

Die Winkel der Seile zur Horizontalen betragen $\alpha = 14{,}93°$ (für S_1) und $\beta = 21{,}80°$ (für S_2, jeweils mit Tangensfunktion berechnet).

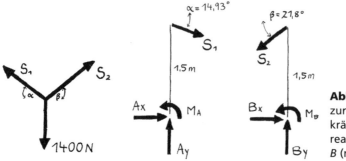

Abb. A.11 Freikörperbilder zur Ermittlung der Seilkräfte (links) und der Lagerreaktionen in A (Mitte) und B (rechts).

a) Gleichgewichtsbedingungen und Ergebnisse der Seilkraftberechnung:

$$\rightarrow \sum F_{ix} = -S_1 \cos\alpha + S_2 \cos\beta = 0 \quad \Rightarrow S_2 = S_1 \frac{\cos\alpha}{\cos\beta} = 1,041 S_1$$

$$\uparrow \sum F_{iy} = S_1 \sin\alpha + S_2 \sin\beta - 1.400\,\mathrm{N} = 0$$

mit den Ergebnissen $S_1 = 2.174\,\mathrm{N}$ und $S_2 = 2.262\,\mathrm{N}$

b) und c) Ergebnisse der Lagerreaktionen:

$A_x = -2.100\,\mathrm{N}$, $A_y = 560\,\mathrm{N}$, $M_A = 3.150\,\mathrm{Nm}$, $B_x = 2.100\,\mathrm{N}$, $B_y = 840\,\mathrm{N}$, $M_B = -3.150\,\mathrm{Nm}$

Aufgabe 4.1

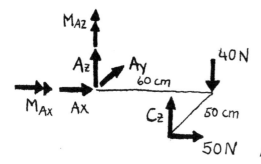

Abb. A.12 Freikörperbild.

a) Statisch bestimmt gelagert, 6 Lagerreaktionen und 6 Gleichgewichtsbedingungen.

b) Vektorielles Momentengleichgewicht:

$$\sum M_i^{(A)} = \begin{pmatrix} M_{Ax} \\ 0 \\ M_{Az} \end{pmatrix} + \begin{pmatrix} 60\,\mathrm{cm} \\ 0 \\ 0 \end{pmatrix} \times \begin{pmatrix} 0 \\ 0 \\ -40\,\mathrm{N} \end{pmatrix} + \begin{pmatrix} 60\,\mathrm{cm} \\ -50\,\mathrm{cm} \\ 0 \end{pmatrix} \times \begin{pmatrix} 50\,\mathrm{N} \\ 0 \\ S \end{pmatrix} = 0$$

$$\Rightarrow \begin{pmatrix} M_{Ax} \\ 0 \\ M_{Az} \end{pmatrix} + \begin{pmatrix} 0 \\ 2400\,\mathrm{Ncm} \\ 0 \end{pmatrix} + \begin{pmatrix} -S \cdot 50\,\mathrm{cm} \\ -S \cdot 60\,\mathrm{cm} \\ 2500\,\mathrm{Ncm} \end{pmatrix} = 0$$

$$\Rightarrow S = 40\,\mathrm{N},\ M_{Ax} = 20\,\mathrm{Nm},\ M_{Az} = -25\,\mathrm{Nm}$$

Kräftegleichgewichte:

$$\sum F_{ix} = A_x + 50\,\text{N} = 0 \quad \Rightarrow A_x = -50\,\text{N} \qquad ,$$

$$\sum F_{iy} = A_y = 0$$

und $\sum F_{iz} = A_z - 40\,\text{N} + S = 0 \quad \Rightarrow A_z = 40\,\text{N} - S = 0$

Aufgabe 4.2

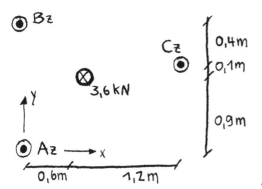

Abb. A.13 Freikörperbild des Flügels.

a) 3 Lagerreaktionen und 6 Gleichgewichtsbedingungen, also statisch unterbestimmt gelagert. Anschauliche Erklärung: Der Flügel lässt sich in der x,y-Ebene verschieben (2× translatorisch, 1× rotatorisch).

b) $\sum M_{iy}^{(A)} = 3,6\,\text{kN}\cdot 0,6\,\text{m} - C_z \cdot 1,8\,\text{m} = 0 \quad \Rightarrow C_z = 1,2\,\text{kN}$

$$\sum M_{ix}^{(A)} = -3,6\,\text{kN}\cdot 0,9\,\text{m} + C_z \cdot 1\,\text{m} + B_z \cdot 1,4\,\text{m} = 0 \quad \Rightarrow B_z = 1,46\,\text{kN}$$

$$\sum F_{iz} = A_z + B_z + C_z - 3,6\,\text{kN} = 0 \quad \Rightarrow A_z = 0,94\,\text{kN}$$

Aufgabe 4.3

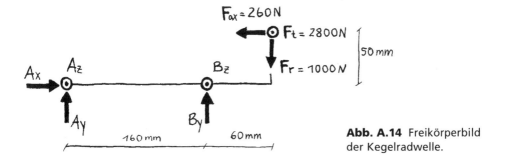

Abb. A.14 Freikörperbild der Kegelradwelle.

$$\sum M_{ix}^{(A)} = 2.800\,\text{N} \cdot 50\,\text{mm} + M_{\text{übertragen}} = 0 \quad \Rightarrow M_{\text{übertragen}} = 140\,\text{Nm}$$

$$\sum M_{iy}^{(A)} = -B_z \cdot 160\,\text{mm} - 2.800\,\text{N} \cdot 220\,\text{mm} = 0 \quad \Rightarrow B_z = -3.850\,\text{N}$$

$$\sum M_{iz}^{(A)} = B_y \cdot 160\,\text{mm} - 1.000\,\text{N} \cdot 220\,\text{mm} + 260\,\text{N} \cdot 50\,\text{mm} = 0 \quad \Rightarrow B_y = 1.294\,\text{N}$$

$$\sum F_{ix} = A_x - 260\,\text{N} = 0 \quad \Rightarrow A_x = 260\,\text{N}$$

$$\sum F_{iy} = A_y + B_y - 1.000\,\text{N} = 0 \quad \Rightarrow A_y = -294\,\text{N}$$

$$\sum F_{iz} = A_z + B_z + 2.800\,\text{N} = 0 \quad \Rightarrow A_z = 1.050\,\text{N}$$

Aufgabe 5.1

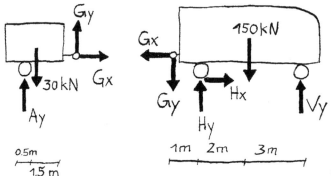

Abb. A.15 Freikörperbild.

a) Statisch bestimmt gelagert, da 6 Lagerreaktionen und 6 Gleichgewichtsbedingungen.

b) Gleichgewichtsbedingungen für den Anhänger:

$$\rightarrow \sum F_{ix} = G_x = 0$$

$$\circlearrowleft \sum M_i^{(G)} = 30\,\text{kN} \cdot 1{,}5\,\text{m} - 2\,A_y = 0 \quad \Rightarrow A_y = 22{,}5\,\text{kN}$$

$$\uparrow \sum F_{iy} = A_y - 30\,\text{kN} + G_y = 0 \quad \Rightarrow G_y = 7{,}5\,\text{kN}$$

Gleichgewichtsbedingungen für den LKW:

$$\rightarrow \sum F_{ix} = H_x = 0$$

$$\circlearrowleft \sum M_i^{(H)} = G_y \cdot 1\,\text{m} + V_y \cdot 5\,\text{m} - 150\,\text{kN} \cdot 2\,\text{m} = 0 \quad \Rightarrow V_y = 58{,}5\,\text{kN}$$

$$\uparrow \sum F_{iy} = H_y + V_y - 150\,\text{kN} - G_y = 0 \quad \Rightarrow H_y = 99\,\text{kN}$$

Aufgabe 5.2

a) 6 Unbekannte (A_x, A_y, B_x, B_y, G_x, G_y), 6 Gleichgewichtsbedingungen → statisch bestimmt gelagert.

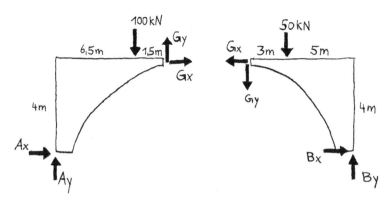

Abb. A.16 Freikörperbilder. ((Breite: 10 cm))

b) Gleichgewichtsbedingungen linke Brückenhälfte:

$$\rightarrow \sum F_{ix} = A_x + G_x = 0$$

$$\uparrow \sum F_{iy} = A_y - 100\,\text{kN} + G_y = 0$$

$$\circlearrowright \sum M_i^{(G)} = A_x \cdot 4\,\text{m} - A_y \cdot 8\,\text{m} + 100\,\text{kN} \cdot 1,5\,\text{m} = 0$$

Rechte Brückenhälfte:

$$\rightarrow \sum F_{ix} = B_x - G_x = 0$$

$$\uparrow \sum F_{iy} = B_y - 50 kN - G_y = 0$$

$$\circlearrowright \sum M_i^{(G)} = B_x \cdot 4\,\text{m} + B_y \cdot 8\,\text{m} - 50\,\text{kN} \cdot 3\,\text{m} = 0$$

Ergebnisse: $A_x = 112,5\,\text{kN}$, $A_y = 75\,\text{kN}$, $B_x = -112,5\,\text{kN}$, $B_y = 75\,\text{kN}$, $G_x = -112,5\,\text{kN}$, $G_y = 25\,\text{kN}$

Aufgabe 5.3

a) 6 Unbekannte (A_x, A_y, B_x, B_y, G_x, G_y), 6 Gleichgewichtsbedingungen $\rightarrow$ statisch bestimmt gelagert.

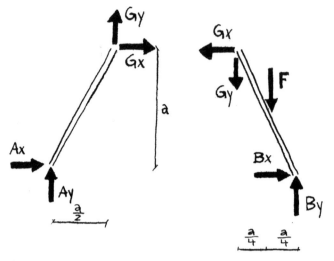

Abb. A.17 Freikörperbilder.

b) Linkes FKB:

$$\rightarrow \sum F_{ix} = A_x + G_x = 0$$

$$\uparrow \sum F_{iy} = A_y + G_y = 0$$

$$\circlearrowright \sum M_i^{(A)} = G_y \cdot \frac{a}{2} - G_x \cdot a = 0$$

Rechtes FKB:

$$\rightarrow \sum F_{ix} = B_x - G_x = 0$$

$$\uparrow \sum F_{iy} = B_y - F - G_y = 0$$

$$\circlearrowright \sum M_i^{(B)} = G_y \cdot \frac{a}{2} + G_x \cdot a + F \cdot \frac{a}{4} = 0$$

Ergebnisse: $A_x = \dfrac{F}{8}$, $A_y = \dfrac{F}{4}$, $B_x = -\dfrac{F}{8}$, $B_y = \dfrac{3}{4}F$, $G_x = -\dfrac{F}{8}$, $G_y = -\dfrac{F}{4}$

Aufgabe 5.4

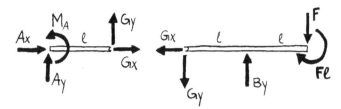

Abb. A.18 Freikörperbilder.

Rechtes FKB:

$$\circlearrowright\sum M_i^{(G)} = B_y \cdot l - 2Fl - Fl = 0 \quad \Rightarrow B_y = 3F$$

$$\rightarrow \sum F_{ix} = -G_x = 0$$

$$\uparrow \sum F_{iy} = -G_y + B_y - F = 0 \quad \Rightarrow G_y = 2F$$

Linkes FKB:

$$\rightarrow \sum F_{ix} = A_x + G_x = 0 \quad \Rightarrow A_x = 0$$

$$\uparrow \sum F_{iy} = A_y + G_y = 0 \quad \Rightarrow A_y = -2F$$

$$\circlearrowright\sum M_i^{(A)} = M_A + G_y \cdot l = 0 \quad \Rightarrow M_A = -2Fl$$

Aufgabe 6.1

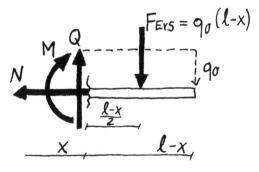

Abb. A.19 Freikörperbild.

$$q_0 = \frac{G}{l}$$

$$N(x) = 0$$

$$\uparrow \sum F_{iy} = Q(x) - q_0(l-x) = 0 \quad \Rightarrow Q(x) = G\left(1 - \frac{x}{l}\right)$$

$$\circlearrowright\sum M_i^{(SU)} = -M(x) - q_0(l-x)\frac{(l-x)}{2} = 0 \quad \Rightarrow M(x) = -\frac{G}{2l}(l-x)^2$$

Aufgabe 6.2

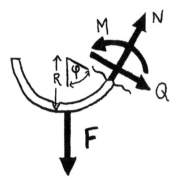

Abb. A.20 Freikörperbild des Hakens.

$N(\varphi) = F \sin\varphi$, $Q(\varphi) = -F \cos\varphi$, $M(\varphi) = -F R \sin\varphi$

Aufgabe 6.3

a) 7,7 kN

b) Mit jeweils 7,7 kN nach unten sowie parallel des Kranauslegers.

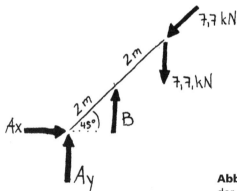

Abb. A.21 Freikörperbild zur Berechnung der Lagerreaktionen (Aufgabenteil c).

c) $A_x = 5,4\,\mathrm{kN}$, $A_y = -2,3\,\mathrm{kN}$, $B = 15,4\,\mathrm{kN}$

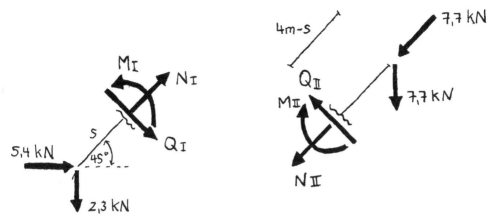

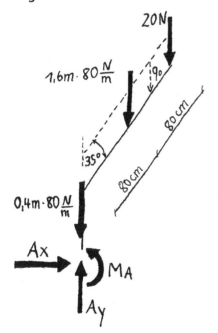

Abb. A.22 Freikörperbilder zur Berechnung der Schnittgrößen in den Bereichen I (links) und II (rechts).

$N_\text{I} = -2,2\,\text{kN}$, $Q_\text{I} = -5,4\,\text{kN}$, $M_\text{I} = -5,4\,\text{kN}\cdot s$

$N_\text{II} = -13,1\,\text{kN}$, $Q_\text{II} = 5,4\,\text{kN}$, $M_\text{II} = 5,4\,\text{kN}\cdot\left(s-4\,\text{m}\right)$

Aufgabe 6.4

Abb. A.23 Freikörperbild zur Berechnung der Lagerreaktionen (Aufgabenteil a).

a) $\rightarrow \sum F_{ix} = A_x = 0,$

$\sum F_{iy} = A_y - 20\,\text{N} - 1,6\,\text{m}\cdot 80\,\dfrac{\text{N}}{\text{m}} - 0,4\,\text{m}\cdot 80\,\dfrac{\text{N}}{\text{m}} = 0 \quad \Rightarrow A_y = 180\,\text{N}$

$\circlearrowleft \sum M_i^{(A)} = M_A - 20\,\text{N}\cdot 1,6\,\text{m}\cdot\sin 35° - 1,6\,\text{m}\cdot 80\,\dfrac{\text{N}}{\text{m}}\cdot 0,8\,\text{m}\cdot\sin 35° = 0$

$\Rightarrow M_A = 77,1\,\text{Nm}$

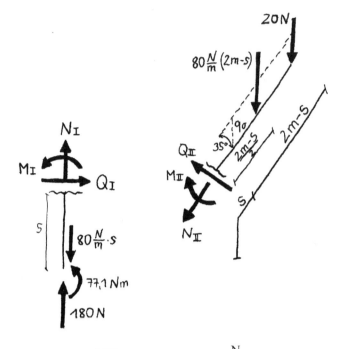

Abb. A.24 Aufgabenteil b: Freikörperbilder zur Berechnung der Schnittgrößen in den Bereichen I (links) und II (rechts).

b) Bereich I: $\uparrow \sum F_{iN} = N_{\text{I}} + 180\,\text{N} - 80\dfrac{\text{N}}{\text{m}} \cdot s = 0 \to N_{\text{I}}(s) = -180\,\text{N} + 80\dfrac{\text{N}}{\text{m}} \cdot s$,

$Q_{\text{I}}(s) = 0$, $\circlearrowright \sum M_i^{(SU)} = M_{\text{I}}(s) + 77{,}1\,\text{Nm} = 0 \to M_{\text{I}}(s) = -77{,}1\,\text{Nm}$,

Bereich II: $\to \sum F_{iN} = -N_{\text{II}} - 80\dfrac{\text{N}}{\text{m}}(2\,\text{m}-s)\cos 35° - 20\,\text{N} \cdot \cos 35° = 0$

$\Rightarrow N_{\text{II}}(s) = -147\,\text{N} + 65{,}5\dfrac{\text{N}}{\text{m}} \cdot s$

$\nwarrow \sum F_{iQ} = Q_{\text{II}} - 80\dfrac{\text{N}}{\text{m}}(2\,\text{m}-s)\cdot\sin 35° - 20\,\text{N}\cdot\sin 35° = 0$

$\Rightarrow Q_{\text{II}}(s) = 103\,\text{N} - 46\dfrac{\text{N}}{\text{m}} \cdot s$

$\circlearrowright \sum M_i^{(SU)} = -M_{\text{II}}(s) - 80\dfrac{\text{N}}{\text{m}}(2\,\text{m}-s)\dfrac{2\,\text{m}-s}{2}\sin 35° - 20\,\text{N}(2\,\text{m}-s)\sin 35° = 0$

$\Rightarrow M_{\text{II}}(s) = -23\dfrac{\text{N}}{\text{m}}(2\,\text{m}-s)^2 - 11{,}5\,\text{N}(2\,\text{m}-s)$.

Aufgabe 6.5

a) Nein, es bewegt sich ja vorwärts.

b) $q_1(x) = 75\dfrac{\text{N}}{\text{m}^2} \cdot x$, $q_{\text{III}}(x) = 375\dfrac{\text{N}}{\text{m}} - 75\dfrac{\text{N}}{\text{m}^2} \cdot x$

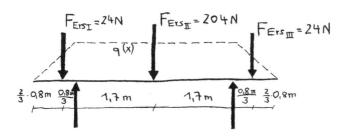

Abb. A.25 Freikörperbild zur Berechnung der Lagerreaktionen (Aufgabenteil c).

c) $A_y = B_y = 126\,\text{N}$

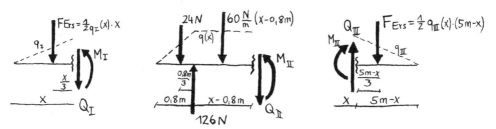

Abb. A.26 Freikörperbilder zur Berechnung der Schnittgrößen in den Bereichen I (links), II (mittig) und III (rechts) (Aufgabenteil d).

d) $Q_1(x) = -37,5\dfrac{\text{N}}{\text{m}^2} \cdot x^2$, $M_1(x) = -12,5\dfrac{\text{N}}{\text{m}^2} \cdot x^3$

$Q_{\text{II}}(x) = 150\,\text{N} - 60\dfrac{\text{N}}{\text{m}} \cdot x$, $M_{\text{II}}(x) = -107,2\,\text{Nm} + 150\,\text{N} \cdot x - 30\dfrac{\text{N}}{\text{m}} \cdot x^2$

$Q_{\text{III}}(x) = -937,5\,\text{N} + 375\dfrac{\text{N}}{\text{m}} \cdot x - 37,5\dfrac{\text{N}}{\text{m}^2} \cdot x^2$,

$M_{\text{III}}(x) = 1.562,5\,\text{Nm} - 937,5\,\text{N} \cdot x + 187,5\dfrac{\text{N}}{\text{m}} \cdot x^2 - 12,5\dfrac{\text{N}}{\text{m}^2} \cdot x^3$

Aufgabe 6.6

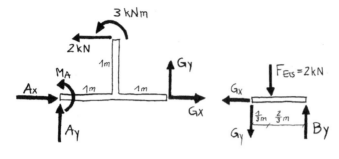

Abb. A.27 Freikörperbilder zur Berechnung der Lager- und Gelenkreaktionen (Aufgabenteil a).

a) Rechtes Teilsystem:

$$\rightarrow \sum F_{ix} = -G_x = 0 \,,$$

$$\circlearrowleft \sum M_i^{(G)} = -2\,\text{kN} \cdot \frac{1}{3}\,\text{m} + B_y \cdot 1\,\text{m} = 0 \quad \Rightarrow B_y = 0,7\,\text{kN} \,,$$

$$\uparrow \sum F_{iy} = -G_y + B_y = 0 \quad \Rightarrow G_y = -1,3\,\text{kN}$$

Linkes Teilsystem:

$$\rightarrow \sum F_{ix} = A_x - 2\,\text{kN} + G_x = 0 \quad \Rightarrow A_x = 2\,\text{kN} \,,$$

$$\uparrow \sum F_{iy} = A_y + G_y = 0 \quad \Rightarrow A_y = 1,3\,\text{kN} \,,$$

$$\circlearrowleft \sum M_i^{(A)} = M_A + 2\,\text{kN} \cdot 1\,\text{m} + 3\,\text{kNm} + G_y \cdot 2\,\text{m} = 0 \quad \Rightarrow M_A = -2,4\,\text{kNm}$$

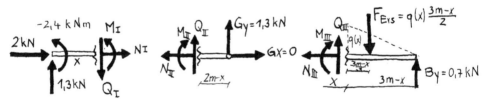

Abb. A.28 Freikörperbilder zur Berechnung der Schnittgrößen in den Bereichen I (links), II (mittig) und III (rechts) (Aufgabenteil b).

b) $N_I(x) = -2\,\text{kN}$, $Q_I(x) = 1,3\,\text{kN}$, $M_I(x) = 2,4\,\text{kNm} + 1,3\,\text{kN} \cdot x$

$N_{II}(x) = 0$, $Q_{II}(x) = 1,3\,\text{kN}$, $M_{II}(x) = -2,6\,\text{kNm} + 1,3\,\text{kN} \cdot x$

$N_{III}(x) = 0$, $Q_{III}(x) = 2\dfrac{\text{kN}}{\text{m}^2}(3\,\text{m} - x)^2 - 0,7\,\text{kN}$,

$M_{III}(x) = -\dfrac{2}{3}\dfrac{\text{kN}}{\text{m}^2}(3\,\text{m} - x)^3 + 0,7\,\text{kN}(3\,\text{m} - x)$

(Ergebnisse gerundet)

Aufgabe 7.1

a) Innere statische Bestimmtheit: gegeben, da 6 Knoten und 9 Stäbe und dabei nicht wackelig.

Äußere statische Bestimmtheit: gegeben, da 3 Lagerwertigkeiten und 3 Gleichgewichtsbedingungen und dabei nicht wackelig.

b) Lagerreaktionen: $A_x = -3,5\,\mathrm{kN}$, $A_y = 2,7\,\mathrm{kN}$, $B_y = 2,3\,\mathrm{kN}$

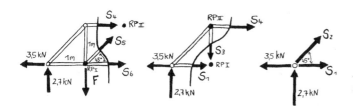

Abb. A.29 Freikörperbilder zur Bestimmung der Stabkräfte (Aufgabenteile c–e).

c–e) Linkes FKB:

$$\circlearrowleft\sum M_i^{(\mathrm{RP\,I})} = -S_4 \cdot 1\,\mathrm{m} - 2,7\,\mathrm{kN} \cdot 1\,\mathrm{m} = 0 \quad \Rightarrow S_4 = -2,7\,\mathrm{kN}$$

$$\circlearrowleft\sum M_i^{(\mathrm{RP\,II})} = -2,7\,\mathrm{kN} \cdot 2\,\mathrm{m} - 3,5\,\mathrm{kN} \cdot 1\,\mathrm{m} + 3\,\mathrm{kN} \cdot 1\,\mathrm{m} + S_6 \cdot 1\,\mathrm{m} = 0 \quad \Rightarrow S_6 = 5,9\,\mathrm{kN}$$

$$\uparrow\sum F_{iy} = 2,7\,\mathrm{kN} - 3\,\mathrm{kN} + \frac{S_5}{\sqrt{2}} = 0 \quad \Rightarrow S_5 = 0,4\,\mathrm{kN}$$

Mittleres FKB:

$$\circlearrowleft\sum M_i^{(\mathrm{RP\,II})} = S_1 \cdot 1\,\mathrm{m} - 2,7\,\mathrm{kN} \cdot 1\,\mathrm{m} - 3,5\,\mathrm{kN} \cdot 1\,\mathrm{m} = 0 \quad \Rightarrow S_1 = 6,2\,\mathrm{kN}$$

$$\uparrow\sum F_{iy} = 2,7\,\mathrm{kN} - S_3 = 0 \quad \Rightarrow S_3 = 2,7\,\mathrm{kN}$$

Rechtes FKB:

$$\uparrow\sum F_{iy} = \frac{S_2}{\sqrt{2}} + 2,7\,\mathrm{kN} = 0 \quad \Rightarrow S_2 = -3,8\,\mathrm{kN}$$

Aufgabe 7.2

Lagerreaktionen: $A_x = -15\,\text{kN}$, $A_y = 8\,\text{kN}$, $B_x = 15\,\text{kN}$

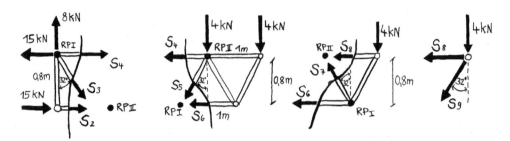

Abb. A.30 Freikörperbilder zur Bestimmung der Stabkräfte.

S_1 ist ein Nullstab, da an einem belasteten Knoten zwei Stäbe (1 und 2) in verschiedene Richtungen sowie eine Kraft (B_x) angreifen und die Kraft in Richtung des anderen Stabes wirkt.

Linkes FKB:

$$\circlearrowright\sum M_i^{(\text{RPI})} = 15\,\text{kN}\cdot 0,8\,\text{m} + S_2 \cdot 0,8\,\text{m} = 0 \quad \Rightarrow S_2 = -15\,\text{kN}$$

$$\circlearrowright\sum M_i^{(\text{RPII})} = 15\,\text{kN}\cdot 0,8\,\text{m} - 8\,\text{kN}\cdot 0,5\,\text{m} - S_4 \cdot 0,8\,\text{m} = 0 \quad \Rightarrow S_4 = 10\,\text{kN}$$

$$\uparrow\sum F_{iy} = 8\,\text{kN} - S_3 \cos 32° = 0 \quad \Rightarrow S_3 = 9,43\,\text{kN}$$

2. FKB von links:

$$\circlearrowright\sum M_i^{(\text{RPII})} = -4\,\text{kNm} - S_6 \cdot 0,8\,\text{m} = 0 \quad \Rightarrow S_6 = -5\,\text{kN}$$

$$\uparrow\sum F_{iy} = S_5 \cos 32° - 8\,\text{kN} = 0 \quad \Rightarrow S_5 = -9,43\,\text{kN}$$

3. FKB von links:

$$\circlearrowright\sum M_i^{(\text{RPI})} = -2\,\text{kNm} + S_8 \cdot 0,8\,\text{m} = 0 \quad \Rightarrow S_8 = 2,5\,\text{kN}$$

$$\uparrow\sum F_{iy} = -4\,\text{kN} + S_7 \cos 32° = 0 \quad \Rightarrow S_7 = 4,72\,\text{kN}$$

Rechtes FKB:

$$\uparrow\sum F_{iy} = -4\,\text{kN} - S_9 \cos 32° = 0 \quad \Rightarrow S_9 = -4,72\,\text{kN}$$

Aufgabe 7.3

Lagerreaktionen: $A_x = \dfrac{5}{6}F$, $A_y = F$, $B_x = -\dfrac{5}{6}F$

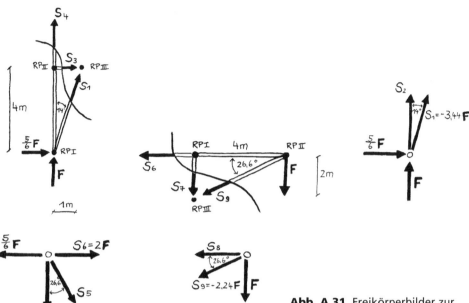

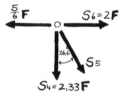

Abb. A.31 Freikörperbilder zur Bestimmung der Stabkräfte.

FKB oben links:

$$\circlearrowright\sum M_i^{(\mathrm{RP\,I})} = -S_3 \cdot 4\,\mathrm{m} = 0 \quad \Rightarrow S_3 = 0$$

$$\circlearrowright\sum M_i^{(\mathrm{RP\,II})} = S_1 \cdot 1\,\mathrm{m} \cdot \cos 14{,}04° + \frac{5}{6}F \cdot 4\,\mathrm{m} = 0 \quad \Rightarrow S_1 = -3{,}44\,F$$

$$\circlearrowright\sum M_i^{(\mathrm{RP\,III})} = \frac{5}{6}F \cdot 4\,\mathrm{m} - F \cdot 1\,\mathrm{m} - S_4 \cdot 1\,\mathrm{m} = 0 \quad \Rightarrow S_4 = 2{,}33\,F$$

FKB oben Mitte:

$$\circlearrowright\sum M_i^{(\mathrm{RP\,I})} = -F \cdot 4\,\mathrm{m} - S_9 \cdot 2\,\mathrm{m} \cdot \cos 26{,}565° = 0 \quad \Rightarrow S_9 = -2{,}24\,F$$

$$\circlearrowright\sum M_i^{(\mathrm{RP\,II})} = S_7 \cdot 4\,\mathrm{m} = 0 \quad \Rightarrow S_7 = 0$$

$$\circlearrowright\sum M_i^{(\mathrm{RP\,III})} = S_6 \cdot 2\,\mathrm{m} - F \cdot 4\,\mathrm{m} = 0 \quad \Rightarrow S_6 = 2\,F$$

FKB oben rechts:

$$\uparrow\sum F_{iy} = F + S_2 - 3{,}44\,F \cos 14{,}04° = 0 \quad \Rightarrow S_2 = 2{,}34\,F$$

FKB unten links:

$$\uparrow\sum F_{iy} = -2{,}33\,F - S_5 \cos 26{,}565° = 0 \quad \Rightarrow S_5 = -2{,}61\,F$$

FKB unten rechts:

$$\rightarrow\sum F_{ix} = -S_8 - S_9 \cos 26{,}565° = 0 \quad \Rightarrow S_8 = 2\,F$$

Aufgabe 7.4

Lager- und Gelenkreaktionen:

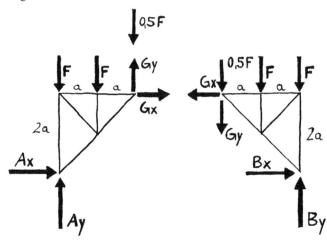

Abb. A.32 Freikörperbilder zur Berechnung der Lager- und Gelenkreaktionen.

$$A_x = F, \quad A_y = 2,5F, \quad B_x = -F, \quad B_y = 2,5F, \quad G_x = -F, \quad G_y = 0$$

Stabkräfte: aus Symmetriegründen Beschränkung auf die rechte Brückenhälfte.

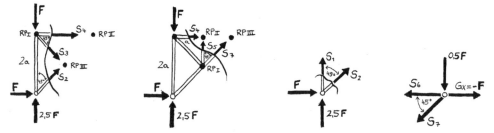

Abb. A.33 Freikörperbilder zur Berechnung der Stabkräfte.

Linkes FKB:

$$\circlearrowleft \sum M_i^{(\text{RP I})} = F \cdot 2a + S_2 \cdot 2a \sin 45° = 0 \quad \Rightarrow S_2 = -1,41F$$

$$\circlearrowleft \sum M_i^{(\text{RP II})} = F \cdot 2a - 2,5F \cdot 2a + F \cdot 2a + S_3 \cdot 2a \sin 45° = 0 \quad \Rightarrow S_3 = 0,71F$$

$$\circlearrowleft \sum M_i^{(\text{RP III})} = F \cdot a - 2,5F \cdot a + F \cdot a - S_4 \cdot a = 0 \quad \Rightarrow S_4 = -0,5F$$

2. FKB von links:

$$\circlearrowleft \sum M_i^{(\text{RP II})} = F \cdot a - 2,5F \cdot a + F \cdot 2a + S_7 \cdot a \sin 45° = 0 \quad \Rightarrow S_7 = -0,71F$$

$$\circlearrowleft \sum M_i^{(\text{RP III})} = F \cdot 2a - 2,5F \cdot 2a + F \cdot 2a - S_5 \cdot a = 0 \quad \Rightarrow S_5 = -F$$

3. FKB von links:

$$\uparrow \sum F_{iy} = 2,5F + S_1 + S_2 \sin 45° = 0 \quad \Rightarrow S_1 = -1,5F$$

Rechtes FKB:

$$\rightarrow \sum F_{ix} = -S_6 - S_7 \sin 45° - F = 0 \quad \Rightarrow S_6 = -0,5F$$

Aufgabe 8.1

a) $x_S = \dfrac{1}{A}\int\limits_{(A)} x\,\mathrm{d}A = \dfrac{1}{A}\int\limits_{y=0}^{30\,\mathrm{mm}}\left(\int\limits_{x=0}^{45\,\mathrm{mm}-\frac{y}{2}} x\,\mathrm{d}x\right)\mathrm{d}y = \dfrac{1}{A}\int\limits_{y=0}^{30\,\mathrm{mm}}\left(45\,\mathrm{mm}-\dfrac{y}{2}\right)^2\mathrm{d}y = 19\,\mathrm{mm}$

$y_S = \dfrac{1}{A}\int\limits_{(A)} y\,\mathrm{d}A = \dfrac{1}{A}\int\limits_{y=0}^{30\,\mathrm{mm}}\left(\int\limits_{x=0}^{45\,\mathrm{mm}-\frac{y}{2}} y\,\mathrm{d}x\right)\mathrm{d}y = \dfrac{1}{A}\int\limits_{y=0}^{30\,\mathrm{mm}}\left(45\,\mathrm{mm}\cdot y-\dfrac{y^2}{2}\right)\mathrm{d}y = 14\,\mathrm{mm}$

b) Ansatz:

Teilquerschnitt	x_{Si} [mm]	y_{Si} [mm]	A_i [mm^2]
Quadrat	15	15	900
Dreieck	35	10	225
			$A_{ges} = 1.125$

Das Ergebnis ist identisch mit dem von Aufgabenteil a.

Aufgabe 8.2

$x_S = 0$ aus Symmetriegründen

$y_S = \dfrac{1}{A}\int\limits_{(A)} y\,dA$

mit $A = \int\limits_{-\pi/2}^{\pi/2}\cos x\,dx = \sin x\Big|_{-\pi/2}^{\pi/2} = 2$ und

$\int\limits_{(A)} y\,\mathrm{d}A = \int\limits_{x=-\pi/2}^{\pi/2}\left(\int\limits_{y=0}^{\cos x} y\,\mathrm{d}y\right)\mathrm{d}x = \int\limits_{x=-\pi/2}^{\pi/2}\dfrac{1}{2}\cos^2 x\,\mathrm{d}x = \dfrac{1}{4}\left(x+\sin x\cos x\right)\Big|_{-\pi/2}^{\pi/2} = \dfrac{\pi}{4}$

$\Rightarrow y_S = \dfrac{1}{2}\cdot\dfrac{\pi}{4} = \dfrac{\pi}{8}$

Aufgabe 8.3

Teilquerschnitt	x_{Si} [mm]	y_{Si} [mm]	A_i [mm^2]
1, kleines Rechteck	62,5	70	250
2, Rechteck hochkant	45	45	600
3, Dreieck	35	35	450
4, Basis-Rechteck	40	7,5	1.200
			$A_{ges} = 2.500$

$\Rightarrow x_S = 43\,\mathrm{mm},\ y_S = 28\,\mathrm{mm}$

Aufgabe 8.4

Wenn man den Koordinatenursprung auf die Grenze zwischen Halbkreisfläche und Dreieck legt, gelten folgende Werte für die Teilflächen:

Teilquerschnitt	y_{Si} [mm]	A_i [mm²]
Mütze	$H/3$	RH
Gesicht	$-\dfrac{4}{3\pi}R$	$\dfrac{\pi}{2}R^2$

Der Gesamtschwerpunkt y_S muss bei null liegen:

$$y_S = -\frac{4}{3\pi}R \cdot \frac{\pi}{2}R^2 + \frac{H}{3} \cdot RH = 0 \quad \Rightarrow H = \sqrt{2} \cdot R \approx 1,4\,R$$

Aufgabe 8.5

Teilvolumen	x_{Si} [cm]	y_{Si} [cm]	V_i [cm³]
Basisquadrat	20	20	16.000
fehlendes Dreieck	6,7	33,3	–2.000
Aufsatz	20	20	4.000
Bohrung	25	20	–392
			$V_{ges} = 17.608$

$$\Rightarrow x_S = 21,4\,\text{cm}, \quad y_S = 18,5\,\text{cm}$$

Aufgabe 9.1

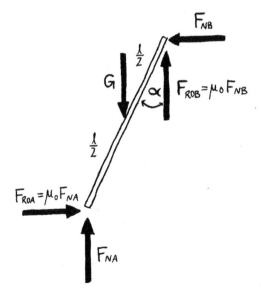

Abb. A.34 Freikörperbild.

Gleichgewichtsbedingungen:

$$\circlearrowleft \sum M_i^{(B)} = G\frac{l}{2}\sin\alpha - F_{NA}\,l\sin\alpha + \mu_0 F_{NA}\,l\cos\alpha = 0$$

$$\uparrow \sum F_{iy} = F_{NA} - G + \mu_0 F_{NB} = 0$$

$$\rightarrow \sum F_{ix} = \mu_0 F_{NA} - F_{NB} = 0$$

mit den Ergebnissen $F_{NA} = \dfrac{G}{1+\mu_0^2}$, $F_{NB} = \dfrac{\mu_0 G}{1+\mu_0^2}$ und $\alpha = \arctan\dfrac{2\mu_0}{1-\mu_0^2} = 33,4°$.

Aufgabe 9.2

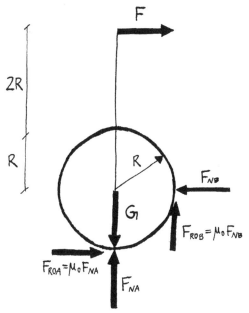

Abb. A.35 Freikörperbild.

Gleichgewichtsbedingungen:

$$\circlearrowleft \sum M_i^{(A)} = -4FR + \left(1+\mu_0\right)F_{NB}R = 0$$

$$\rightarrow \sum F_{ix} = F + \mu_0 F_{NA} - F_{NB} = 0$$

$$\uparrow \sum F_{iy} = F_{NA} - G + \mu_0 F_{NB} = 0$$

mit den Ergebnissen $F_{NB} = \dfrac{G}{\mu_0 - \dfrac{1}{4} + \dfrac{3}{4\mu_0}} = 39,2\text{ N}$, $F_{NA} = \left(\dfrac{3}{4\mu_0} - \dfrac{1}{4}\right)F_{NB} = 88,2\text{ N}$,

$F = \dfrac{1}{4}\left(1+\mu_0\right)F_{NB} = 12,7\text{ N}$, $F_{ROA} = \mu_0 F_{NA} = 26,5\text{ N}$ und $F_{ROB} = \mu_0 F_{NB} = 11,8\text{ N}$.

Aufgabe 9.3

$$S_2 = S_1 e^{\mu_0 \alpha} \rightarrow \alpha = \frac{\ln \dfrac{S_2}{S_1}}{\mu_0} = \frac{\ln \dfrac{12.000}{400}}{0,25} = 13,6 = 779° = 2,2 \text{ Umdrehungen}$$

Aufgabe 9.4

a) $\alpha = 2 \cdot \arccos \dfrac{125}{800} = 162,0°$

b) $140 \text{ Nm} = S_2 \cdot 75 \text{ mm} - S_1 \cdot 75 \text{ mm}$ mit $S_2 = S_1 e^{\mu_0 \alpha} \Rightarrow S_1 = 889 \text{ N}, \ S_2 = 2.755 \text{ N}$

c) $A_x = -\left(889 \text{ N} + 2.755 \text{ N}\right) \cos 9° = 3.599 \text{ N}$

   $A_y = \left(2.755 \text{ N} - 889 \text{ N}\right) \sin 9° = 292 \text{ N}$

Aufgabe 10.1

a) Randbedingungen: $y(0) = C_2 = 1\text{m}$ und $y'(0) = C_1 = 0$

   $$\Rightarrow y(4\text{m}) = \frac{q_{0,\text{zul}}}{18\,\text{kN}}(4\text{m})^2 + 1\text{m} = 3,5\,\text{m} \Rightarrow q_{0,\text{zul}} = 2,8 \frac{\text{kN}}{\text{m}}$$

   $\Rightarrow y(x) = 0,16 \dfrac{1}{\text{m}} x^2 + 1\text{m}$ (Hierin bezieht sich $q_{0,\text{zul}}$ auf ein Tragseil; das zulässige

   Gewicht der gesamten Brücke darf demnach $q_{0,\text{zul,gesamt}} = 5,6 \dfrac{\text{kN}}{\text{m}}$ betragen);

b) $S_{\max} = H_0 \sqrt{1 + y'^2(4\text{m})} = 9\,\text{kN} \sqrt{1 + \left(\dfrac{2,8\,\text{kN}}{9\,\text{m} \cdot \text{kN}} \cdot 4\,\text{m}\right)^2} = 14,4\,\text{kN}$

Aufgabe 10.2

Ansatz: $y(1,5\,\text{m}) - y(0) = \dfrac{H_0}{q_0} \cosh\left(\dfrac{q_0}{H_0} \cdot 1,5\,\text{m}\right) - \dfrac{H_0}{q_0} = 0,3\,\text{m}$ mit der Lösung

$\dfrac{H_0}{q_0} = 3,7\,\text{m} \ \Rightarrow \ H_0 = 1,8\,\text{N}$

Aufgabe 10.3

a) konstante Streckenlast $q(s)$

b) Am linken Haus ($x = -x_0$) ist die Telefonkordel um 0,5 m höher aufgehängt als am rechten Haus. Wir erhalten somit als Bestimmungsgleichung für x_0:

   $$y(-x_0) - y(25\,\text{m} - x_0) = 0,5\,\text{m}$$

   $$\Rightarrow \ 40\,\text{m}\left(\cosh\left(-\frac{0,025}{\text{m}} \cdot x_0\right) - \cosh\left(\frac{0,025}{\text{m}} \cdot (25\,\text{m} - x_0)\right)\right) = 0,5\,\text{m}$$

   mit dem Ergebnis $x_0 = 13,29$ m.

c) Für die Durchhänge $y(x)$ der Telefonkordel am linken Rand und an der tiefsten Stelle erhalten wir $y(-13,29\,\text{m}) = 42,23\,\text{m}$ und $y(0) = 40\,\text{m}$. Die Telefonkordel hängt also im tiefsten Punkt um 2,23 m tiefer als am rechten Haus, und h_{min} beträgt folglich:

$$h_{\text{min}} = 5\,\text{m} - 2,23\,\text{m} = 2,77\,\text{m}.$$

Aufgabe 11.1

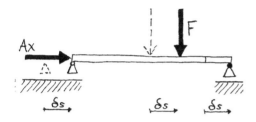

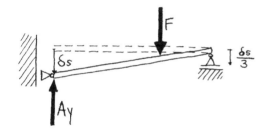

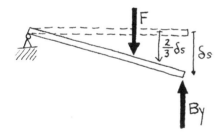

Abb. A.36 Virtuelle Verrückungen zur Bestimmung der Lagerreaktionen.

$$\delta W = A_x\,\delta s = 0 \quad \Rightarrow \quad A_x = 0$$

$$\delta W = -A_y\,\delta s + F\,\frac{\delta s}{3} = 0 \quad \Rightarrow \quad A_y = \frac{F}{3}$$

$$\delta W = F\,\frac{2}{3}\delta s - B_y\,\delta s = 0 \quad \Rightarrow \quad B_y = \frac{2}{3}F$$

Aufgabe 11.2

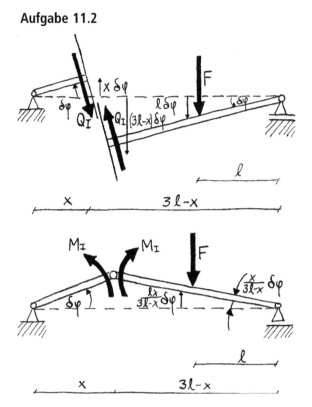

Abb. A.37 Virtuelle Verrückungen zur Bestimmung von Querkraft- und Biegemomentenverlauf im Bereich I.

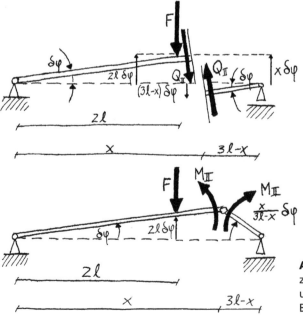

Abb. A.38 Virtuelle Verrückungen zur Bestimmung von Querkraft- und Biegemomentenverlauf im Bereich II.

Virtuelle Arbeiten für den Bereich I:

$$\delta W = -Q_I\, x\,\delta\varphi - Q_I\,(3l-x)\,\delta\varphi + F\,l\,\delta\varphi = 0 \;\; \Rightarrow \;\; Q_I = \frac{F}{3}$$

$$\delta W = M_I\,\delta\varphi + M_I\,\frac{x}{3l-x}\,\delta\varphi - F\,\frac{l\,x}{3l-x}\,\delta\varphi = 0 \;\; \Rightarrow \;\; M_I = \frac{1}{3}Fx$$

Virtuelle Arbeiten für den Bereich II:

$$\delta W = -F\,2l\,\delta\varphi - Q_{II}\,x\,\delta\varphi - Q_{II}\,(3l-x)\,\delta\varphi = 0 \;\; \Rightarrow \;\; Q_{II} = -\frac{2}{3}F$$

$$\delta W = M_{II}\,\delta\varphi - 2F\,l\,\delta\varphi + M_{II}\,\frac{x}{3l-x}\,\delta\varphi = 0 \;\; \Rightarrow \;\; M_{II} = \frac{2}{3}F(3l-x)$$

Aufgabe 12.1

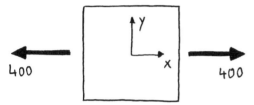

Abb. A.39 Aufgabenteil a; Lageplan (Spannungen in N/mm^2).

b) $\;S = \begin{bmatrix} 400 & 0 \\ 0 & 0 \end{bmatrix}_{xy} \mathrm{N/mm}^2$

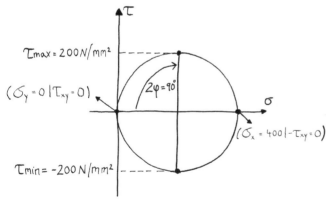

Abb. A.40 Aufgabenteil c; Mohr'scher Spannungskreis.

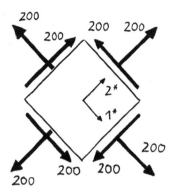

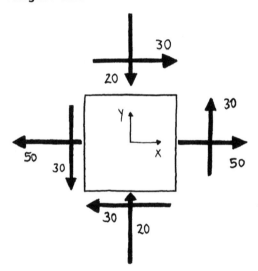

Abb. A.41 Aufgabenteil d; Lageplan für das Hauptschubspannungssystem (alle Spannungen in N/mm²).

e) Plastizität beruht auf der Bewegung von Versetzungen, und entlang der Ebenen der größten Schubspannungen können Versetzungen besonders leicht gleiten.

Aufgabe 12.2

Abb. A.42 Aufgabenteil a; Lageplan (alle Spannungen in N/mm²).

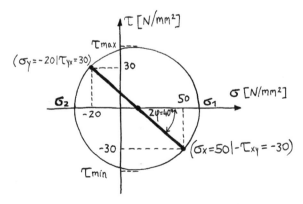

Abb. A.43 Aufgabenteil b; Mohr'scher Spannungskreis (alle Spannungen in N/mm²).

c und d) $\sigma_2 = -31\,\text{N/mm}^2$, $\sigma_1 = 61\,\text{N/mm}^2$, $\tau_{\text{max}} = 46\,\text{N/mm}^2$, $\varphi \approx 20°$

Aufgabe 12.3

a) ESZ, da dünnes Blech mit freien Oberflächen.

b) $S = \begin{bmatrix} -30 & 0 \\ 0 & 80 \end{bmatrix}_{xy} \dfrac{N}{mm^2}$

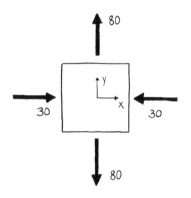

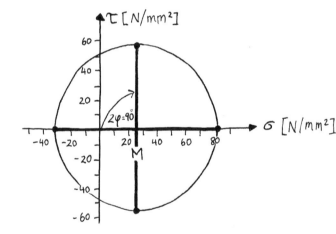

Abb. A.44 Aufgabenteil c; Lageplan (oben) und Mohrscher Spannungskreis (unten). Alle Spannungen in N/mm².

d) 45°

e) $S = \begin{bmatrix} 25 & \pm 55 \\ \pm 55 & 25 \end{bmatrix}_{1^*2^*} \dfrac{N}{mm^2}$;

Anmerkung: Das „+"-Zeichen gilt für 45°-Drehung gegen den Uhrzeigersinn, das „−"-Zeichen für 45°-Drehung mit dem Uhrzeigersinn.

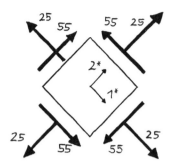

Abb. A.45 Aufgabenteil f; Lageplan im Hauptschubspannungssystem.

Aufgabe 13.1

a) $\varepsilon_x = \dfrac{\Delta x' - \Delta x}{\Delta x} = \dfrac{-0,2\,\text{mm}}{5\,\text{mm}} = -0,04$, $\varepsilon_y = \dfrac{\Delta y' - \Delta y}{\Delta y} = \dfrac{0,3\,\text{mm}}{5\,\text{mm}} = 0,06$,

$\dfrac{1}{2}\gamma_{xy} = \dfrac{1}{2}(\alpha + \beta) = 2° = 0,035$

$\Rightarrow V = \begin{pmatrix} -4 & 3,5 \\ 3,5 & 6 \end{pmatrix}_{xy} \%$

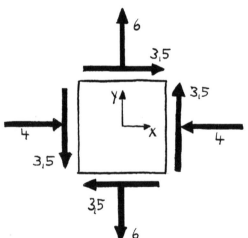

Abb. A.46 Aufgabenteil b; Lageplan (alle Angaben in %).

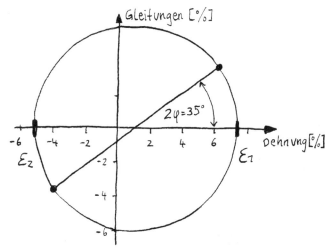

Abb. A.47 Aufgabenteil c; Mohr'scher Verzerrungs-kreis.

d) $V = \begin{pmatrix} 7,1 & 0 \\ 0 & -5,1 \end{pmatrix}_{1,2} \%$

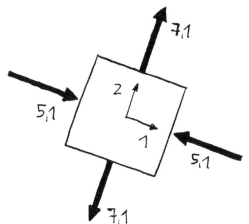

Abb. A.48 Aufgabenteil d; Lageplan für das Hauptachsensystem.

Aufgabe 13.2

Keiner, denn beide Tensoren beschreiben denselben Verzerrungszustand. Man kann sich davon leicht am Mohr'schen Verzerrungskreis überzeugen, beide Tensoren liegen auf demselben Mohrkreis.

Aufgabe 14.1

a) $S = \begin{bmatrix} -100 & 0 & 0 \\ 0 & -100 & 0 \\ 0 & 0 & -100 \end{bmatrix}_{xyz} \dfrac{\mathrm{N}}{\mathrm{mm}^2}$

b) $\varepsilon_x = \dfrac{1}{E}\left(\sigma_x - v\left(\sigma_y - \sigma_z\right)\right) = -\dfrac{1-2v}{E}100\dfrac{\mathrm{N}}{\mathrm{mm}^2}$; $\varepsilon_{ij} = \dfrac{1}{2G}\tau_{ij} = 0$

$$\Rightarrow V_{\mathrm{Stahl}} = \begin{bmatrix} -0,2 & 0 & 0 \\ 0 & -0,2 & 0 \\ 0 & 0 & -0,2 \end{bmatrix}_{xyz} \text{‰} , \; V_{\mathrm{Alu}} = \begin{bmatrix} -0,57 & 0 & 0 \\ 0 & -0,57 & 0 \\ 0 & 0 & -0,57 \end{bmatrix}_{xyz} \text{‰} ,$$

$$V_{\mathrm{PVC}} = \begin{bmatrix} 0 & 0 & 0 \\ 0 & 0 & 0 \\ 0 & 0 & 0 \end{bmatrix}_{xyz} \text{‰}$$

c) $\Delta V = \left(\varepsilon_x + \varepsilon_y + \varepsilon_z\right)\cdot V \Rightarrow \Delta V_{\mathrm{Stahl}} = -3\cdot 0,0002\cdot 1.000\ \mathrm{cm}^3 = -0,6\ \mathrm{cm}^3$,

$\Delta V_{\mathrm{Alu}} = -3\cdot 0,00057\cdot 1.000\ \mathrm{cm}^3 = -1,7\ \mathrm{cm}^3$, $\Delta V_{\mathrm{PVC}} = 0$

d) Sie sind inkompressibel.

Aufgabe 14.2

a) $\varepsilon_x = 0$. Die y- und z-Flächen sind freie Oberflächen. Alle Spannungskomponenten mit den Indizes y und z verschwinden.

$\Rightarrow \sigma_y = \sigma_z = \tau_{xy} = \tau_{xz} = \tau_{yz} = 0$

b) σ_x aus $\varepsilon_x = \dfrac{1}{E}\left[\sigma_x - v\left(\sigma_y + \sigma_z\right)\right] + \alpha\,\Delta T \Rightarrow \sigma_x = -82\dfrac{\mathrm{N}}{\mathrm{mm}^2}$

$\varepsilon_y = \dfrac{1}{E}\left[\sigma_y - v\left(\sigma_x + \sigma_z\right)\right] + \alpha\,\Delta T = 0,517\cdot 10^{-3} = 0,52\text{‰}$, $\varepsilon_z = \varepsilon_y = 0,52\text{‰}$

Alle Gleitungen $= 0$.

c) $S = \begin{bmatrix} -82 & 0 & 0 \\ 0 & 0 & 0 \\ 0 & 0 & 0 \end{bmatrix}_{xyz} \dfrac{\mathrm{N}}{\mathrm{mm}^2}$, $V = \begin{bmatrix} 0 & 0 & 0 \\ 0 & 0,52 & 0 \\ 0 & 0 & 0,52 \end{bmatrix}_{xyz} \text{‰}$

Aufgabe 15.1

a) $N(z) = 800\,\text{N} + 0,7\,\dfrac{\text{N}}{\text{m}} \cdot (300\,\text{m} - z)$

b) $\varepsilon = \dfrac{\sigma}{E} = \dfrac{F}{E\,A} \Rightarrow E\,A = \dfrac{F}{\varepsilon} = \dfrac{1000\,\text{N}}{0,02} = 50\,\text{kN}$

c) $\Delta l = \displaystyle\int_0^l \dfrac{N(z)}{E\,A(z)}\,\mathrm{d}z = \dfrac{1}{E\,A}\int_0^{300\,\text{m}}\left(800\,\text{N} + 0,7\,\dfrac{\text{N}}{\text{m}}(300\,\text{m} - z)\right)\mathrm{d}z = \ldots = 5,43\,\text{m}$

Aufgabe 15.2

a) $N(z) = \dfrac{1}{3}z\left(\dfrac{z}{145\,\text{m}} \cdot 229\,\text{m}\right)^2 \cdot 22.000\,\dfrac{\text{N}}{\text{m}^3} = -18.291\,\dfrac{\text{N}}{\text{m}^3}\cdot z^3$

b) $\sigma(z) = \dfrac{N(z)}{A(z)} = \dfrac{-18.291\,\dfrac{\text{N}}{\text{m}^3}\cdot z^3}{\left(\dfrac{z}{145\,\text{m}}\cdot 229\,\text{m}\right)^2} = -7.333\,\dfrac{\text{N}}{\text{m}^3}\cdot z\,;$

σ an Basis maximal, $\sigma_{\max} = -1\,\text{N/mm}^2$

c) $\Delta l = \displaystyle\int_0^l \dfrac{N(z)}{E\,A(z)}\,\mathrm{d}z = \dfrac{1}{E}\int_0^{145\,\text{m}}\sigma(z)\,\mathrm{d}z = \ldots = 3,85\,\text{mm}$

Aufgabe 15.3

a) Die anzuwendenden Gleichungen entsprechen denen einer Schraubenberechnung, denn ähnlich wie sich Schraube und Platten unter einer Betriebslast F_A um den gleichen Betrag dehnen, so dehnen sich auch das Stahlsubstrat und die Emailleschicht gleich stark.

Die Nachgiebigkeiten von Stahlsubstrat und Emailleschicht betragen

$$\delta_{\text{Stahl}} = \frac{1}{E_{\text{Stahl}}A_{\text{Stahl}}} = \frac{1}{205.000\,\dfrac{\text{N}}{\text{mm}^2}\cdot\pi\cdot(5\,\text{mm})^2} = 6,21\cdot 10^{-8}\,\text{N}^{-1}\ \text{und}$$

$$\delta_{\text{Emaille}} = \frac{1}{E_{\text{Emaille}}A_{\text{Emaille}}} = \frac{1}{70.000\,\dfrac{\text{N}}{\text{mm}^2}\cdot\pi\cdot\left[(6\,\text{mm})^2 - (5\,\text{mm})^2\right]} = 4,13\cdot 10^{-7}\,\text{N}^{-1}.$$

Daraus ermitteln wir für die Kräfte in Stahlsubstrat und Emailleschicht

$$F_{\text{Stahl}} = \frac{\delta_{\text{Emaille}}}{\delta_{\text{Emaille}} + \delta_{\text{Stahl}}}F_A = \frac{4,13\cdot 10^{-7}}{4,13\cdot 10^{-7} + 6,21\cdot 10^{-8}}\cdot 15\,\text{kN} = 13,04\,\text{kN}\ \text{und}$$

$$F_{\text{Emaille}} = \frac{\delta_{\text{Stahl}}}{\delta_{\text{Emaille}} + \delta_{\text{Stahl}}}F_A = \frac{6,21\cdot 10^{-8}}{4,13\cdot 10^{-7} + 6,21\cdot 10^{-8}}\cdot 15\,\text{kN} = 1,96\,\text{kN}\,.$$

Durch die jeweiligen Querschnittsflächen geteilt, ergeben sich die Spannungen als

$$\sigma_{\text{Stahl}} = 166\,\frac{\text{N}}{\text{mm}^2} \quad \text{und} \quad \sigma_{\text{Emaille}} = 57\,\frac{\text{N}}{\text{mm}^2}\,.$$

b) $\Delta l = \dfrac{F_{\text{Stahl}}\,l}{E_{\text{Stahl}}\,A_{\text{Stahl}}} = \dfrac{13{,}04\,\text{kN}\cdot 100\,\text{mm}}{205.000\,\dfrac{\text{N}}{\text{mm}^2}\,\pi\left(5\,\text{mm}\right)^2} = 81\,\mu\text{m}$

     bzw. $\Delta l = \dfrac{F_{\text{Emaille}}\,l}{E_{\text{Emaille}}\,A_{\text{Emaille}}} = \dfrac{1{,}96\,\text{kN}\cdot 100\,\text{mm}}{70.000\,\dfrac{\text{N}}{\text{mm}^2}\left(1\,\text{mm}\cdot\pi\cdot 11\,\text{mm}\right)} = 81\,\mu\text{m}$

Aufgabe 15.4

a) Diese Aufgabe unterscheidet sich nur in der Plattennachgiebigkeit von der Beispiel-aufgabe im Kapitel. Wir erhalten

$$\delta_{\text{P}} = \frac{1}{E_{\text{P}} A_{\text{P}}} = \frac{1}{70.000\,\dfrac{\text{N}}{\text{mm}^2}\cdot\pi\cdot\left[\left(16\,\text{mm}\right)^2 - \left(9\,\text{mm}\right)^2\right]} = 2{,}60\cdot 10^{-8}\,\text{N}^{-1}.$$

Daraus ermitteln wir für F_{SA}

$$F_{\text{SA}} = \frac{\delta_{\text{P}}}{\delta_{\text{S}} + \delta_{\text{P}}}\,F_{\text{A}} = \frac{2{,}60\cdot 10^{-8}}{2{,}43\cdot 10^{-8} + 2{,}60\cdot 10^{-8}}\cdot 20\,\text{kN} = 10{,}34\,\text{kN}$$

und für Δl_{P}

$$\Delta l_{P} = \frac{F_{V}\,l_{K}}{E_{P}\,A_{P}} = l_{K}\,\delta_{P}\,F_{V} = 64\,\text{mm}\cdot 2{,}60\cdot 10^{-8}\,\text{N}^{-1}\cdot 35.000\,\text{N} = 58\,\mu\text{m}\,.$$

b) Aus den Ergebnissen von Aufgabenteil a ergibt sich das in Abb. 15.13 dargestellte Verspannungsdreieck.

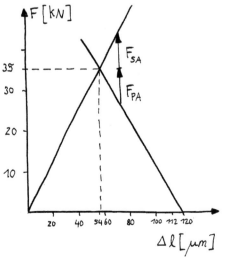

Abb. A.49

Aufgabe 16.1

a) Wir zerlegen die Fläche in die in Abbildung A.50 skizzierten drei Teilflächen (1: großes Rechteck, 2: kleine rechteckige Ausnehmung, 3: Kreisloch). Mit der linken unteren Ecke als Bezugspunkt (Koordinatenursprung) ergibt sich:

$$y_S = \frac{1}{1.886\,\text{mm}^2}\left(30\,\text{mm}\cdot 2.400\,\text{mm}^2 - 5\,\text{mm}\cdot 200\,\text{mm}^2 - 40\,\text{mm}\cdot 314\,\text{mm}^2\right) = 31\,\text{mm}$$

$x_S = 20\,\text{mm}$ aus Symmetriegründen.

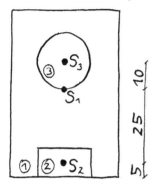

Abb. A.50 Zerlegung der Fläche zur Berechnung von Schwerpunktlage und I_y.

b) Steiner'sche Ergänzung:

$$I_y = \frac{40\,\text{mm}\cdot(60\,\text{mm})^3}{12} + 2.400\,\text{mm}^2\cdot(1\,\text{mm})^2 - \frac{20\,\text{mm}\cdot(10\,\text{mm})^3}{12} - 200\,\text{mm}^2\cdot(26\,\text{mm})^2$$

$$- \frac{\pi}{4}(10\,\text{mm})^4 - 314\,\text{mm}^2\cdot(9\,\text{mm})^2 = 552.245\,\text{mm}^4$$

Aufgabe 16.2

a) Schwerpunktlage oberhalb Trägerunterkante:

$$x_S = \frac{1}{54\,\text{mm}\cdot 6\,\text{mm} + 60\,\text{mm}\cdot 6\,\text{mm}}\left(3\,\text{mm}\cdot 60\,\text{mm}\cdot 6\,\text{mm} + 33\,\text{mm}\cdot 54\,\text{mm}\cdot 6\,\text{mm}\right) = 17,2\,\text{mm}$$

$$I_y = \frac{60\,\text{mm}\cdot(6\,\text{mm})^3}{12} + (14,2\,\text{mm})^2\cdot 360\,\text{mm}^2 + \frac{6\,\text{mm}\cdot(54\,\text{mm})^3}{12} + (15,8\,\text{mm})^2\cdot 324\,\text{mm}^2$$

$$= 233.286\,\text{mm}^4$$

b) $q_0 = A\rho g = 53,68\,\dfrac{\text{N}}{\text{m}}$

c) $\sigma_{max} = \dfrac{M_{max}}{I_y}|z|_{max}$ mit $M_{max} = \dfrac{1}{2}q_0 l_{max}^2$ und $|z|_{max} = 60\,\text{mm} - 17,2\,\text{mm} = 42,8\,\text{mm}$

$$\Rightarrow l_{max} = \sqrt{\frac{2M_{max}}{q_0}} = \sqrt{\frac{2\sigma_{max}I_y}{q_0|z|_{max}}} = \sqrt{\frac{2\cdot 200\,\dfrac{\text{N}}{\text{mm}^2}\cdot 233.286\,\text{mm}^4}{53,68\,\dfrac{\text{N}}{\text{m}}\cdot 42,8\,\text{mm}}} = 6,37\,\text{m}\,.$$

Aufgabe 16.3

a) Lagerreaktionen: $A = \dfrac{F}{2} + \dfrac{q_{max}l}{6}$, $B = \dfrac{F}{2} + \dfrac{q_{max}l}{3}$

Schnittgrößen Bereich I: $N_I(x) = 0$, $Q_I(x) = \dfrac{F}{2} + \dfrac{q_{max}l}{6} - \dfrac{q_{max}x^2}{2l}$,

$$M_I(x) = \left(\dfrac{F}{2} + \dfrac{q_{max}l}{6}\right)x - \dfrac{q_{max}x^3}{6l}$$

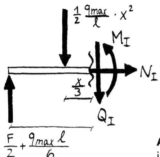

Abb. A.51 FKB zur Berechnung der Schnittgrößen im Bereich I.

Schnittgrößen Bereich II: $N_{II}(x) = 0$, $Q_{II}(x) = -\dfrac{F}{2} + \dfrac{q_{max}l}{6} - \dfrac{q_{max}x^2}{2l}$,

$$M_{II}(x) = \left(\dfrac{F}{2} + \dfrac{q_{max}l}{6}\right)x - F\left(x - \dfrac{l}{2}\right) - \dfrac{q_{max}x^3}{6l}$$

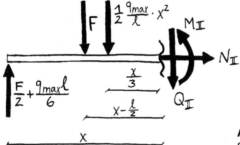

Abb. A.52 FKB zur Berechnung der Schnittgrößen im Bereich II.

b) Aus Tabelle: $w(x) = \dfrac{Fl^3}{48EI}\left[3\dfrac{x}{l} - \left(\dfrac{x}{l}\right)^3\right] - \dfrac{q_{max}l^4}{360EI}\left[7\dfrac{x}{l} - 10\left(\dfrac{x}{l}\right)^3 + 3\left(\dfrac{x}{l}\right)^5\right]$

c) Das Biegemoment in Trägermitte beträgt

$$M_I\left(\dfrac{l}{2}\right) = \left(\dfrac{F}{2} + \dfrac{q_{max}l}{6}\right)\dfrac{l}{2} - \dfrac{q_{max}l^2}{48} = (250\,\text{N} + 100\,\text{N})0,5\,\text{m} - \dfrac{600\,\text{Nm}}{48} = 162,5\,\text{Nm} \cdot$$

$$\Rightarrow \sigma_{max}\left(\dfrac{l}{2}\right) = \dfrac{M}{I_y}|z|_{max} = \pm\dfrac{162.500\,\text{Nmm}}{\dfrac{20\,\text{mm} \cdot (30\,\text{mm})^3}{12}}\cdot 15\,\text{mm} = \pm 54\,\dfrac{\text{N}}{\text{mm}^2}$$

Aufgabe 16.4

a) Lagerreaktionen in A und B jeweils $3.750\,\text{N}$.

$$M(x) = \frac{1}{2}q_0 l\, x - \frac{1}{2}q_0 x^2 = 3.750\,\text{N} \cdot x - 750\,\frac{\text{N}}{\text{m}} \cdot x^2$$

Maximales Biegemoment in Balkenmitte mit $M(2,5\,\text{m}) = 4.687,5\,\text{Nm}$

b) $\sigma_{\max} = \dfrac{M}{I_y} \cdot |z|_{\max} = \dfrac{12M}{b\,h^3} \cdot \dfrac{h}{2} = \dfrac{6 \cdot 4.687.500\,\text{Nmm}}{200\,\text{mm} \cdot (150\,\text{mm})^2} = 6,25\,\dfrac{\text{N}}{\text{mm}^2}$

c) 1. Integration: $w'(x) = -\displaystyle\int \frac{M(x)}{E\,I_y}\,\mathrm{d}x = -\frac{1}{E\,I_y}\int\left(\frac{1}{2}q_0 l\,x - \frac{1}{2}q_0 x^2\right)\mathrm{d}x = -\frac{q_0}{2E\,I_y}\left(\frac{1}{2}l\,x^2 - \frac{1}{3}x^3\right) + C_1$

2. Integration: $w(x) = -\displaystyle\int\left[\frac{q_0}{2E\,I_y}\left(\frac{1}{2}l\,x^2 - \frac{1}{3}x^3\right) + C_1\right]\mathrm{d}x = \frac{q_0}{2E\,I_y}\left(\frac{1}{12}x^4 - \frac{1}{6}l\,x^3\right) + C_1 x + C_2$

Randbedingungen:

$w(0) = 0 \;\Rightarrow\; C_2 = 0$

$w(l) = 0 \;\Rightarrow\; C_1 = \dfrac{q_0 l^3}{24E\,I_y}$

$$w(x) = \frac{q_0 l^4}{24\,E\,I_y}\left[\left(\frac{x}{l}\right)^4 - 2\left(\frac{x}{l}\right)^3 + \frac{x}{l}\right]$$

$$\Rightarrow\; w\left(\frac{l}{2}\right) = \frac{q_0 l^4}{24\,E\,I_y}\left[\frac{1}{16} - 2\cdot\frac{1}{8} + \frac{1}{2}\right] = \frac{5\,q_0 l^4}{384\,E\,I_y} = 18,1\,\text{mm}$$

Aufgabe 16.5

a) linke Probenhälfte: $M(x) = \dfrac{F}{2}\left(\dfrac{l}{2} + x\right)$, rechte Hälfte $M(x) = \dfrac{F}{2}\left(\dfrac{l}{2} - x\right)$

$M(x = 0) = \dfrac{1}{4}F l$

b) $|\sigma|_{\max} = \dfrac{M}{I_y}|z|_{\max} = \dfrac{\frac{1}{4}F_{\max}l}{\frac{b\,h^3}{12}} \cdot \dfrac{h}{2} = \dfrac{3}{2}\dfrac{F_{\max}l}{b\,h^2}$

c) Wir betrachten aus Symmetriegründen nur die rechte Probenhälfte. Die Randbedingungen lauten $w\left(\dfrac{l}{2}\right) = 0$ und $w'(0) = 0$ (horizontale Tangente in Probenmitte).

Es ist also $w(x) = -\dfrac{F}{12\,E\,I_y}\left(\dfrac{l}{2} - x\right)^3 - \dfrac{F\,l^2 x}{16\,E\,I_y} + \dfrac{F\,l^3}{32\,E\,I_y}$

d) $w(0) = -\dfrac{F}{12\,E\,I_y}\left(\dfrac{l}{2}\right)^3 + \dfrac{F\,l^3}{32\,E\,I_y} = \dfrac{F\,l^3}{48\,E\,I_y} \;\Rightarrow\; E = \dfrac{F\,l^3}{48\,w(x = 0)\cdot I_y}$

e) Zahlenwerte einsetzen: $\sigma_{\max} = 396\,\dfrac{\text{N}}{\text{mm}^2}$, $E = 280.000\,\dfrac{\text{N}}{\text{mm}^2}$

Aufgabe 16.6

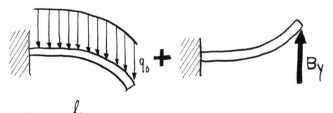

Abb. A.53 Aufteilung in zwei Lastfälle.

Die Durchbiegungen für die Einzellastfälle Streckenlast (Abb. A.52, links) und Einzelkraft (Abb. A.52, rechts) entnehmen wir Tabelle 16.2:

Lastfall Streckenlast: $w_{max} = \dfrac{q_0 l^4}{8 E I_y}$.

Lastfall Einzelkraft: $w_{max} = -\dfrac{F l^3}{3 E I_y}$ mit $F = B_y$.

Am Lager B muss die Durchbiegung beider Lastfälle in Summe null ergeben:

$$\frac{q_0 l^4}{8 E I_y} - \frac{B_y l^3}{3 E I_y} = 0 \;\Rightarrow\; B_y = \frac{3}{8} q_0 l$$

Die verbleibenden Lagerreaktionen berechnen wir aus den drei Gleichgewichtsbedingungen der ebenen Statik. Es ergibt sich

$$A_x = 0, \; B_x = \frac{5}{8} q_0 l \text{ und } M_A = \frac{1}{8} q_0 l^2$$

Aufgabe 16.7

a) Die Hauptträgheitsmomente und den Drehwinkel zur Vertikalen/Horizontalen, in dem sie auftreten, entnehmen wir dem Mohr'schen Trägheitskreis (Abb. 16.28) Wir erhalten $I_y = 67{,}1$ cm^4, $I_z = 7{,}7$ cm^4 und $\varphi = 37{,}9°$.

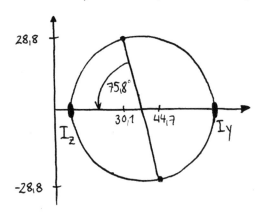

Abb. A.54 Bestimmung der Hauptträgheitsmomente im Mohr'schen Trägheitskreis.

b) Zerlegung von F in $F_y = F \sin\varphi$ und $F_z = F \cos\varphi$.
Die Schnittmomente in der Einspannung betragen somit $M_y = -F\,l\cos\varphi$ und
$M_z = -F\,l\sin\varphi$.

Die Abstände des Punktes A zu den Hauptträgheitsachsen (vgl. Abb. 16.9) betragen
$z_A = -30\,\text{mm}\cos 37{,}9° - 42{,}5\,\text{mm}\sin 37{,}9° = -49{,}8\,\text{mm}$ und
$y_A = -30\sin 37{,}9° + 42{,}5\cos 37{,}9° = 15{,}1\,\text{mm}$.

Beim Punkt B ändern sich aus Symmetriegründen die Vorzeichen, die Beträge bleiben gleich.

$$\Rightarrow \quad \sigma = \frac{M_y}{I_y}z + \frac{M_z}{I_z}y = -\frac{F\,l\cos\varphi}{I_y}z - \frac{F\,l\sin\varphi}{I_z}y$$

$$= \frac{1\,\text{kN}\cdot 1.000\,\text{mm}\cdot\cos 37{,}9°}{67{,}1\cdot 10^4\,\text{mm}^4}\cdot 49{,}8\,\text{mm} - \frac{1\,\text{kN}\cdot 1.000\,\text{mm}\cdot\sin 37{,}9°}{7{,}7\cdot 10^4\,\text{mm}^4}\cdot 15{,}1\,\text{mm}$$

$$= -62\,\frac{\text{N}}{\text{mm}^2}$$

Aufgabe 16.8

Aus $m = \rho\cdot V = \rho\,l\,a^2$ und $\sigma_{zul} = \dfrac{M_{zul}}{W_y} = \dfrac{\frac{1}{2}q_0 l^2}{\frac{1}{6}a^3} = \dfrac{3q_0 l^2}{a^3}$ folgt:

$$m = \rho\,l\left(\frac{3q_0 l^2}{\sigma_{zul}}\right)^{\frac{2}{3}} \quad \Rightarrow \quad M = \frac{\sigma^{\frac{2}{3}}}{\rho}$$

Aufgabe 17.1

Für I_y und $b(z)$ gilt $I_y = \dfrac{\pi}{4}R^4$ und $b(z) = 2R\sin\alpha$. Aus A^* und z_S^* berechnen wir S_y als

$$S_y = A^*\cdot z_S^* = \frac{2}{3}R^3\sin^3\alpha$$

$$\Rightarrow \tau = \frac{Q(x)S_y(z)}{I_y\,b(z)} = \frac{Q(x)\cdot\frac{2}{3}R^3\sin^3\alpha}{\frac{\pi}{4}R^4\cdot 2R\sin\alpha} = \frac{4}{3}\cdot\frac{Q(x)\cdot\sin^2\alpha}{\pi R^2}\,.$$

Die Schubspannungen werden in der Querschnittmitte ($z=0 \Rightarrow \alpha=90°$, $\sin\alpha=1$)
maximal mit $\tau_{max} = \dfrac{4}{3}\dfrac{Q}{A}$.

Aufgabe 17.2

a) $I_y = \displaystyle\int_A z^2\,\mathrm{d}A$ mit $z = -R\cos\varphi$ und $\mathrm{d}A = t\cdot R\,\mathrm{d}\varphi$

$$\Rightarrow I_y = \int_{\varphi=0}^{\pi}\left(-R\cos\varphi\right)^2 t\,R\,\mathrm{d}\varphi = R^3 t\left[\frac{\varphi}{2} + \frac{1}{4}\sin 2\varphi\right]_0^{\pi} = \frac{\pi}{2}R^3 t$$

$$S_y = \int_s^{l^*}\tilde{z}\,\mathrm{d}A \text{ mit } \tilde{z}(\tilde{s}) = -R\cos\tilde\varphi,\ t=\text{konstant},\ \mathrm{d}\tilde{s} = R\,\mathrm{d}\tilde\varphi,\ l^* = \pi R$$

$$\Rightarrow S_y = \int_{A^*} \tilde{z}\, dA = \int_{\varphi}^{\pi} -\left(R\cos\tilde{\varphi}\right) t\, R\, d\tilde{\varphi} = -R^2\, t\left[\sin\tilde{\varphi}\right]_{\varphi}^{\pi} = R^2 t \sin\varphi$$

$$\Rightarrow \tau(s) = \frac{Q(x)}{t(s)I_y}\, S_y(s) = \frac{Q(x)}{t\,\dfrac{\pi}{2}R^3 t}\, R^2 t \sin\varphi = \frac{2Q(x)}{\pi R t}\sin\varphi$$

b) Wir bestimmen die Lage des Schubmittelpunktes mit Bezug zum Kreismittel-punkt M, da für diesen $r^* = R = $ konstant ist.

$$y_{M,\text{bzgl. } M} = \frac{1}{I_y}\int_0^{l^*} S_y\, r^*\, ds \text{ mit } ds = R\, d\varphi$$

$$\Rightarrow y_{M,\text{bzgl. } M} = \frac{2}{\pi R^3 t}\int_0^{\pi} R^4 t \sin\varphi\, d\varphi = \frac{2R}{\pi}\left[-\cos\varphi\right]_0^{\pi} = \frac{4R}{\pi}$$

Aufgabe 18.1

a) $\dfrac{m_H}{m_V} = \dfrac{D^2 - \left(\dfrac{D}{2}\right)^2}{D^2} = \dfrac{3}{4}$, also 25 % Gewichtsersparnis.

(Index V für die Vollwelle und Index H für die Hohlwelle.)

b) $\dfrac{\tau_H}{\tau_V} = \dfrac{W_{T,V}}{W_{T,H}} = \dfrac{D^4}{D^4 - \left(\dfrac{D}{2}\right)^4} = 1{,}07$, also 7 % höhere Spannungen.

c) $\dfrac{\vartheta_H}{\vartheta_V} = \dfrac{I_{T,V}}{I_{T,H}} = \dfrac{D^4}{D^4 - \left(\dfrac{D}{2}\right)^4} = 1{,}07$, also 7 % größerer Verdrehwinkel.

Aufgabe 18.2

Es seien der mittlerer Windungsradius der Feder mit R und der Radius des Federdrah-tes mit r bezeichnet.

$$C = \frac{F}{f} = \frac{G I_T}{2\pi R^3 n} \text{ mit}$$

$$I_T = \frac{\pi}{2}r^4 \quad \Rightarrow \quad C = \frac{G r^4}{4 R^3 n} = \frac{80.000\,\dfrac{\text{N}}{\text{mm}^2}\cdot\left(3{,}5\,\text{mm}\right)^4}{4\cdot\left(26\,\text{mm}\right)^3\cdot 67} = 2{,}55\,\frac{\text{N}}{\text{mm}}$$

$$F = C\cdot\Delta l = 2{,}55\,\frac{\text{N}}{\text{mm}}\cdot 300\,\text{mm} = 765\,\text{N}$$

$$\tau = \frac{M_T}{W_T} = \frac{F\cdot R}{\dfrac{\pi}{2}r^3} = \frac{765\,\text{N}\cdot 26\,\text{mm}}{\dfrac{\pi}{2}\left(3{,}5\,\text{mm}\right)^3} = 295\,\frac{\text{N}}{\text{mm}^2}$$

Aufgabe 18.3

Torsionsspannungen:

$$\frac{\tau_o}{\tau_g} = \frac{W_g}{W_o} = \frac{\dfrac{\pi}{2R_a}\left(R_a^4 - R_i^4\right)}{\dfrac{1}{3}ht^2} = \frac{\dfrac{\pi}{2\cdot 40\,\text{mm}}\left[\left(40\,\text{mm}\right)^4 - \left(36\,\text{mm}\right)^4\right]}{\dfrac{1}{3}\pi\,76\,\text{mm}\cdot\left(4\,\text{mm}\right)^2} = 27$$

(Index o für das offene und Index g für das geschlossene Profil.)

Verdrehwinkel:

$$\frac{\vartheta_o}{\vartheta_g} = \frac{I_g}{I_o} = \frac{\dfrac{\pi}{2}\left(R_a^4 - R_i^4\right)}{\dfrac{1}{3}ht^3} = \frac{\dfrac{\pi}{2}\left[\left(40\,\text{mm}\right)^4 - \left(36\,\text{mm}\right)^4\right]}{\dfrac{1}{3}\pi\,76\,\text{mm}\cdot\left(4\,\text{mm}\right)^3} = 272$$

Aufgabe 18.4

$$\vartheta = \int_0^l \frac{M_T}{G\,I_T}\,\mathrm{d}x \quad\text{mit}\quad I_T = \frac{\pi}{2}R(x)^4 \quad\text{und}\quad R(x) = 2R - \frac{R}{l}x$$

$$\Rightarrow \vartheta = \frac{2M_T}{\pi G}\int_0^l (2R - \frac{R}{l}x)^{-4}\,\mathrm{d}x = \frac{2M_T}{\pi G}\left[\frac{l}{3R}(2R - \frac{R}{l}x)^{-3}\right]_0^l$$

$$= \frac{2M_T l}{3\pi G R}\left(\frac{1}{R^3} - \frac{1}{8R^3}\right) = \frac{7}{12}\frac{M_T l}{\pi G R^4}$$

Aufgabe 18.5

a) Die Zahnkräfte sind für beide Zahnräder gleich groß. $\rightarrow$ Das Drehmoment in der Ausgangswelle ist um den Faktor 180/60 größer. $M_{T,aus} = 300\,\text{Nm}$.

b) $\tau_{ein} = \dfrac{M_{T,ein}}{W_{T,ein}} = \dfrac{100\,\text{Nm}}{\dfrac{\pi}{2}\left(R_{ein}\right)^3} = \dfrac{100.000\,\text{Nmm}}{\dfrac{\pi}{2}\left(10\,\text{mm}\right)^3} = 64\,\dfrac{\text{N}}{\text{mm}^2}$

$\tau_{aus} = \dfrac{M_{T,aus}}{W_{T,aus}} = \dfrac{100\,\text{Nm}}{\dfrac{\pi}{2}\left(R_{aus}\right)^3} = \dfrac{300.000\,\text{Nmm}}{\dfrac{\pi}{2}\left(15\,\text{mm}\right)^3} = 57\,\dfrac{\text{N}}{\text{mm}^2}$

Aufgabe 19.1

a) Die größte Hauptspannung ist die Umfangsspannung.

$$\sigma_{zul} = \sigma_\varphi = \frac{p_i R}{t_{min}} \quad\Rightarrow\quad t_{1,min} = \frac{p_i R}{\sigma_{zul}} = \frac{3\,\dfrac{\text{N}}{\text{mm}^2}\cdot 1.000\,\text{mm}}{200\,\dfrac{\text{N}}{\text{mm}^2}} = 15\,\text{mm}$$

b) $\sigma_{zul} = \dfrac{p_i R}{2t_{min}} \quad\Rightarrow\quad t_{2,min} = 7,5\,\text{mm}$

Aufgabe 19.2

a) Umfangsspannung: $\sigma_\varphi = \dfrac{p_i R}{t} = \dfrac{(75.000 - 26.000)\dfrac{\text{N}}{\text{m}^2} \cdot 2.000\,\text{mm}}{1,6\,\text{mm}} = 61\dfrac{\text{N}}{\text{mm}^2}$

Längsspannung: $\sigma_l = \dfrac{p_i R}{2t} = 31\dfrac{\text{N}}{\text{mm}^2}$

b) Aus den Spannungen berechnen wir zunächst mit dem Hooke'schen Gesetz die Dehnungen:

$$\varepsilon_r = \frac{1}{E}\left[\sigma_r - \nu\left(\sigma_\varphi + \sigma_l\right)\right] = \frac{1}{70.000\dfrac{\text{N}}{\text{mm}^2}}\left[-0,3\left(61\dfrac{\text{N}}{\text{mm}^2} + 31\dfrac{\text{N}}{\text{mm}^2}\right)\right] = -3,94\cdot10^{-4},$$

$$\varepsilon_\varphi = \frac{1}{E}\left[\sigma_\varphi - \nu\left(\sigma_r + \sigma_l\right)\right] = \frac{1}{70.000\dfrac{\text{N}}{\text{mm}^2}}\left[61\dfrac{\text{N}}{\text{mm}^2} - 0,3\cdot31\dfrac{\text{N}}{\text{mm}^2}\right] = 7,39\cdot10^{-4},$$

$$\varepsilon_l = \frac{1}{E}\left[\sigma_l - \nu\left(\sigma_r + \sigma_\varphi\right)\right] = \frac{1}{70.000\dfrac{\text{N}}{\text{mm}^2}}\left[31\dfrac{\text{N}}{\text{mm}^2} - 0,3\cdot61\dfrac{\text{N}}{\text{mm}^2}\right] = 1,81\cdot10^{-4}.$$

Aus den Dehnungen folgen die Verformungen. Aufgepasst bei der Durchmesseränderung: Diese wird nicht mit der Dehnung in radiale Richtung, ε_r, errechnet, da ε_r ein Maß für die Verjüngung der Wandstärke durch den Überdruck ist. Ausschlaggebend für die Durchmesseränderung ist die Dehnung in Umfangsrichtung, ε_φ, da Kreisumfang und Kreisdurchmesser linear proportional zueinander sind und daher die relativen Zunahmen von Rumpfumfang und Rumpfdurchmesser gleich groß sind.

$$\Delta l = l \cdot \varepsilon_l = 40\,\text{m} \cdot 1,81\cdot10^{-4} = 7\,\text{mm}$$

$$\Delta D = D \cdot \varepsilon_\varphi = 12\,\text{m} \cdot 7,39\cdot10^{-4} = 3\,\text{mm}$$

Aufgabe 20.1

a) $\sigma_{\text{Zug}} = \dfrac{F}{A} = \dfrac{20.000\,\text{N}}{\pi\left(10\,\text{mm}\right)^2} = 64\dfrac{\text{N}}{\text{mm}^2}$

$$\sigma_{\text{Biegung}} = \frac{F\cdot\dfrac{R}{2}}{W_y} = \frac{20.000\,\text{N}\cdot5\,\text{mm}}{\dfrac{\pi}{4}\left(10\,\text{mm}\right)^3} = 127\dfrac{\text{N}}{\text{mm}^2}$$

b) Zug- und Biegespannungen können einfach addiert werden, da beides Spannungen in Wellenrichtung sind. Es ist nicht erforderlich, Festigkeitshypothesen anzuwenden.

c) $\Rightarrow \sigma_{\text{gesamt}} = \sigma_{\text{Zug}} + \sigma_{\text{Biegung}} = 64\dfrac{\text{N}}{\text{mm}^2} + 127\dfrac{\text{N}}{\text{mm}^2} = 191\dfrac{\text{N}}{\text{mm}^2}$, also zulässig.

Aufgabe 20.2

a) Schnittmoment: $M_y = 440\,\text{N} \cdot 150\,\text{mm} = 66\,\text{Nm}$ (für Biegung um die y-Achse),
$M_z = 1.200\,\text{N} \cdot 150\,\text{mm} = 180\,\text{Nm}$ (für Biegung um die z-Achse),

$$M_{ges} = \sqrt{(66\,\text{Nm})^2 + (180\,\text{Nm})^2} = 192\,\text{Nm} \text{ (resultierendes Biegemoment)}$$

$$M_T = 1.200\,\text{N} \cdot 100\,\text{mm} = 120\,\text{Nm} \text{ (Torsionsmoment)}$$

b) Biegespannung $\sigma = \dfrac{M}{W_y} = \dfrac{192.000\,\text{Nmm}}{\dfrac{\pi}{4}(20\,\text{mm})^3} = 30{,}6\,\dfrac{\text{N}}{\text{mm}^2}$

Torsionsspannung $\tau = \dfrac{M}{W_T} = \dfrac{120.000\,\text{Nmm}}{\dfrac{\pi}{2}(20\,\text{mm})^3} = 9{,}5\,\dfrac{\text{N}}{\text{mm}^2}$.

c) N-Hypothese:

$$\sigma_V = \frac{1}{2}\left(\sigma + \sqrt{\sigma^2 + 4\tau^2}\right) = \frac{1}{2}\left(30{,}6\,\frac{\text{N}}{\text{mm}^2} + \sqrt{\left(30{,}6\,\frac{\text{N}}{\text{mm}^2}\right)^2 + 4\left(9{,}5\,\frac{\text{N}}{\text{mm}^2}\right)^2}\right) = 33\,\frac{\text{N}}{\text{mm}^2}$$

S-Hypothese:

$$\sigma_V = \sqrt{\sigma^2 + 4\tau^2} = \sqrt{\left(30{,}6\,\frac{\text{N}}{\text{mm}^2}\right)^2 + 4\left(9{,}5\,\frac{\text{N}}{\text{mm}^2}\right)^2} = 36\,\frac{\text{N}}{\text{mm}^2}$$

GE-Hypothese:

$$\sigma_V = \sqrt{\sigma^2 + 3\tau^2} = \sqrt{\left(30{,}6\,\frac{\text{N}}{\text{mm}^2}\right)^2 + 3\left(9{,}5\,\frac{\text{N}}{\text{mm}^2}\right)^2} = 35\,\frac{\text{N}}{\text{mm}^2}$$

Aufgabe 20.3

a) $N = 100\,\text{N}$, $|M_T| = 2\,F_T \cdot l = 420\,\text{Nmm}$

b) Normalspannung durch Zugkraft: $\sigma = \dfrac{N}{A} = \dfrac{100\,\text{N}}{\pi \cdot (1{,}5\,\text{mm})^2} = 14\,\dfrac{\text{N}}{\text{mm}^2}$

Schubspannung durch Torsion: $\tau = \dfrac{M_T}{W_T} = \dfrac{M_T}{0{,}5\,\pi R^3} = \dfrac{420\,\text{Nmm}}{0{,}5\,\pi (1{,}5\,\text{mm})^3} = 79\,\dfrac{\text{N}}{\text{mm}^2}$

c) N-Hypothese:

$$\sigma_V = \frac{1}{2}\left(\sigma + \sqrt{\sigma^2 + 4\tau^2}\right) = \frac{1}{2}\left(14\,\frac{\text{N}}{\text{mm}^2} + \sqrt{\left(14\,\frac{\text{N}}{\text{mm}^2}\right)^2 + 4\cdot\left(79\,\frac{\text{N}}{\text{mm}^2}\right)^2}\right) = 86\,\frac{\text{N}}{\text{mm}^2}$$

S-Hypothese:

$$\sigma_V = \sqrt{\sigma^2 + 4\tau^2} = \sqrt{\left(14\,\frac{\text{N}}{\text{mm}^2}\right)^2 + 4\cdot\left(79\,\frac{\text{N}}{\text{mm}^2}\right)^2} = 159\,\frac{\text{N}}{\text{mm}^2}$$

GE-Hypothese:

$$\sigma_V = \sqrt{\sigma^2 + 3\tau^2} = \sqrt{\left(14\,\frac{\text{N}}{\text{mm}^2}\right)^2 + 3\cdot\left(79\,\frac{\text{N}}{\text{mm}^2}\right)^2} = 138\,\frac{\text{N}}{\text{mm}^2}$$

Aufgabe 20.4

a) $N(s) = -F_1 = -2.700\,\text{N}$, $Q(s) = F_2 = 800\,\text{N}$

$M(s) = F_1 \cdot 200\,\text{mm} + F_2 \cdot (1.000\,\text{mm} - s) = 1.340.000\,\text{Nmm} - 800\,\text{N} \cdot s$,

$M_T(s) = F_2 \cdot 200\,\text{mm} = 160.000\,\text{Nmm}$

b) Druckspannung: $\sigma_D = \dfrac{F}{A} = \dfrac{F}{\pi\left(R_a^2 - R_i^2\right)} = -2,3\,\dfrac{\text{N}}{\text{mm}^2}$

(„−"-Zeichen, da Druckspannungen)

Biegespannung: $\sigma_B = -\dfrac{M}{W_y} = -\dfrac{M \cdot R_a}{\dfrac{\pi}{4}\left(R_a^4 - R_i^4\right)} = -64,4\,\dfrac{\text{N}}{\text{mm}^2}$

Gesamte Normalspannung im Punkt A durch Addition: $\sigma = -66,7\,\dfrac{\text{N}}{\text{mm}^2}$

Torsionsspannung: $\tau = \dfrac{M_T}{W_T} = \dfrac{M_T \cdot R_a}{\dfrac{\pi}{2}\left(R_a^4 - R_i^4\right)} = 3,8\,\dfrac{\text{N}}{\text{mm}^2}$

c) N-Hypothese: $\sigma_V = \dfrac{1}{2}\left(\sigma + \sqrt{\sigma^2 + 4\tau^2}\right) = 0,2\,\dfrac{\text{N}}{\text{mm}^2}$

S-Hypothese: $\sigma_V = \sqrt{\sigma^2 + 4\tau^2} = 67,1\,\dfrac{\text{N}}{\text{mm}^2}$

GE-Hypothese: $\sigma_V = \sqrt{\sigma^2 + 3\tau^2} = 67,0\,\dfrac{\text{N}}{\text{mm}^2}$

Aufgabe 21.1

Behandeln wir zunächst die Balkenmitte (Punkt B). Hier ist

$$w_B = \frac{\partial W}{\partial F} = \int_0^l \frac{M}{E\,I_y}\frac{\partial M}{\partial F}\,\mathrm{d}x$$

$$= \frac{1}{E\,I_y}\left(\int_0^{l/2}\left(\frac{1}{2}F\,x \cdot \frac{1}{2}x\right)\mathrm{d}x + \int_{l/2}^l\left(\frac{1}{2}F(l-x)\cdot\frac{1}{2}(l-x)\right)\mathrm{d}x\right)$$

$$= \frac{1}{E\,I_y}\left(\left[\frac{1}{12}F\,x^3\right]_0^{l/2} - \left[\frac{1}{12}F(l-x)^3\right]_{l/2}^l\right) = \frac{F\,l^3}{48\,E\,I_y}.$$

Am Punkt C greift keine Kraft an, und wir müssen hier eine Hilfskraft F_H ansetzen (Abbildung A.55).

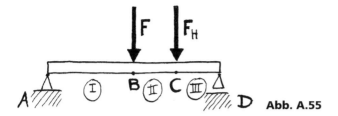
Abb. A.55

Mit der Hilfskraft F_H beträgt der Verlauf des Biegemomentes

$$M_I(x) = \left(\frac{F}{2} + \frac{F_H}{4}\right)x \text{ im Bereich } 0 \le x \le \frac{l}{2},$$

$$M_{II}(x) = \left(\frac{F}{2} + \frac{F_H}{4}\right)x - F\left(x - \frac{l}{2}\right) \text{ im Bereich } \frac{l}{2} \le x \le \frac{3}{4}l \text{ und}$$

$$M_{III}(x) = \left(\frac{F}{2} + \frac{3}{4}F_H\right)(l-x) \text{ im Bereich } \frac{3}{4}l \le x \le l.$$

Die Durchbiegung im Punkt C beträgt

$$w_C = \frac{\partial W}{\partial F_H} = \int_0^l \frac{M}{EI_y} \frac{\partial M}{\partial F_H} dx$$

$$= \frac{1}{EI_y}\left(\int_0^{l/2}\left(\frac{F}{2} + \frac{F_H}{4}\right)x \cdot \frac{x}{4}dx + \int_{l/2}^{3l/4}\left[\left(\frac{F}{2} + \frac{F_H}{4}\right)x - F\left(x - \frac{l}{2}\right)\right] \cdot \frac{x}{4}dx\right.$$

$$\left. + \int_{3l/4}^l\left[\left(\frac{F}{2} + \frac{3}{4}F_H\right)(l-x)\right] \cdot \frac{3}{4}(l-x)dx\right).$$

Wir setzen nun $F_H = 0$ und erhalten

$$w_C = \frac{1}{EI_y}\left(\int_0^{l/2}\frac{1}{8}Fx^2 dx + \int_{l/2}^{3l/4}\left[\frac{F}{2}x - F\left(x - \frac{l}{2}\right)\right] \cdot \frac{x}{4}dx + \int_{3l/4}^l\frac{3}{8}F(l-x)^2 dx\right)$$

$$= \frac{1}{EI_y}\left(\left[\frac{1}{24}Fx^3\right]_0^{l/2} + \left[-\frac{F}{24}x^3 + \frac{Fl}{16}x^2\right]_{l/2}^{3l/4} - \left[\frac{1}{8}F(l-x)^3\right]_{3l/4}^l\right)$$

$$= \frac{1}{EI_y}\left(\frac{1}{24}F\left(\frac{l}{2}\right)^3 - \frac{F}{24}\cdot\frac{27}{64}l^3 + \frac{9Fl^3}{16\cdot16} + \frac{Fl^3}{24\cdot8} - \frac{Fl^3}{64} + \frac{Fl^3}{8\cdot64}\right) = \frac{11}{768}\frac{Fl^3}{EI_y}.$$

Aufgabe 21.2
Drei Gleichgewichtsbedingungen und vier Unbekannte (A_x, A_y, B_y und C_y); das System ist statisch überbestimmt gelagert.

Schritt 1: Wir wählen ein Lager aus, hier das Lager B, und ersetzen es durch die äußere Kraft B_y. Damit erhalten wir das folgende statische System (Abb. A.56):

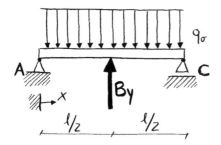

Abb. A.56

Schritt 2: Die verbleibenden Lagerreaktionen in Abhängigkeit der statischen Unbestimmten lauten

$$A_y = \frac{1}{2}\left(q_0 l - B_y\right) \text{ und } C_y = \frac{1}{2}\left(q_0 l - B_y\right).$$

Schritt 3: Der Biegemomentenverlauf ist

$$M_I(x) = \frac{1}{2}\left(q_0 l - B_y\right)x - \frac{1}{2}q_0 x^2 \text{ im Bereich } 0 \leq x \leq \frac{l}{2} \text{ und}$$

$$M_{II}(x) = \frac{1}{2}\left(q_0 l - B_y\right)(l-x) - \frac{1}{2}q_0\left(l-x\right)^2 \text{ im Bereich } \frac{l}{2} \leq x \leq l.$$

Schritt 4: Satz von Menabrea: Da B_y nicht irgendeine Kraft ist, sondern Reaktionskraft eines Lagers, tritt am Angriffspunkt von B_y keine Verschiebung in Kraftrichtung auf. Es gilt somit

$$\frac{\partial W}{\partial B_y} = \int_0^l \frac{M}{E\,I_y}\frac{\partial M}{\partial B_y}\,dx$$

$$= \frac{1}{E\,I_y}\left(\int_0^{l/2} -\left(\frac{1}{2}\left(q_0 l - B_y\right)x - \frac{1}{2}q_0 x^2\right)\frac{x}{2}\,dx + \int_{l/2}^l -\left(\frac{1}{2}\left(q_0 l - B_y\right)(l-x) - \frac{1}{2}q_0\left(l-x\right)^2\right)\frac{l-x}{2}\,dx\right)$$

$$= \frac{1}{E\,I_y}\left(-\left[\frac{1}{12}\left(q_0 l - B_y\right)x^3 - \frac{1}{16}q_0 x^4\right]_0^{l/2} - \left[-\frac{1}{12}\left(q_0 l - B_y\right)(l-x)^3 + \frac{1}{16}q_0\left(l-x\right)^4\right]_{l/2}^l\right)$$

$$= \frac{1}{E\,I_y}\left(-\frac{1}{96}\left(q_0 l - B_y\right)l^3 + \frac{1}{256}q_0 l^4 - \frac{1}{96}\left(q_0 l - B_y\right)l^3 + \frac{1}{256}q_0 l^4\right) = 0$$

$$\Rightarrow -\frac{1}{3}\left(q_0 l - B_y\right) + \frac{1}{8}q_0 l = 0 \quad \Rightarrow \quad B_y = \frac{5}{8}q_0 l.$$

Aus dem Ergebnis für B_y folgen $A_y = C_y = \frac{3}{16}q_0 l$.

Aufgabe 22.1

a) Aus Ritterschnitt: $S_1 = -F$, $S_3 = -\sqrt{2}F$, $S_4 = 2F$, Stäbe 1 und 3 auf Druck, Stab 4 auf Zug belastet.

b) $l_K = 2.000\,\text{mm}$, $A = (50\,\text{mm})^2 - (42\,\text{mm})^2 = 736\,\text{mm}^2$,

$$I_y = \frac{1}{12}\left((50\,\text{mm})^4 - (42\,\text{mm})^4\right) = 262.000\,\text{mm}^4$$

$$\lambda = l_K \sqrt{\frac{A}{I_y}} = 2.000\,\text{mm}\sqrt{\frac{736\,\text{mm}^2}{262.000\,\text{mm}^4}} = 106$$

$$\lambda_0 = \pi\sqrt{\frac{E}{0,8\,R_e}} = \pi\sqrt{\frac{205.000}{0,8 \cdot 300}} = 92 < \lambda\text{, also Knicken vor plastischer Verformung.}$$

$$F_K = \frac{E\,I_y\,\pi^2}{l_K^2} = \frac{205.000\,\dfrac{N}{\text{mm}^2} \cdot 262.000\,\text{mm}^4 \cdot \pi^2}{(2.000\,\text{mm})^2} = 133\,\text{kN}$$

$$\Rightarrow F_{\text{max,zul}} = \frac{133\,\text{kN}}{4} = 33\,\text{kN}$$

Aufgabe 22.2

a) $A_y = 300\,\text{N}$, $C_y = 900\,\text{N}$, der Stützbalken wird mit $900\,\text{N}$ Druck beansprucht.

b) Eulerfall 1 $\Rightarrow l_K = 2l = 900\,\text{mm}$

$$\lambda = l_K\sqrt{\frac{A}{I_y}} = 900\,\text{mm}\sqrt{\frac{(15\,\text{mm})^2}{\dfrac{(15\,\text{mm})^4}{12}}} = 900\,\text{mm}\sqrt{\frac{12}{(15\,\text{mm})^2}} = 208$$

$$\lambda_0 = \pi\sqrt{\frac{E}{0,8\,R_e}} = \pi\sqrt{\frac{205.000}{0,8 \cdot 355}} = 84 < \lambda\text{, also Knicken vor plastischer Verformung.}$$

$$F_K = \frac{E\,I_y\,\pi^2}{l_K^2} = \frac{205.000\,\dfrac{N}{\text{mm}^2} \cdot \dfrac{(15\,\text{mm})^4}{12} \cdot \pi^2}{(900\,\text{mm})^2} = 10,5\,\text{kN} \quad \Rightarrow S = \frac{10,5\,\text{kN}}{0,9\,\text{kN}} = 12$$

Aufgabe 22.3

a) Zwei Eulerfälle konkurrieren: Eulerfall 1 für ein Knicken in z-Richtung und Eulerfall 4 für ein Knicken in y-Richtung.

b) Eulerfall 1 $\Rightarrow l_K = 2l = 1.000\,\text{mm}$

$$\lambda = l_K\sqrt{\frac{A}{I_y}} = 1.000\,\text{mm}\sqrt{\frac{200\,\text{mm}^2}{\dfrac{10\,\text{mm} \cdot (20\,\text{mm})^3}{12}}} = 173$$

$$\lambda_0 = \pi \sqrt{\frac{E}{0,8\,R_e}} = \pi \sqrt{\frac{205.000}{0,8 \cdot 355}} = 84 < \lambda, \text{ also Knicken vor plastischer Verformung.}$$

$$F_K = \frac{E\,I_y\,\pi^2}{l_K^{\ 2}} = \frac{205.000\,\dfrac{N}{mm^2} \cdot \dfrac{10\,mm \cdot (20\,mm)^3}{12} \cdot \pi^2}{(1.000\,mm)^2} = 13,5\,kN$$

Eulerfall 4 $\Rightarrow l_K = \dfrac{l}{2} = 250\,mm$

$$\lambda = l_K \sqrt{\frac{A}{I_y}} = 250\,mm \sqrt{\frac{200\,mm^2}{\dfrac{20\,mm \cdot (10\,mm)^3}{12}}} = 87 > \lambda_0,$$

also Knicken vor plastischer Verformung.

$$F_K = \frac{E\,I_y\,\pi^2}{l_K^{\ 2}} = \frac{205.000\,\dfrac{N}{mm^2} \cdot \dfrac{20\,mm \cdot (10\,mm)^3}{12} \cdot \pi^2}{(250\,mm)^2} = 54,0\,kN$$

Der Pfosten knickt bei der kleineren der zwei errechneten Knicklasten, $F_K = 13,5\,kN$.

Anhang B: Literatur

Allgemein

Ashby, M. F. und Jones, D. R. H. *Werkstoffe 2: Metalle, Keramiken und Gläser, Kunststoffe und Verbundwerkstoffe.* Spektrum Akademischer Verlag, 2007.

Cottrell, H. H. *The Mechanical Properties of Matter.* Krieger Pub., 1981.

Göldner, H. und Holzweißig, F. *Leitfaden der Technischen Mechanik.* VEB Fachbuchverlag Leipzig, 1980.

Gross, D., W. Hauger, W., Schnell, W. und Schröder, J. *Technische Mechanik, Band 1: Statik.* Springer, 2004.

Grote, K.-H. und Feldhusen, J. *Dubbel Taschenbuch für den Maschinenbau.* Springer, 2007.

Mayr, M. *Technische Mechanik.* Hanser, 2003.

Rießinger, T. *Mathematik für Ingenieure.* Springer, 2007.

Romberg, O. und Hinrichs, N. *Keine Panik vor Mechanik.* Vieweg, 2000.

Schnell, W., Gross, D. und W. Hauger, W. *Technische Mechanik, Band 2: Elastostatik.* Springer, 1998.

Young, W. C. und Budynas, R. G. *Roark's Formulas for Stress and Strain.* McGraw-Hill, 2002.

Zu Kapitel 3

Blackburn, K. und Lammers, J. *Papierflieger für Kids.* Ullmann/Tandem, 2005.

Gruber, W. Falten und Fliegen. *Physik in unserer Zeit*, 35 (5), 2004, 234–240.

Robinson, N. *Super Simple Paper Airplanes.* Sterling Pub., 1998.

Zu Kapitel 8

Sakai, T. *Mathematical Sciences.* 271 (1), 1986, 18.

Ucke, C. und Schlichting, H. J. Die kreiselnde Büroklammer. *Physik in unserer Zeit*, 36 (1), 2005, 33–35.

Zu Kapitel 9

Bürger, W. *Der paradoxe Eierkocher.* Birkhäuser, 1995.

Wittmann, J. *Trickkiste 1.* Bayerischer Schulbuch-Verlag, 1994.

Zu Kapitel 10

Internet-Seite http://goldengatebridge.org/research/factsGGBDesign.php.

Artikel *Elbekreuzung 2* auf www.de.wikipedia.org.

Zu Kapitel 15

Blume, D. und Illgner, K. H. *Schrauben Vademecum.* Bauer und Schauerte Karcher GmbH, 1991.

Muhs, D., Wittel, H., Jannasch, D. und Voßiek, J. *Roloff/Matek Maschinenelemente.* Vieweg, 2007.

Zu Kapitel 16

Ashby, M. F. *Materials Selection in Mechanical Design: Das Original mit Übersetzungshilfen.* Spektrum Akademischer Verlag, 2006.

Klein B. *Leichtbau-Konstruktion.* Vieweg, 2001.

Zu Kapitel 18

Bürger, W. Slinky zum 40. Geburtstag. *Physikalische Blätter*, 42 (1), 1986, 407–408.

Anhang C: Kleine Formelsammlung Statik und Festigkeitslehre

Gleichgewichtsbedingungen der ebenen Statik

$\rightarrow \sum F_{ix} = 0$, $\uparrow \sum F_{iy} = 0$ und $\circlearrowright \sum M_i^{(0)} = 0$

Notwendige Bedingung für statische Bestimmtheit

Zahl der Lager- und ggf. Gelenkwertigkeiten = Zahl der Gleichgewichtsbedingungen

Gleichgewichtsbedingungen der räumlichen Statik

$\sum F_{ix} = 0$, $\sum F_{iy} = 0$, $\sum F_{iz} = 0$, $\sum M_{ix}^{(0)} = 0$, $\sum M_{iy}^{(0)} = 0$ und $\sum M_{iz}^{(0)} = 0$

bzw. $\sum \boldsymbol{F}_i = 0$ und $\sum \boldsymbol{M}_i^{(0)} = 0$ mit $\boldsymbol{M} = \boldsymbol{r} \times \boldsymbol{F}$

Streckenlasten

$F_{\mathrm{Ers}} = q_0 \cdot l$ (konst. Streckenlast) bzw. $F_{\mathrm{Ers}} = \dfrac{1}{2} q_{\max} \cdot l$ (dreieckförmige Streckenlast)

$\dfrac{\mathrm{d}M(x)}{\mathrm{d}x} = Q(x)$ (immer) und $\dfrac{\mathrm{d}Q(x)}{\mathrm{d}x} = -q(x)$ (nur für lotrechte Streckenlasten)

Innere statische Bestimmtheit von Fachwerken

$2K - S = 3$

Flächenschwerpunkt

Integraldefinition: $x_S = \dfrac{1}{A} \int\limits_{(A)} x \, \mathrm{d}A$, $y_S = \dfrac{1}{A} \int\limits_{(A)} y \, \mathrm{d}A$

Zusammengesetzte Flächen: $x_S = \dfrac{1}{A_{\mathrm{ges}}} \sum (x_{Si} A_i)$, $y_S = \dfrac{1}{A_{\mathrm{ges}}} \sum (y_{Si} A_i)$

Reibung

Gleitreibung: $F_R = \mu \cdot F_N$, Haftreibung: $F_{R0,\max} = \mu_0 \cdot F_N$, Rollreibung: $F = F_{R0} = F_N \dfrac{f}{R}$,

Seilreibung: $S_2 = S_1 \cdot e^{\mu_0 \alpha}$

Seilstatik

Seilkraft: $S(x) = H_0\sqrt{1+\left(\dfrac{dy}{dx}\right)^2}$

Seillinie unter $q(x) = \text{konstant}$: $y(x) = \dfrac{q_0}{2\,H_0}x^2 + C_1 x + C_2$

Kettenlinie unter $q(s) = \text{konstant}$: $y(x) = \dfrac{H_0}{q_0}\cosh\left(\dfrac{q_0}{H_0}x\right)$

Arbeitssatz

$\delta W = 0$ mit $\delta W = \boldsymbol{F}\cdot\delta\boldsymbol{s}$ bzw. $\delta W = \boldsymbol{M}\cdot\delta\boldsymbol{\varphi}$

Gleichungen des Mohr'schen Spannungskreises

$\sigma_{\xi} = \dfrac{1}{2}\left(\sigma_x + \sigma_y\right) + \dfrac{1}{2}\left(\sigma_x - \sigma_y\right)\cos 2\varphi + \tau_{xy}\sin 2\varphi$,

$\sigma_{\eta} = \dfrac{1}{2}\left(\sigma_x + \sigma_y\right) - \dfrac{1}{2}\left(\sigma_x - \sigma_y\right)\cos 2\varphi - \tau_{xy}\sin 2\varphi$ und

$\tau_{\xi\eta} = -\dfrac{1}{2}\left(\sigma_x - \sigma_y\right)\sin 2\varphi + \tau_{xy}\cos 2\varphi$

Hauptspannungen und Hauptschubspannung:

$\sigma_{1,2} = \dfrac{\sigma_x + \sigma_y}{2} \pm \sqrt{\left(\dfrac{\sigma_x - \sigma_y}{2}\right)^2 + \tau_{xy}^2}$, $\tau_{max} = \sqrt{\left(\dfrac{\sigma_x - \sigma_y}{2}\right)^2 + \tau_{xy}^2}$

Hooke'sches Gesetz

$\varepsilon_x = \dfrac{1}{E}\left[\sigma_x - v\left(\sigma_y + \sigma_z\right)\right] + \alpha\,\Delta T$, $\varepsilon_y = \dfrac{1}{E}\left[\sigma_y - v\left(\sigma_x + \sigma_z\right)\right] + \alpha\,\Delta T$,

$\varepsilon_z = \dfrac{1}{E}\left[\sigma_z - v\left(\sigma_x + \sigma_y\right)\right] + \alpha\,\Delta T$, $\gamma_{xy} = \dfrac{\tau_{xy}}{G}$, $\gamma_{xz} = \dfrac{\tau_{xz}}{G}$ und $\gamma_{yz} = \dfrac{\tau_{yz}}{G}$

bzw. $\sigma_x = \dfrac{E}{1+v}\left[\varepsilon_x + \dfrac{v}{1-2v}\left(\varepsilon_x + \varepsilon_y + \varepsilon_z\right)\right] - \dfrac{E}{1-2v}\alpha\,\Delta T$,

$\sigma_y = \dfrac{E}{1+v}\left[\varepsilon_y + \dfrac{v}{1-2v}\left(\varepsilon_x + \varepsilon_y + \varepsilon_z\right)\right] - \dfrac{E}{1-2v}\alpha\,\Delta T$,

$\sigma_z = \dfrac{E}{1+v}\left[\varepsilon_z + \dfrac{v}{1-2v}\left(\varepsilon_x + \varepsilon_y + \varepsilon_z\right)\right] - \dfrac{E}{1-2v}\alpha\,\Delta T$, $\tau_{xy} = G\,\gamma_{xy}$, $\tau_{xz} = G\,\gamma_{xz}$ und $\tau_{yz} = G\,\gamma_{yz}$

mit $G = \dfrac{E}{2(1+v)}$

Zug/Druck-Beanspruchung

Spannungsverteilung: $\sigma(x) = \dfrac{N(x)}{A(x)}$

Verformung: $\Delta l = \displaystyle\int_0^l \dfrac{N(x)}{E\,A(x)}\,\mathrm{d}x$ bzw. $\Delta l = \dfrac{N \cdot l}{E\,A}$ (für konstante N, E und A)

Biegung

Spannungsverteilung: $\sigma(z) = \dfrac{M(x)}{I_y}\,z$ mit $I_y = \displaystyle\int_{(A)} z^2\,\mathrm{d}A$

wichtige Flächenträgheitsmomente: $I_y = \dfrac{b\,h^3}{12}$ (Rechteck), $I_y = \dfrac{\pi}{4}R^4$ (Kreis)

Satz von Steiner: $I_{\bar{y}} = I_y + \bar{z}_S^2\,A$

Berechnung der Durchbiegung: zweifache Integration von $w''(x) = -\dfrac{M(x)}{E\,I_y}$

Schub

Vollquerschnitte: $\tau = \dfrac{Q(x)\,S_y(z)}{I_y\,b(z)}$ mit $S_y(z) = \displaystyle\int_{A^*} \tilde{z}\,\mathrm{d}A$

Offene dünnwandige Profile: $\tau(s) = \dfrac{Q(x)}{t(s)\,I_y}\,S_y(s)$ mit $S_y(z) = \displaystyle\int_{A^*} \tilde{z}\,\mathrm{d}A = \int_s^{l^*} \tilde{z}\,t\,\mathrm{d}\tilde{s}$

Schubmittelpunkt: $y_M = \dfrac{1}{I_y}\displaystyle\int_0^{l^*} S_y(s)\,r^*\,\mathrm{d}s$

Torsion

Maximale Schubspannung: $\tau_{\max} = \dfrac{M_T}{W_T}$

Verdrehwinkel: $\vartheta = \displaystyle\int_0^l \dfrac{M_T}{G\,I_T}\,\mathrm{d}x$ bzw. $\vartheta = \dfrac{M_T\,l}{G\,I_T}$ (für konstante M_T, G und I_T)

mit $I_T = \dfrac{\pi}{2}R^4$ und $W_T = \dfrac{\pi}{2}R^3$ (Vollwellen)

bzw. $I_T = \dfrac{\pi}{2}\left(R_a^4 - R_i^4\right)$ und $W_T = \dfrac{\pi}{2R_a}\left(R_a^4 - R_i^4\right)$ (Hohlwellen)

bzw. $I_T = \dfrac{4A_m^2}{\displaystyle\oint \dfrac{1}{t}\,\mathrm{d}s}$ und $W_T = 2A_m\,t_{\min}$ (geschlossene dünnwandige Hohlprofile)

bzw. $I_T = \dfrac{1}{3}h\,t^3$ und $W_T = \dfrac{I_T}{t_{\max}}$ (offene dünnwandige Profile)

Zylindrische Druckbehälter

Kesselformeln: $\sigma_\varphi = \dfrac{p_i R}{t}$ und $\sigma_l = \dfrac{p_i R}{2t}$

Überlagerte Beanspruchung (im ESZ)

N-Hypothese: $\sigma_V = \sigma_1$, S-Hypothese: $\sigma_V = 2\tau_{max}$,

GE-Hypothese: $\sigma_V = \dfrac{1}{\sqrt{2}}\sqrt{(\sigma_1 - \sigma_2)^2 + \sigma_1^2 + \sigma_2^2}$

Bei nur einer Normalspannung:

N-Hypothese: $\sigma_V = \dfrac{1}{2}\left(\sigma + \sqrt{\sigma^2 + 4\tau^2}\right)$, S-Hypothese: $\sigma_V = \sqrt{\sigma^2 + 4\tau^2}$,

GE-Hypothese: $\sigma_V = \sqrt{\sigma^2 + 3\tau^2}$

Energetische Methoden

Formänderungsenergie:

$$W_i = \frac{1}{2}\int\limits_{x=0}^{l}\frac{N(x)^2}{EA}\,\mathrm{d}x,\ W_i = \frac{1}{2}\int\limits_{x=0}^{l}\frac{M(x)^2}{EI_y}\,\mathrm{d}x \ \text{und}\ W_i = \frac{1}{2}\int\limits_{x=0}^{l}\frac{M_T(x)^2}{GI_T}\,\mathrm{d}x$$

Satz von Castigliano: $u_i = \dfrac{\partial W}{\partial F_i}$ bzw. $\varphi_i = \dfrac{\partial W}{\partial M_i}$

Satz von Menabrea: $\dfrac{\partial W}{\partial F_i} = 0$ bzw. $\dfrac{\partial W}{\partial M_i} = 0$

Euler'sches Knicken

Knicklast: $F_K = \dfrac{\pi^2 E I_y}{l^2}$, wenn $\pi\sqrt{\dfrac{E}{\sigma_P}} < l_K\sqrt{\dfrac{A}{I_y}}$

Index